"十四五"时期国家重点出版物出版专项规划项目

量子信息技术丛书

量子光学原理

张 勇 编著

内 容 简 介

量子光学是一门将光学与量子理论相结合的学科，伴随着量子力学的诞生、发展而发展起来，并且对其他物理学科产生了广泛的影响。本书主要介绍量子光学的基本概念、原理和一些重要现象，内容共10章：第1章介绍量子光学的诞生背景和大致发展历程；第2章介绍量子力学基础知识；第3至6章介绍电磁场的量子化、光场量子态以及它们的量子性质；第7至10章介绍光与原子的相互作用，包括基本概念、半经典理论、量子理论和腔量子电动力学。

本书可作为高等院校光学相关专业量子光学课程的研究生教材和参考书，也可供从事基础理论研究和应用的科研人员参考。

图书在版编目(CIP) 数据

量子光学原理 / 张勇编著. -- 北京：北京邮电大学出版社，2022.8 (2024.6重印)
ISBN 978-7-5635-6722-5

Ⅰ. ①量… Ⅱ. ①张… Ⅲ. ①量子光学 Ⅳ. ①O431.2

中国版本图书馆 CIP 数据核字（2022）第 141961 号

策划编辑：刘纳新 姚 顺 **责任编辑**：姚 顺 谢亚茹 **责任校对**：张会良 **封面设计**：七星博纳

出 版 发 行：北京邮电大学出版社
社 址：北京市海淀区西土城路 10 号
邮 政 编 码：100876
发 行 部：电话：010-62282185 传真：010-62283578
E-mail: publish@bupt.edu.cn
经 销：各地新华书店
印 刷：保定市中画美凯印刷有限公司
开 本：787 mm×1 092 mm 1/16
印 张：10.5
字 数：239 千字
版 次：2022 年 8 月第 1 版
印 次：2024 年 6 月第 2 次印刷

ISBN 978-7-5635-6722-5 定价：35.00 元

量子信息技术丛书

前　言

把光看作由微粒组成的粒子流思想可以追溯到牛顿的著作《光学》(Newton，1704)，其中引入了“微粒”（corpuscles）概念。后来，许多无可辩驳的证据又支持了光的波动理论，微粒理论基本上被抛弃。直到 1905 年爱因斯坦提出对光电效应的解释，光的微粒理论以另一种新的形式重新出现。爱因斯坦将早期的量子论和波粒二象性引入进光学领域，由关系式 $E = h\nu$ 将光量子的能量 E 和电磁波的频率 ν 联系起来。量子论与电磁场理论相结合标志着一个新的领域——量子光学的诞生。

虽然量子光学有着和量子力学一样的发展历史，但直到 20 世纪 60 年代激光诞生，量子光学的发展才揭开新的一页。自诞生伊始，量子光学就是一个高度专业化的光学分支学科。最近几十年，量子光学对其他学科的影响越来越大。一方面，量子光学研究量子物理的基础问题，对量子力学理论的验证和发展起到重要作用；另一方面，量子光学发展的理论和实验技术在原子光学、激光物理等学科，尤其最近二十多年在量子通信、量子计算等领域的发展中都起到至关重要的作用，已经成为这些领域不可或缺的基础学科。因此，量子光学获得了从纯物理到工程领域背景的研究、技术人员的广泛关注，许多高校和研究机构相关专业都开设了量子光学课程，并将其作为研究生的专业基础课。

本书是我在北京邮电大学理学院开设的春季研究生课程“量子光学基础”讲义的基础上整理而成的。一般来说，量子光学应该涵盖所有涉及光的量子属性的课题，但即使是一般意义上的涵盖，涉及的内容也大大超出一本书的容量和我们的能力范围。且受教学课时和讲授方式的限制，讲授过程中没有过多追求内容的深度，仅涵盖量子光学的基本内容，且偏重理论的阐述，对实验细节和技术发展涉及较少。所以编写本书时，虽然对内容稍作补充和完善，但大的框架没有变动，只是使内容更具系统化，提高可读性，以便学生和读者学习和理解。我们致力于给出一套基础的理论工具，使学生和其他读者在阅读本书后能够理解一些专业文献并进行创新、研究。本书在编写过程中参考了许多著名教材和专家讲稿，吸收了他们的精华和优点。建议感兴趣和有需要的读者进一步研读参考文献中列出的专著，从而全面、深入地了解、学习量子光学。能写出一本具有一定专业水准，又适合专业学生和爱好者初学或自学的教材，一直是本人追求的目标。

感谢听过我课的学生，他们对讲义的不妥和错误提出的意见，使我能对讲稿不断改进。感谢研究生丁忠、尤宜、余柯、林静妍和马榕蔚等同学为本书书稿的整理付出的劳动。

由于水平有限，尽管做了很大的努力，本书可能还会有很多疏漏、不妥甚至错误，望广大读者给予批评指正。作者邮箱：zhyong98@gmail.com。

张　勇
北京邮电大学

目　录

第1章 引 言

光学是一门古老的物理学分支，是人类最早发现、发展并广泛应用的物理学科之一。例如，完成于战国时期（约公元前 388 年）的《墨经》中就有关于光学的记载（俗称“光学八条”），如大家熟悉的小孔成像和平面镜、凹面镜、凸面镜成像的观察研究。在之后的每个时代光学都能生机勃发，不断有新发现、新理论出现，形成了早期的萌芽时期、几何光学时期、波动光学时期，乃至现在的量子光学时期。当然，这并不是纯粹的断代划分，而是随着人们对光认识的逐步深入，各时期光学研究所依据的理论基础不同，从而形成不同的理论体系和光学分支。量子（quanta）光学发端于 20 世纪初，是以量子力学为理论基础、随量子理论的建立而逐步发展起来的。

1.1 什么是量子光学

量子光学是研究光场的相干性、量子统计性质，以及基于量子理论框架的光与物质的相互作用的学科。这里“量子理论框架”指的是光以光子流而不是电磁波传播，而物质则是具有微观结构、量子化属性的物质。在光学理论的发展过程中，人们在研究光与物质相互作用而产生的光学现象时，一般采取三种理论模型：**经典理论**、**半经典理论**和**量子理论**。三种理论模型总结如表 1.1 所示。

表 1.1 三种研究光与物质相互作用的理论模型

模型	原子	光
经典理论	偶极子	电磁波
半经典理论	量子化	电磁波
量子理论	量子化	光子

在量子光学范畴内，并不是只有完全的量子理论方式才能保证理论和实验数据的一致。实际上，大部分情况用半经典理论就足以解释实验结果。比如，最早考虑的原子对光的吸收，通常对原子应用量子理论，即对原子的能级、角动量等做量子化处理，而仍然把光看作经典电磁波。这样的情况同样也适用于第一个引入光子（photon）概念的例子：**光电效应**。对光电效应的解释首先由爱因斯坦（Einstein，1879—1955）于 1905 年

给出，他认为原子从光束中吸收的能量是能量子的形式。然而，随后的仔细分析显示，如果仅仅将原子看成量子化的，而把光看成经典电磁波，仍然可以理解光电效应。沿着这样的思路，也就不难解释“单光子计数”探测器的争议了，即探测器的单个脉冲并不意味着光束必由光子组成。大部分情况下，输出脉冲可以解释为来自原子某量子态的单个电子在经典光波影响下的概率性激发。因此，虽然这些实验指向光场的量子化图像，但并没给出结论性的证据。

我们可能要问的是：量子光学的课题是否存在不能被半经典理论解释的现象？实际上，在量子光学发展的早期，不能被半经典理论解释的现象非常少。20 世纪中前期，仅仅少数几个效应——主要是那些与真空场有关的现象，比如自发辐射和兰姆位移——需要用光的量子理论解释。直到 20 世纪 70 年代后期，实验上一些量子效应的观测，比如光子反聚束效应，作为光子图像的直接证据给出了确定性的证明，我们现在所认为的量子光学才开始发展。随着研究的深入，量子光学包含的领域大大扩展，许多新课题的研究已超出光学现象本身。

1.2 量子光学简明发展史

根据记载，人们对光的认识在中国可追溯到战国时期的《墨经》，在西方可追溯到古希腊时期欧几里得（Euclid，约公元前 330—275 年）的《光学》，这两本书中均有大量对光学现象和成像方面的描述。古代的哲学家已经熟悉平面镜成像、光的直线传播、光的折射和反射，这些现象引起他们对于光的本性的深思。

在光学发展的历史长河中，关于光的本性到底是什么，人们的认识也经历了螺旋式的发展。古希腊的毕达哥拉斯（Pythagoras，约公元前 580—500 年）和欧几里得都认为光是由眼睛发出的物质流，后来阿拉伯科学家阿里•哈桑（Alhazen，965—1039）提出光是由所看到的外界物体发射并进入眼睛的粒子流。直到 17 世纪，牛顿（Newton，1643—1727）提出光是从光源发出的一种物质粒子，并能在均匀介质中以一定速度传播，光的微粒理论才形成。胡克（Hooke，1635—1703）在牛顿之前首先提出光是在以太中传播的波动，随后惠更斯（Huygens，1629—1695）提出光的运动是媒质的运动，形成了光的波动理论。因此，到 17 世纪末，关于光的本性就形成了“微粒说”和“波动说”两种共存和竞争的理论。

由于牛顿在光学领域的成就以及在物理学界的权威影响，最初微粒理论获得更多的支持，形成了以光的直线传播为基础的几何光学时期。直到 1801 年托马斯•杨（Thomas Young，1773—1829）的双缝干涉实验、1815 年菲涅尔（Fresnel，1788—1827）的光衍射的波动理论解释都令人信服地证明了波动理论的正确性，以波动理论为基础的波动光学才开始蓬勃发展。到了 1873 年，麦克斯韦（Maxwell，1831—1879）又将光的波动理论进一步推进到电磁场理论，为现代光学奠定了基础。此后，一直到 19 世纪末，人们对光的微粒理论几乎只剩下历史兴趣而已。

1901 年，随着普朗克（Planck，1858—1947）能量子假设的提出，情况出现了根本性转变。利用能量子假设，解决了困惑物理学家们多年的“紫外灾难”问题，并对黑体辐射的能量分布问题给出了合理的解释。1905 年，爱因斯坦扩充了普朗克的量子理论，引入光量子的概念成功解释了光电效应。1913 年，波尔（Bohr，1885—1962）将量子化的基本思想应用到原子动力学，成功预言了原子谱线的位置。德布罗意（de Broglie，1892—1987）发挥其卓越的想象力将光的波粒二象性推广到实际物质。而海森堡（Heisenberg，1901—1976）、薛定谔（Schrödinger，1887—1961）和狄拉克（Dirac，1902—1984）在 1925—1926 年的短短时间内为量子力学奠定了坚实的基础，他们给出了我们今天还在用的量子力学机制：表象、量子态演化、幺正变换和微扰论等。量子力学的内在概率属性则是由波恩揭示的，利用波函数的概率幅思想可以完全以量子力学的方式解释干涉现象。

从根本上来说，对黑体辐射、光电效应以及氢原子光谱等光学现象的解释，使量子化思想和光子概念成功确立，进而创立了量子力学。量子力学的创立意味着量子光学的诞生，可以说量子光学有着与量子力学一样的发展历史。表 1.2 给出了量子光学发展过程中的标志性成果，许多成果也是量子理论发展的里程碑。

表 1.2　量子光学发展过程中的标志性成果

年份	研究者	成果
1901	Planck	黑体辐射理论
1905	Einstein	光电效应的解释
1909	Taylor	单量子的干涉
1909	Einstein	辐射涨落
1927	Dirac	辐射的量子理论
1956	Hanbury Brown and Twiss	强度干涉仪
1963	Glauber	光学相干态
1972	Gibbs	光学拉比振荡
1977	Kimble, Dagenais and Mandel	光子反聚束效应
1981	Aspect, Grangier, and Roger	贝尔不等式的违背
1985	Slusher 等	压缩光
1987	Hong，Ou, and Mandel	单光子干涉实验
1992	Bennet, Brassard 等	量子密码实验
1995	Turchette,Kimble 等	量子相位门
1995	Anderson, Wieman, Cornell 等	原子的玻色-爱因斯坦凝聚
1997	Mewes, Ketterle 等	原子激光
1997	Bouwmeester，Boschi 等	光子的量子隐形传态
2002	Yuan 等	单光子发光二极管

普朗克能量子假说和爱因斯坦的光子假说奠定了光和原子的量子理论基础，但这些效应实际上只证明了有些东西是量子化的，而效应本身并没有给出光量子性的直接实验证据。1909 年，泰勒（Taylor，1886—1975）尝试通过降低光束强度，使得给定时间间隔内通过装置的只有一份能量子。经过长时间的曝光，成像板上得到光的干涉图样。令他失望的是，即使他将光强降到最低，干涉图样也没有发生可见的变化。因此，史上第一次真正的量子光学实验尝试没有得到理想的结果。1926 年，化学家刘易斯（Lewis,

1875—1946）将量子化的光命名为光子。1927 年，狄拉克发表了关于光辐射场量子理论的重要论文。在随后的很多年里，虽然人们对光的认识已经进入量子论阶段，但很少去关注光的量子性带来的量子效应，而是将注意力更多地放在物质的量子效应上，如计算原子的光谱等，因此光学仍然在经典理论的框架内缓慢发展。纵观整个光学领域，仅有为数不多的现象应用光量子的概念，主流仍然是光的经典电磁理论。在这个时期，光学领域没有更多的新现象、新概念出现，光的量子理论也没有得到系统的发展。

直到 20 世纪 50 年代，汉布里·布朗（Hanbury Brown，1916—2002）和特维斯（Twiss，1920—2005）成功进行了光强度干涉实验（简称 HBT 实验），才真正开创了量子光学的现代领域。他们在两个探测器上记录星光的强度关联，解释了热光子是如何聚束的，这直接促进了光子统计和光子计数理论的发展，开启了量子光学作为独立学科的发展。随后，人们发现解释这个实验结果只需将探测器的探测过程量子化，而光仍然可以是经典的光。然而，由于这是第一次在短时间尺度内进行光强涨落测量的严肃尝试，实验所用的光子计数正是现在量子光学实验最为常用的测量方法，所以这个实验仍被看作近代量子光学的奠基性实验。这启发人们设计更复杂的实验去研究光子统计，最终观察到了没有经典解释的光学现象。

而 20 世纪科学技术的另外一个里程碑——1960 年激光器的发明和激光光源的引入——则为光学物理的发展打开了一片新天地。激光出现之前，光学处理的主要是经典的光学现象，如光的干涉、衍射以及几何光学的成像问题等，理论基础是几何光学、波动光学。而研究光与物质相互作用时，人们更多是对物质研究而不是对光研究，因此人们通常将这些研究归于“原子物理学”和“量子电子学”范畴，如有关黑体辐射的量子理论通常被归于原子物理学范畴。激光出现后，为了弄清楚激光产生的物理过程，量子力学方法被用于处理原子能级之间的跃迁，而光仍然用经典理论进行描述，于是半经典理论诞生了。

如前所述，几乎大部分激光物理、非线性光学现象都能利用半经典理论进行解释。唯有涉及光的基本性质的现象，特别是光的相干统计性质与量子涨落，已超出了半经典理论的范畴，必须对光也进行量子化，即引入量子理论，于是量子光学的研究立即引起了人们的广泛关注。1963 年，格劳伯（Glauber，1925—2018）为寻找确定的量子光学效应提供了第一个线索，他将量子理论应用于电磁场，提出了具有不同于经典光统计性质的新光场态——相干态（coherent state）。1977 年，金布尔（Kimble）、达格奈斯（Dagenais）和曼德尔（Mandel，1927—2001）等人第一次在实验中观察到了光子的反聚束效应，证实了光的非经典性质。1985，美国贝尔实验室的斯鲁施尔（Slusher）等在实验室里成功制备出了压缩态（squeezed state），从而使非经典光场态的图像更加完整。随着研究的深入，一些新的光学现象、物理效应相继被发现，这些重要的研究成果促进了近代量子光学的发展，使量子光学成为物理学领域中最活跃的学科之一。

量子光学的课题也经历着时代的变革，从最早的辐射场的相干性质，比如 20 世纪 60 年代激光的量子统计性质，到现代的许多领域，如辐射场压缩态的作用以及在干涉仪和光放大器中原子相干性对抑制量子噪声的作用等。一方面，一些反直觉的技术，比如无反转激光和单原子微波激射已经成功实现，为人们发明超越量子极限的新仪器设备带来了希望。另一方面，量子光学以不可替代的实验手段为验证互补性、隐变量等一些量子力学基本问题提供了强有力的解决工具，从深层次上推动着物理学的发展。

从 20 世纪末期开始，量子理论还有一条独立的发展线索，那就是量子信息科学。量子信息科学一般被认为发端于天才物理学家费曼（Feynman，1918—1988）关于量子模拟的初步设想，这个设想也促进了“量子计算机”概念的提出。结合同时期本内特（Bennett）等人关于量子通信的一系列奠基性工作，以及 1935 年爱因斯坦、波多尔斯基（Podolsky，1896—1966）和罗森（Rosen，1909—1995）共同提出的神奇量子关联（“EPR” 纠缠态），促进了量子信息科学的建立。量子信息科学将量子力学的基本理论与操纵单量子的独特实验方法应用于信息处理，在这个过程中量子光学扮演着很重要的角色，包括对光子与物质相互作用的调控、光子纠缠操控能力的逐步提升，以及量子精密测量等。正因如此，量子光学和量子信息学吸引着众多理论和实验物理学家为之努力，从而得以日新月异地迅猛发展。此外，它们在通信、信息处理以及计算机科学中所显示出的令人震撼的潜力与优势，也引起了各国政府、金融界和工业界的广泛关注。

第2章

量子力学基础知识

2.1 量子力学描述的三种绘景

量子力学中，对同一量子系统的动力学描述，可以采用 3 种不同的绘景（picture），即薛定谔绘景、海森堡绘景和相互作用绘景。这如同经典物理中对质点的动力学描述，可以采用固定坐标系、质点位置随时间改变的描述方式；也可以采用质点位置固定不动，而坐标系随时间改变的描述方式。显然，这两种描述方式的数学表示是不同的，但它们所描述的质点客观运动规律是相同的。量子力学中，量子系统所采用的 3 种不同绘景，意味着 3 种不同的描述方式。当三者描述同一个微观体系时，其反映的微观物体运动规律应该是相同的。因此，3 种绘景具有严格的对应关系，可以相互转化。究竟采用哪种绘景描述量子系统，要根据系统的特征决定，即选取最易揭示物理特性、最方便求解的绘景来描述。

2.1.1 薛定谔绘景

量子力学中，对一个系统（如一个原子，或一个与单模光场相互作用的原子等）进行描述时，通常假设系统的状态可以用态函数（态矢量）$|\boldsymbol{\Psi}(\boldsymbol{r},t)\rangle$ 表示，其中 $\boldsymbol{r}$ 表示系统（微观粒子）的空间坐标。当知道了系统态函数的确切表示时，就可以知道系统的时间演化状态，例如可以知道在 t 时刻空间 $\boldsymbol{r}$ 处的体积元 $\mathrm{d}^3\boldsymbol{r}=\mathrm{d}x\mathrm{d}y\mathrm{d}z$ 中发现该粒子的概率为 $\langle\boldsymbol{\Psi}(\boldsymbol{r},t)|\boldsymbol{\Psi}(\boldsymbol{r},t)\rangle\mathrm{d}^3\boldsymbol{r}$。由于粒子在整个空间区域被发现的概率应等于 1，所以态函数应满足归一化条件，即

$$\int\langle\boldsymbol{\Psi}(\boldsymbol{r},t)|\boldsymbol{\Psi}(\boldsymbol{r},t)\rangle\mathrm{d}^3\boldsymbol{r}=1 \tag{2.1}$$

量子力学的另一个基本假设是：系统的力学量 A 由算符表示，如坐标、动量、角动量和自旋等。力学量的可观测性要求算符是本征值为实数的线性算符，即厄密算符。任一厄密算符 A 都满足相应的本征方程

$$A|\psi_n\rangle=\lambda_n|\psi_n\rangle \tag{2.2}$$

其中，$|\psi_n\rangle$ 为厄密算符 A 的本征函数（本征态），λ_n 为相应的本征值。厄密算符具有 3 个重要的性质。

(1) 厄密算符的本征值 λ_n 都是实数。

(2) 厄密算符的属于不同本征值的两个本征态矢 $|\psi_n\rangle$ 和 $|\psi_m\rangle$ $(m \neq n)$ 相互正交。

(3) 厄密算符的本征态矢构成一个完备集 $\{|\psi_n\rangle\}$，这一性质使系统的任意态矢 $|\boldsymbol{\Psi}(t)\rangle$ 都可以按这一本征态矢集展开：

$$|\boldsymbol{\Psi}(t)\rangle = \sum_n |\psi_n\rangle\langle\psi_n|\boldsymbol{\Psi}(t)\rangle = \sum_n C_n(t)|\psi_n\rangle \tag{2.3}$$

其中

$$C_n(t) = \langle\psi_n|\boldsymbol{\Psi}(t)\rangle \tag{2.4}$$

$C_n(t)$ 表示系统状态为 $|\boldsymbol{\Psi}(t)\rangle$ 时处于本征态 $|\psi_n\rangle$ 的概率幅。这样，我们就可以利用力学量算符 A 的本征态集 $\{|\psi_n\rangle\}$ 的线性叠加来表述一个量子系统的态矢了。

描述一个微观体系（如单个氢原子）需要多个力学量，如坐标、动量、角动量、能量和自旋等，那么这些力学量之间有什么关系呢？力学量之间的具体关系是由系统的物理属性（物理规律）决定的。任意算符之间的关系可分为两类。如果两个力学量 A、B 具有共同的本征函数集，那么这两个算符 A 和 B 满足乘法交换律，我们说这两个算符是对易的，表示为

$$[A, B] = AB - BA = 0 \tag{2.5}$$

如果算符 A 和 B 分别具有不同的本征函数集，不满足上式，则称算符 A 和 B 是不对易的。此时，算符 A 和 B 之间满足如下对易关系：

$$[A, B] = \mathrm{i}C \tag{2.6}$$

其中，C 为一非零常数或另一个厄密算符。(2.5) 式和 (2.6) 式表征了力学量 A 和 B 之间遵循的相应物理关联或物理规律。

如何确定系统的动力学行为，是量子力学处理的基本问题。量子力学假定，系统的态矢 $|\boldsymbol{\Psi}(t)\rangle$ 的时间演化由薛定谔方程决定，写作

$$\mathrm{i}\hbar\frac{\partial}{\partial t}|\boldsymbol{\Psi}(t)\rangle = H|\boldsymbol{\Psi}(t)\rangle \tag{2.7}$$

其中，算符 H 是表征系统能量的力学量，称为系统的哈密顿量。原则上说，对于任一给定系统，都具有确定的 H，那么根据薛定谔方程和初始条件，就可以确定态函数 $|\boldsymbol{\Psi}(t)\rangle$，从而得知系统的时间演化规律。

研究系统的动力学行为，选择适当的绘景是十分重要的，量子力学最常采用的是薛定谔绘景。这种绘景的主要特点是通过态函数 $|\boldsymbol{\Psi}(t)\rangle$ 的时间演化来表征系统的变化，而系统的力学量算符 A（如 H，P，$\boldsymbol{r}$ 等）则不随时间而改变。为区别其他绘景，常用下标（或上标）S 来表示薛定谔绘景中的态函数和力学量，如 $|\boldsymbol{\Psi}_{\mathrm{S}}(t)\rangle$，$H_{\mathrm{S}}$ 等。一般情况

下，若未注明下标（或上标），则默认在薛定谔绘景中讨论问题。由于在薛定谔绘景中物理量 A_{S} 不随时间而改变，因而物理量 A_{S} 的本征态矢 $|A_{\mathrm{S}}\rangle$ 也不随时间而改变。因此，在薛定谔绘景中，任一力学量的本征态矢集合可以构成描述系统的态及其他力学量的固定本征基。可见，薛定谔绘景中的本征态矢是静态的，而描述系统的态函数 $|\boldsymbol{\Psi}(t)\rangle$ 是动态的。依据薛定谔方程和初始条件 $|\boldsymbol{\Psi}_{\mathrm{S}}(t_0)\rangle$，可以求解出 t 时刻的态矢 $|\boldsymbol{\Psi}_{\mathrm{S}}(t)\rangle$：

$$|\boldsymbol{\Psi}_{\mathrm{S}}(t)\rangle = U(t,t_0)|\boldsymbol{\Psi}_{\mathrm{S}}(t_0)\rangle \tag{2.8}$$

其中，$U(t,t_0)$ 称为时间演化算符，由系统的哈密顿量决定。将上式代入薛定谔方程，得到

$$\mathrm{i}\hbar\frac{\partial}{\partial t}U(t,t_0)|\boldsymbol{\Psi}_{\mathrm{S}}(t_0)\rangle = H_{\mathrm{S}}U(t,t_0)|\boldsymbol{\Psi}_{\mathrm{S}}(t_0)\rangle \tag{2.9}$$

由于态函数 $|\boldsymbol{\Psi}_{\mathrm{S}}(t_0)\rangle$ 是任意的，所以时间演化算符 $U(t,t_0)$ 满足如下方程：

$$\mathrm{i}\hbar\frac{\partial}{\partial t}U(t,t_0) = H_{\mathrm{S}}U(t,t_0) \tag{2.10}$$

对上式积分，可得

$$U(t,t_0) = \exp\left[-\frac{\mathrm{i}}{\hbar}\int_{t_0}^{t} H_{\mathrm{S}}(t')\mathrm{d}t'\right] \tag{2.11}$$

显然，$U(t,t_0)$ 为幺正算符。如果系统的哈密顿量 H_{S} 不显含时间 t，则上式简化为

$$U(t,t_0) = \exp\left[-\frac{\mathrm{i}}{\hbar}H_{\mathrm{S}}(t-t_0)\right] \tag{2.12}$$

将式 (2.11) 或式 (2.12) 代回式 (2.8) 就可确定 t 时刻系统的态矢。这时，系统于 t 时刻处于某一物理量的本征态 $|\psi_m\rangle$ 的概率为

$$|\langle\psi_m|\boldsymbol{\Psi}_{\mathrm{S}}(t)\rangle|^2 = |\langle\psi_m|U(t,t_0)|\boldsymbol{\Psi}_{\mathrm{S}}(t_0)\rangle|^2 \tag{2.13}$$

系统的任一力学量 A_{S} 在 t 时刻的期望值为

$$\langle A\rangle_{\mathrm{S}} = \langle\boldsymbol{\Psi}_{\mathrm{S}}(t)|A_{\mathrm{S}}|\boldsymbol{\Psi}_{\mathrm{S}}(t)\rangle \tag{2.14}$$

这里还要指出一点，在量子系统中，如果表示力学量的两个厄密算符 A 和 B 是不对易的，则满足关系式 $[A,B]=\mathrm{i}C$，且它们没有共同的本征函数集，因此不能同时确定。那么，算符 A 和 B 的均方涨落〔方差（variance）为 $(\Delta A)^2 = \langle A^2\rangle - \langle A\rangle^2$，$(\Delta B)^2 = \langle B^2\rangle - \langle B\rangle^2$〕将满足不等式：

$$(\Delta A)^2(\Delta B)^2 \geqslant \frac{1}{4}|\langle C\rangle|^2 \tag{2.15}$$

其中，$\langle C\rangle$ 为算符 C 的平均值：

$$\langle C\rangle = \langle\boldsymbol{\Psi}(t)|C|\boldsymbol{\Psi}(t)\rangle \tag{2.16}$$

式 (2.15) 称为海森堡不确定性关系（Heisenberg uncertainty relation），这是量子系统中非对易算符之间满足的基本关系。如果 $\langle C\rangle=0$，也就是 $C=0$，则算符 A 和 B 是对易的，因而力学量 A 和 B 可以同时精确测量。比如，算符 A 为坐标算符 q，算符 B 为动量算符 p，它们满足对易关系：

$$[q,p]=\mathrm{i}\hbar \tag{2.17}$$

所以，两个算符的海森堡不确定性关系表示为

$$(\Delta q)^2(\Delta p)^2\geqslant\frac{1}{4}\hbar^2 \tag{2.18}$$

这就是我们熟知的海森堡坐标-动量不确定性关系。同样，如果算符 A 为角动量算符的 x 方向分量 L_x，算符 B 为角动量算符的 y 分量 L_y，它们满足对易关系：

$$[L_x,L_y]=\mathrm{i}\hbar L_z \tag{2.19}$$

则有

$$(\Delta L_x)^2(\Delta L_y)^2\geqslant\frac{1}{4}\hbar^2|\langle L_z\rangle|^2 \tag{2.20}$$

此即为粒子角动量 $x-y$ 分量的不确定性关系，它决定于粒子角动量 z 分量的平均值。

2.1.2 海森堡绘景

由 2.1.1 节可以知道，在薛定谔绘景中，力学量不随时间而改变，从而系统的本征态矢是静态的，不随时间演化，而描述系统的态矢 $|\boldsymbol{\Psi}_{\mathrm{S}}(t)\rangle$ 随时间而改变。如果反过来，我们选择本征基矢随时间变化，也就是力学量随时间演化，而描述系统的态矢 $|\boldsymbol{\Psi}\rangle$ 是固定不变的，这种绘景就称为海森堡绘景。在海森堡绘景中，态函数 $|\boldsymbol{\Psi}_{\mathrm{H}}\rangle=|\boldsymbol{\Psi}_{\mathrm{S}}(t_0)\rangle$ 与初始 t_0 时刻薛定谔绘景中的态函数相等。所以，薛定谔绘景与海森堡绘景之间的态函数关系为

$$|\boldsymbol{\Psi}_{\mathrm{S}}(t)\rangle=U(t,t_0)|\boldsymbol{\Psi}_{\mathrm{H}}\rangle \tag{2.21}$$

由于力学量的期望值与系统的实际测量结果相对应，因此其结果应该与所用何种绘景无关，所以在两种绘景中力学量的期望值应该相等，故有

$$\begin{aligned}\langle A\rangle&=\langle\boldsymbol{\Psi}_{\mathrm{S}}(t)|A_{\mathrm{S}}|\boldsymbol{\Psi}_{\mathrm{S}}(t)\rangle=\langle\boldsymbol{\Psi}_{\mathrm{S}}(t_0)|U^{\dagger}(t,t_0)A_{\mathrm{S}}U(t,t_0)|\boldsymbol{\Psi}_{\mathrm{S}}(t_0)\rangle\\&=\langle\boldsymbol{\Psi}_{\mathrm{H}}|U^{\dagger}(t,t_0)A_{\mathrm{S}}U(t,t_0)|\boldsymbol{\Psi}_{\mathrm{H}}\rangle=\langle\boldsymbol{\Psi}_{\mathrm{H}}|A_{\mathrm{H}}(t)|\boldsymbol{\Psi}_{\mathrm{H}}\rangle\end{aligned} \tag{2.22}$$

可以看到，两种绘景中算符之间的关系为

$$A_{\mathrm{H}}(t)=U^{\dagger}(t,t_0)A_{\mathrm{S}}U(t,t_0) \tag{2.23}$$

即，薛定谔绘景中形式上不随时间变化的力学量算符 A_{S} 通过幺正变换 $U(t,t_0)$ 转化为海森堡绘景中随时间变化的算符 $A_{\mathrm{H}}(t)$。

下面，我们再看看海森堡绘景中算符 $A_{\mathrm{H}}(t)$ 的本征态矢如何随时间变化。在薛定谔绘景中，算符 A_{S} 满足的本征值方程为

$$A_{\mathrm{S}}|\psi_n^{\mathrm{S}}\rangle = \lambda_n|\psi_n^{\mathrm{S}}\rangle \tag{2.24}$$

利用式 (2.23)，有

$$U(t,t_0)A_{\mathrm{H}}(t)U^{\dagger}(t,t_0)|\psi_n^{\mathrm{S}}\rangle = \lambda_n|\psi_n^{\mathrm{S}}\rangle$$

上式两边左乘幺正算符 $U^{\dagger}(t,t_0)$，则

$$A_{\mathrm{H}}(t)|\psi_n^{\mathrm{H}}(t)\rangle = \lambda_n|\psi_n^{\mathrm{H}}(t)\rangle \tag{2.25}$$

其中，已令

$$|\psi_n^{\mathrm{H}}(t)\rangle = U^{\dagger}(t,t_0)|\psi_n^{\mathrm{S}}\rangle \tag{2.26}$$

这就是两种绘景中力学量 A 的本征态矢之间的变换关系。它表明，薛定谔绘景中静态的本征态矢 $|\psi_n^{\mathrm{S}}\rangle$ 在海森堡绘景中变为动态的本征态矢 $|\psi_n^{\mathrm{H}}(t)\rangle$。再比较式 (2.21) 和式 (2.26)：

$$\begin{cases} |\boldsymbol{\Psi}_{\mathrm{S}}(t)\rangle = U(t,t_0)|\boldsymbol{\Psi}_{\mathrm{H}}\rangle \\ |\psi_n^{\mathrm{H}}(t)\rangle = U^{\dagger}(t,t_0)|\psi_n^{\mathrm{S}}\rangle \end{cases}$$

可以看出，在薛定谔绘景中，描述系统的态矢 $|\boldsymbol{\Psi}_{\mathrm{S}}(t)\rangle$ 沿一确定的方向随时间变化而演化；而在海森堡绘景中，力学量 A 的本征基矢则沿着相反的方向随时间演化。

在海森堡绘景中，系统随时间的演化规律可以通过求解算符 $A_{\mathrm{H}}(t)$ 的海森堡方程得出。对式 (2.23) 两边求导，可得

$$\begin{aligned} \mathrm{i}\hbar\frac{\mathrm{d}}{\mathrm{d}t}A_{\mathrm{H}} &= U^{\dagger}A_{\mathrm{S}}H_{\mathrm{S}}U - U^{\dagger}H_{\mathrm{S}}A_{\mathrm{S}}U + \mathrm{i}\hbar U^{\dagger}\frac{\partial}{\partial t}A_{\mathrm{S}}U \\ &= U^{\dagger}A_{\mathrm{S}}UU^{\dagger}H_{\mathrm{S}}U - U^{\dagger}H_{\mathrm{S}}UU^{\dagger}A_{\mathrm{S}}U + \mathrm{i}\hbar U^{\dagger}\frac{\partial}{\partial t}A_{\mathrm{S}}U \\ &= [A_{\mathrm{H}},H_{\mathrm{H}}] + \mathrm{i}\hbar U^{\dagger}\frac{\partial}{\partial t}A_{\mathrm{S}}U \end{aligned}$$

这里已经应用了海森堡绘景中系统的哈密顿算符 $H_{\mathrm{H}}(t) = U^{\dagger}(t,t_0)H_{\mathrm{S}}U(t,t_0)$。上式简写为

$$\mathrm{i}\hbar\frac{\mathrm{d}}{\mathrm{d}t}A_{\mathrm{H}} = [A_{\mathrm{H}},H_{\mathrm{H}}] + \mathrm{i}\hbar U^{\dagger}\frac{\partial}{\partial t}A_{\mathrm{S}}U \tag{2.27}$$

称为算符 A_{H} 的海森堡运动方程，与薛定谔绘景中的薛定谔方程一样，是描述系统运动规律的基本方程。由于系统随时间的演化由相应算符 $A_{\mathrm{H}}(t)$ 的时间行为体现，所以只要

求解算符的运动方程，得出 $A_{\mathrm{H}}(t)$ 的表达式，就可以得出相应力学量的期望值以及其他可能的测量值。

如果 $\frac{\mathrm{d}}{\mathrm{d}t}A_{\mathrm{H}}=0$，即算符 A_{H} 不随时间变化，是运动常量。而如果 A_{S} 不显含时间，即 $\frac{\partial}{\partial t}A_{\mathrm{S}}=0$，那么 A_{H} 遵循的运动方程为

$$\frac{\mathrm{d}}{\mathrm{d}t}A_{\mathrm{H}}=\frac{1}{\mathrm{i}\hbar}[A_{\mathrm{H}},H_{\mathrm{H}}] \tag{2.28}$$

事实上，对于一个能量守恒的系统，在薛定谔绘景中有 $\frac{\mathrm{d}}{\mathrm{d}t}H_{\mathrm{S}}=0$。另外，当 $A_{\mathrm{S}}=H_{\mathrm{S}}$ 时，$U(t,t_0)=\exp\left[-\frac{\mathrm{i}}{\hbar}H_{\mathrm{S}}(t-t_0)\right]$，故有 $[H_{\mathrm{S}},U]=0$，此时 $H_{\mathrm{H}}=H_{\mathrm{S}}$。这表明对于能量守恒系统，系统的哈密顿算符在薛定谔绘景和海森堡绘景中相同。按照算符的运动方程，可得

$$\frac{\mathrm{d}}{\mathrm{d}t}H_{\mathrm{H}}=0 \tag{2.29}$$

所以，系统哈密顿算符 H 在两种绘景中均是守恒量。反过来也可以说，对于保守系统而言，由于 H 是守恒量，所以它在两种绘景中是相同的。

还需要指出的是，由于算符之间的对易关系反映了力学量之间的物理关联，所以它们不应该因不同的量子描述方式（绘景）而有所改变。可以证明，算符间的对易关系在两种绘景中具有相同形式。证明过程如下。

设在薛定谔绘景中，系统的算符满足如下对易关系：

$$[A_{\mathrm{S}},B_{\mathrm{S}}]=\mathrm{i}C_{\mathrm{S}} \tag{2.30}$$

将上式两边左乘 $U^\dagger$，右乘 U，可得

$$U^\dagger A_{\mathrm{S}}B_{\mathrm{S}}U-U^\dagger B_{\mathrm{S}}A_{\mathrm{S}}U=\mathrm{i}U^\dagger C_{\mathrm{S}}U$$

再在算符 A_{S} 和 B_{S} 之间插入恒等算符 $UU^\dagger=I$，则有

$$U^\dagger A_{\mathrm{S}}UU^\dagger B_{\mathrm{S}}U-U^\dagger B_{\mathrm{S}}UU^\dagger A_{\mathrm{S}}U=\mathrm{i}U^\dagger C_{\mathrm{S}}U$$

利用 $A_{\mathrm{H}}(t)=U^\dagger(t,t_0)A_{\mathrm{S}}U(t,t_0)$，上式变为

$$[A_{\mathrm{H}},B_{\mathrm{H}}]=\mathrm{i}C_{\mathrm{H}} \tag{2.31}$$

即，在海森堡绘景和薛定谔绘景中算符间的对易关系具有相同的形式。同时，这也意味着在海森堡绘景中，算符 $A_{\mathrm{H}}(t)$ 和 $B_{\mathrm{H}}(t)$ 具有与薛定谔绘景中相同形式的海森堡不确定性关系。

在上述两种绘景形式中，对于保守系统，比较容易通过求解薛定谔方程得出系统的态函数，因此薛定谔绘景更适用。而对于开放系统（如泄漏腔中原子与光场的相互作用

系统），由于系统受外界环境的影响，系统的哈密顿量形式比较复杂，不容易利用薛定谔方程求出系统的态矢。但利用海森堡绘景，通过求解力学量的海森堡运动方程，比较容易给出力学量算符和它们的期望值随时间的变化规律，因此海森堡绘景更适用于开放系统。因此，对于不同的问题，应视具体情况，选择数学上比较容易求解且更能揭示其物理规律的绘景来处理。

2.1.3 相互作用绘景

量子系统往往很难完全孤立，容易受到外界环境等因素的影响，经常会用到相互作用绘景。这时，系统的哈密顿量 H 可以分解为两部分之和：

$$H_{\rm S} = H_0^{\rm S} + V_{\rm S} \tag{2.32}$$

其中，$H_0^{\rm S}$ 为不显含时间的哈密顿量，它对应的本征基矢可由薛定谔方程给出：

$$\mathrm{i}\hbar\frac{\partial}{\partial t}|\boldsymbol{\Psi}_n\rangle = H_0^{\rm S}|\boldsymbol{\Psi}_n\rangle \tag{2.33}$$

$V_{\rm S}$ 可看作系统的相互作用能，通常显含时间，因而往往对系统的行为有特别的效应。引入相互作用绘景的目的是集中地体现相互作用能 $V_{\rm S}(t)$ 对系统的效应，以便最大程度上由 $V_{\rm S}(t)$ 决定系统的态矢随时间的演化。

从薛定谔绘景变换到相互作用绘景的方法是引入幺正变换 $U_0(t,t_0)$，使得

$$|\boldsymbol{\Psi}_{\rm S}(t)\rangle = U_0(t,t_0)|\boldsymbol{\Psi}_{\rm I}(t)\rangle \tag{2.34}$$

其中，$|\boldsymbol{\Psi}_{\rm I}(t)\rangle$ 为相互作用绘景中的态函数。令

$$U_0(t,t_0) = \exp\left[-\frac{\mathrm{i}}{\hbar}H_0^{\rm S}(t-t_0)\right] \tag{2.35}$$

显然

$$U_0^\dagger = U_0^{-1} \tag{2.36a}$$

$$U_0(t_0,t_0) = 1 \tag{2.36b}$$

把幺正算符 $U_0(t,t_0)$ 对时间求导，可知它满足如下方程：

$$\mathrm{i}\hbar\frac{\partial}{\partial t}U_0 = H_0^{\rm S}U_0 \tag{2.37}$$

由于不同绘景中的力学量期望值应该一致，所以算符 A 的期望值为

$$\langle A\rangle = \langle\boldsymbol{\Psi}_{\rm S}(t)|A_{\rm S}|\boldsymbol{\Psi}_{\rm S}(t)\rangle = \langle\boldsymbol{\Psi}_{\rm I}(t)|U_0^\dagger A_{\rm S}U_0|\boldsymbol{\Psi}_{\rm I}(t)\rangle$$

$$= \langle \boldsymbol{\Psi}_{\mathrm{I}}(t)|A_{\mathrm{I}}(t)|\boldsymbol{\Psi}_{\mathrm{I}}(t)\rangle \tag{2.38}$$

由此可知，力学量算符在相互作用绘景和薛定谔绘景中的对应关系为

$$A_{\mathrm{I}}(t) = U_0^{\dagger}(t,t_0)A_{\mathrm{S}}U_0(t,t_0) \tag{2.39}$$

显然，力学量 $A_{\mathrm{I}}(t)$ 是时间的函数。

首先，讨论力学量 $A_{\mathrm{I}}(t)$ 满足的运动方程。将 (2.39) 式对时间 t 求导，可得

$$\begin{aligned} \mathrm{i}\hbar\frac{\mathrm{d}}{\mathrm{d}t}A_{\mathrm{I}} &= U_0^{\dagger}A_{\mathrm{S}}\mathrm{i}\hbar\frac{\mathrm{d}}{\mathrm{d}t}U_0 + \mathrm{i}\hbar\frac{\mathrm{d}}{\mathrm{d}t}U_0^{\dagger}A_{\mathrm{S}}U_0 + U_0^{\dagger}\mathrm{i}\hbar\frac{\mathrm{d}}{\mathrm{d}t}A_{\mathrm{S}}U_0 \\ &= U_0^{\dagger}A_{\mathrm{S}}H_0^{\mathrm{S}} - U_0^{\dagger}H_0^{\mathrm{S}}A_{\mathrm{S}}U_0 + U_0^{\dagger}\mathrm{i}\hbar\frac{\mathrm{d}}{\mathrm{d}t}A_{\mathrm{S}}U_0 \end{aligned} \tag{2.40}$$

由于 H_0^{S} 与时间无关，且

$$[H_0^{\mathrm{S}}, A_{\mathrm{S}}] = 0 \tag{2.41}$$

所以

$$H_0^{\mathrm{S}} = H_0^{\mathrm{I}} \tag{2.42}$$

可得

$$\begin{aligned} \mathrm{i}\hbar\frac{\mathrm{d}}{\mathrm{d}t}A_{\mathrm{I}} &= [A_{\mathrm{I}}, H_0^{\mathrm{I}}] + \mathrm{i}\hbar U_0^{\dagger}\frac{\mathrm{d}}{\mathrm{d}t}A_{\mathrm{S}}U_0 \\ &= [A_{\mathrm{I}}, H_0^{\mathrm{S}}] + \mathrm{i}\hbar U_0^{\dagger}\frac{\mathrm{d}}{\mathrm{d}t}A_{\mathrm{S}}U_0 \end{aligned} \tag{2.43}$$

这样，就得到了相互作用绘景中算符 $A_{\mathrm{I}}(t)$ 所遵循的运动方程。依据上式和初始条件，原则上可以求出算符 $A_{\mathrm{I}}(t)$ 的时间行为。

接下来，推导相互作用绘景中态函数 $|\boldsymbol{\Psi}_{\mathrm{I}}(t)\rangle$ 满足的运动方程。在薛定谔绘景中，对于哈密顿量 $H_{\mathrm{S}} = H_0^{\mathrm{S}} + V_{\mathrm{S}}$，态函数满足的薛定谔方程表示为

$$\mathrm{i}\hbar\frac{\partial}{\partial t}|\boldsymbol{\Psi}_{\mathrm{S}}(t)\rangle = (H_0^{\mathrm{S}} + V_{\mathrm{S}})|\boldsymbol{\Psi}_{\mathrm{S}}(t)\rangle \tag{2.44}$$

将 $|\boldsymbol{\Psi}_{\mathrm{S}}(t)\rangle = U_0(t,t_0)|\boldsymbol{\Psi}_{\mathrm{I}}(t)\rangle$ 代入上式，可得

$$\mathrm{i}\hbar\frac{\partial U_0}{\partial t}|\boldsymbol{\Psi}_{\mathrm{I}}(t)\rangle + \mathrm{i}\hbar U_0\frac{\partial}{\partial t}|\boldsymbol{\Psi}_{\mathrm{I}}(t)\rangle = (H_0^{\mathrm{S}} + V_{\mathrm{S}})U_0|\boldsymbol{\Psi}_{\mathrm{I}}(t)\rangle \tag{2.45}$$

上式左乘 $U_0^{\dagger}$，并利用幺正算符 U_0 满足的方程，可以得到相互作用绘景中态函数 $|\boldsymbol{\Psi}_{\mathrm{I}}(t)\rangle$ 满足的薛定谔方程：

$$\mathrm{i}\hbar\frac{\partial}{\partial t}|\boldsymbol{\Psi}_{\mathrm{I}}(t)\rangle = V_{\mathrm{I}}(t)|\boldsymbol{\Psi}_{\mathrm{I}}(t)\rangle \tag{2.46}$$

其中，$V_{\mathrm{I}}(t) = U_0^{\dagger}V_{\mathrm{S}}U_0$。上式表明，相互作用绘景中系统的态函数 $|\boldsymbol{\Psi}_{\mathrm{I}}(t)\rangle$ 的时间演化，原则上由相互作用能 $V_{\mathrm{I}}(t)$ 决定，所以它突出了相互作用能的效应。

下面，我们从 $|\boldsymbol{\Psi}_{\rm I}(t)\rangle$ 满足的薛定谔方程出发，用微扰法求解系统的态函数 $|\boldsymbol{\Psi}_{\rm I}(t)\rangle$。由 $|\boldsymbol{\Psi}_{\rm S}(t)\rangle = U_0(t,t_0)|\boldsymbol{\Psi}_{\rm I}(t)\rangle$，可知在初始时刻 $t=t_0$ 时，$|\boldsymbol{\Psi}_{\rm I}(t_0)\rangle = |\boldsymbol{\Psi}_{\rm S}(t_0)\rangle$。但是，对于不同形式的 $V_{\rm I}(t)$ 及初始条件 $|\boldsymbol{\Psi}_{\rm I}(t_0)\rangle$，大多数情况下难以直接由薛定谔方程求解 $|\boldsymbol{\Psi}_{\rm I}(t)\rangle$。不过，我们可引入一幺正变换 $U(t,t_0)$，使得

$$|\boldsymbol{\Psi}_{\rm I}(t)\rangle = U(t,t_0)|\boldsymbol{\Psi}_{\rm I}(t_0)\rangle \tag{2.47}$$

以表示系统态函数从初始时刻的 $|\boldsymbol{\Psi}_{\rm I}(t_0)\rangle$ 到 t 时刻的 $|\boldsymbol{\Psi}_{\rm I}(t)\rangle$ 的变化。把式 (2.47) 代入前面给出的相互作用绘景的薛定谔方程，并注意到初始值 $|\boldsymbol{\Psi}_{\rm I}(t_0)\rangle$ 是可以任意选取的。于是，幺正变换算符 $U(t,t_0)$ 满足如下方程：

$$\mathrm{i}\hbar\frac{\mathrm{d}}{\mathrm{d}t}U(t_0,t_0) = V_{\rm I}(t)U(t,t_0) \tag{2.48}$$

通过求解上述方程，原则上由 $V_{\rm I}(t)$ 以及初始条件

$$U(t,t_0) = 1 \tag{2.49}$$

可以得出 $U(t,t_0)$ 的精确或微扰表达式，从而得出态函数 $|\boldsymbol{\Psi}_{\rm I}(t)\rangle$，并进而由下式给出 $|\boldsymbol{\Psi}_{\rm S}(t)\rangle$：

$$|\boldsymbol{\Psi}_{\rm S}(t)\rangle = U_0^\dagger(t,t_0)|\boldsymbol{\Psi}_{\rm I}(t)\rangle = U_0^\dagger(t,t_0)U(t,t_0)|\boldsymbol{\Psi}_{\rm S}(t_0)\rangle \tag{2.50}$$

现在讨论 $U(t,t_0)$ 的微扰近似展开式。对式 (2.48) 进行积分，并应用初始条件，可得

$$U(t,t_0) = 1 + \frac{1}{\mathrm{i}\hbar}\int_{t_0}^{t} V_{\rm I}(t_1)U(t_1,t_0)\mathrm{d}t_1 \tag{2.51}$$

积分号中 $U(t_1,t_0)$ 又可以作为 t_2 的函数，它具有与式 (2.51) 相同形式的解：

$$U(t_1,t_0) = 1 + \frac{1}{\mathrm{i}\hbar}\int_{t_0}^{t} V_{\rm I}(t_2)U(t_2,t_0)\mathrm{d}t_2 \tag{2.52}$$

将式 (2.52) 代入式 (2.50)，得

$$U(t,t_0) = 1 + \frac{1}{\mathrm{i}\hbar}\int_{t_0}^{t} V_{\rm I}(t_1)U(t_1,t_0)\mathrm{d}t_1 + \left(\frac{1}{\mathrm{i}\hbar}\right)^2\int_{t_0}^{t}\mathrm{d}t_1 V_{\rm I}(t_1)\int_{t_0}^{t_1}\mathrm{d}t_2 V_{\rm I}(t_2)U(t_2,t_0) \tag{2.53}$$

继续运用迭代插入法，可以得到幺正变换算符 $U(t,t_0)$ 的级数展开式为

$$U(t,t_0) = 1 + \sum_{n=1}^{\infty}\left(\frac{1}{\mathrm{i}\hbar}\right)^n\int_{t_0}^{t}\mathrm{d}t_1\int_{t_0}^{t_1}\mathrm{d}t_2\cdots\int_{t_0}^{t_m}\mathrm{d}t_n V_{\rm I}(t_1)V_{\rm I}(t_2)\cdots V_{\rm I}(t_n) \tag{2.54}$$

式 (2.54) 给出了通过 $V_{\rm I}(t)$ 确定幺正算符 $U(t,t_0)$ 的表达式。由于相互作用能 $V_{\rm I}(t)$ 通常远小于 H_0，所以上述展开式的后一项较前一项小得多，取展开式的前几项，即可相

当准确地定出 $U(t,t_0)$。再将 $U(t,t_0)$ 代入 $|\boldsymbol{\Psi}_{\mathrm{S}}(t)\rangle = U_0(t,t_0)|\boldsymbol{\Psi}_{\mathrm{I}}(t)\rangle$，就可以得到相互作用绘景中 t 时刻系统态函数的微扰展开式了。

下面考虑一种特殊情况，假设 t_0 时刻系统处于未扰动哈密顿量 H_0 的本征态 $|i\rangle$，它满足

$$H_0|i\rangle = E_i|i\rangle \tag{2.55}$$

由于相互作用能 $V(t)$ 的作用，随着时间的改变系统演化到态 $|\boldsymbol{\Psi}_{\mathrm{I}}(t)\rangle$。那么 t 时刻系统跃迁到 H_0 的另一不同于 $|i\rangle$ 的本征态 $|k\rangle$ 的概率 $|\langle k|\boldsymbol{\Psi}_{\mathrm{I}}(t)\rangle|^2$ 为多少呢？显然，此时概率幅可表示为

$$\langle k|\boldsymbol{\Psi}_{\mathrm{I}}(t)\rangle = \langle k|U(t,t_0)|i\rangle \tag{2.56}$$

将 $U(t,t_0)$ 的展开式代入式 (2.56)，即得

$$\langle k|\boldsymbol{\Psi}_{\mathrm{I}}(t)\rangle = \frac{1}{\mathrm{i}\hbar}\int_{t_0}^{t}\langle k|V_{\mathrm{I}}(t_1)|i\rangle \mathrm{d}t_1 + \left(\frac{1}{\mathrm{i}\hbar}\right)^2\int_{t_0}^{t}\mathrm{d}t_1\int_{t_0}^{t_1}\mathrm{d}t_2\langle k|V_{\mathrm{I}}(t_1)V(t_2)|i\rangle + \cdots \tag{2.57}$$

再将 $V_{\mathrm{I}}(t) = U_0^{\dagger}V_{\mathrm{S}}U_0$ 代入上式，在一级近似下，跃迁的概率幅可表示为

$$\langle k|\boldsymbol{\Psi}_{\mathrm{I}}(t)\rangle \approx \frac{1}{\mathrm{i}\hbar}\int_{t_0}^{t}\langle k|V_{\mathrm{S}}|i\rangle \exp(\mathrm{i}\omega_{ki}t_1)\mathrm{d}t_1 \tag{2.58}$$

其中 $\omega_{ki} = (E_k - E_i)/\hbar$ 为跃迁频率。同样，我们还可以计算高阶近似的概率幅。这样，对相互作用能逐级取近似后，可以得出 t 时刻系统由初始态 $|i\rangle$ 跃迁到本征态 $|k\rangle$ 的概率幅。

2.2　密度算符和密度矩阵

由量子力学基本原理可知，量子系统的态矢量（波函数）包含了系统的所有信息。在确定了系统在某时刻的态矢量以后，就可以确定系统的时间演化以及预言力学量的测量结果了。为明确系统在给定时刻的状态，可在实验上对对应本征态矢进行测量。例如，利用光束通过偏振器的实验就可以准确确定光子的极化状态。然而，大部分情况下我们并不清楚系统的所有细节，系统的状态并不是都可以确定的。比如，在由温度为 T 的热炉发射出的原子束中，具有一定动量的原子态就很难确定，此时我们仅能知道原子动量的统计分布。比如，系统具有太多自由度，通过偏振片只能确定极化状态，而不能确定其他状态信息；也就是说，每次测量只能知道系统态的不完全信息。显然，这种情况下，用态矢量完全描述量子系统的状态是不够的。另外，当量子系统不是孤立的，而是更大更复杂系统的一部分时，就不能用一个态矢量来描述这样的子系统状态了。那么，如何依据系统量子状态的不完全信息，从理论上最大可能地预言测量结果呢？在此，将引入一种在量子理论中不可或缺的重要工具：密度算符以及对应的矩阵表示——密度矩阵。

2.2.1 相干叠加态和纯态

态叠加原理是量子力学中的一个基本原理，是“波的相干叠加性”与“波函数完全描述一个微观体系状态”这两个概念的概括，广泛应用于量子力学的各个领域。量子态的相干性解释了许多量子系统不同于经典系统的现象，是许多量子光学实验探测的主要目标。处理光与原子相互作用时经常用到**相干叠加态**的概念，相干叠加态在量子光学相关领域，尤其是量子信息与量子计算领域有着至关重要的核心地位。因此，解释什么是相干叠加态，以及如何区分相干叠加态与统计混合态就显得非常重要。

考虑一个二能级原子或者一个磁场中自旋为 1/2 的原子核。假设能够测量出系统是处在高能级还是低能级，比如可以通过观测角频率为 ω 的自发辐射来确定原子是否处于高能级，也可以通过施特恩-格拉赫实验来确定 S_z。对这样的系统，波函数如果表示为

$$|\psi\rangle = C_1|1\rangle + C_2|2\rangle \tag{2.59}$$

即二能级原子的量子态 $|\psi\rangle$ 为高能级态和低能级态的叠加态，则该量子态称为**相干叠加态**。其中，C_1 和 C_2 分别表示波函数中处于两个态的概率幅系数, 且 $|C_1|^2 + |C_2|^2 = 1$。如对系统进行投影测量，发现系统以概率 $|C_1|^2$ 处于 $|1\rangle$ 态上，而以概率 $|C_2|^2$ 处于 $|2\rangle$ 态上。

这里可以与光束的干涉做一个有用的类比，以帮助解释为何在描述叠加态时总是包含“相干”这个词。考虑具有相同频率、相位分别为 ϕ_1 和 ϕ_2 的两个光束发生重叠，叠加后的光场表示为

$$\mathcal{E} = \mathcal{E}_1\mathrm{e}^{-\mathrm{i}(\omega t+\phi_1)} + \mathcal{E}_2\mathrm{e}^{-\mathrm{i}(\omega t+\phi_2)} = \mathcal{E}_1\mathrm{e}^{-\mathrm{i}(\omega t+\phi_1)}\left(1 + \frac{\mathcal{E}_2}{\mathcal{E}_1}\mathrm{e}^{-\mathrm{i}(\phi_2-\phi_1)}\right) \tag{2.60}$$

其中，$\mathcal{E}_i$ 是光的振幅。两束光如果满足相干条件就会发生干涉。也就是，在空间给定的点处，当 $\Delta\phi = \phi_2 - \phi_1$ 为一常数时，则两束光会发生干涉。在满足 $\Delta\phi = 2k\pi, (k = 0, 1, 2, \cdots)$ 的位置会得到亮条纹，在满足 $\Delta\phi = (2k+1)\pi, (k = 0, 1, 2, \cdots)$ 的位置会得到暗条纹。反过来，如果两束光的相位差随时间的变化是随机的，则两束光是不相干的，不会出现干涉现象，此时叠加光束的强度仅仅只是两束光的强度之和：

$$|\mathcal{E}|^2 = |\mathcal{E}_1|^2 + |\mathcal{E}_2|^2 \tag{2.61}$$

令 $C_1 \to \mathcal{E}_1\mathrm{e}^{-\mathrm{i}\phi_1}$，$C_2 \to \mathcal{E}_2\mathrm{e}^{-\mathrm{i}\phi_2}$，很显然二能级原子的量子态〔如式 (2.59) 所示〕可以和两个光束对应，当 C_1 和 C_2 有确定的相位关系时，这是个可以发生干涉的叠加态，因此称为“相干叠加态”。

如果一个系统的量子态完全确定，则称之为**纯态**，它可由一个态矢量描述。纯态 $|\boldsymbol{\Psi}(t)\rangle$ 可由系统中任一物理量相互正交的本征态矢 $\{|\psi_n\rangle\}$ 的叠加来表示：

$$|\boldsymbol{\Psi}(t)\rangle = \sum_n C_n(t)|\psi_n\rangle \tag{2.62}$$

其中，$|C_n(t)|^2$ 表征 t 时刻系统处于 $|\psi_n\rangle$ 的概率。显然，纯态包括相干叠加态和没有叠加的基矢态。

2.2.2 纯态的密度算符和密度矩阵

对于处于纯态的量子系统，量子态的密度算符 ρ 定义为

$$\rho = |\boldsymbol{\Psi}\rangle\langle\boldsymbol{\Psi}| \tag{2.63}$$

利用 (2.62) 式，可以得到

$$\rho = \sum_n \sum_m C_n C_m^* |\psi_n\rangle\langle\psi_m| = \sum_{n,m} \rho_{nm} |\psi_n\rangle\langle\psi_m| \tag{2.64}$$

用态矢量的列向量形式以及复共轭式，可以得到与密度算符完全等价的密度矩阵形式：

$$\rho = |\boldsymbol{\Psi}\rangle\langle\boldsymbol{\Psi}| = \begin{bmatrix} C_1 \\ C_2 \\ \vdots \\ C_n \end{bmatrix} \begin{bmatrix} C_1^* & C_2^* & \cdots & C_n^* \end{bmatrix} = \begin{bmatrix} |C_1|^2 & C_1C_2^* & \cdots & C_1C_n^* \\ C_2C_1^* & |C_2|^2 & \cdots & C_2C_n^* \\ \vdots & \vdots & & \vdots \\ C_nC_1^* & C_nC_2^* & \cdots & |C_n|^2 \end{bmatrix} \tag{2.65}$$

此处，$\rho_{nm} = C_n C_m^*$ 为密度矩阵的矩阵元。

密度算符（矩阵）的对角矩阵元 $\rho_{nn} = C_n C_n^* = |C_n|^2$ 具有物理意义：如果对系统进行测量，发现系统处于态 $|n\rangle$ 的概率为 ρ_{nn}。因此，对角矩阵元 ρ_{nn} 又被称为**布居**（population）。如果系统处于某个基矢态 $|\psi_n\rangle$ 上，则 $\rho_{nn} = 1$。此时，对系统做到基矢集合 $\{|\psi_n\rangle\}$ 上的投影测量，测得系统处于态 $|\psi_n\rangle$ 的概率为 1。对于非对角矩阵元 $\rho_{nm} = C_n C_m^*$ $(n \neq m)$，若将叠加系数表示为复数形式 $C_n = r_n \mathrm{e}^{\mathrm{i}\varphi_n}$, $C_m = r_m \mathrm{e}^{\mathrm{i}\varphi_m}$，则 $\rho_{nm} = r_n r_m \mathrm{e}^{\mathrm{i}(\varphi_n - \varphi_m)}$。显然，$\rho_{nm} = \rho_{mn}^*$，其性质依赖于 C_n 和 C_m 的相对相位 $\Delta\varphi = \varphi_n - \varphi_m$。因此，非对角元决定了纯态的相干性。

在薛定谔绘景中，力学量 A 在时间 t 的期望值由态矢 $|\boldsymbol{\Psi}_\mathrm{S}(t)\rangle$ 确定：

$$\langle A\rangle_\mathrm{S} = \langle\boldsymbol{\Psi}_\mathrm{S}(t)|A_\mathrm{S}|\boldsymbol{\Psi}_\mathrm{S}(t)\rangle = \sum_{n,m} C_n(t) C_m^*(t) A_{mn} \tag{2.66}$$

此处，下标 “S” 表征薛定谔绘景。这里已经应用了本征基矢 $\{|\psi_n\rangle\}$ 的完备性条件 $\sum\limits_n |\psi_n\rangle\langle\psi_n| = 1$。其中，力学量 A 的矩阵元为

$$A_{mn} = \langle\psi_m|A|\psi_n\rangle \tag{2.67}$$

那么，在 $\{|\psi_n\rangle\}$ 中，密度算符 ρ_S 的矩阵元可表示为

$$(\rho_{\rm S})_{nm}=\langle\psi_n|\rho_{\rm S}|\psi_m\rangle=C_nC_m^* \tag{2.68}$$

因此，可由密度算符给出力学量 A 的期望值：

$$\langle A\rangle_{\rm S}=\sum_{n,m}\langle\psi_n|\rho_{\rm S}|\psi_m\rangle\langle\psi_m|A|\psi_n\rangle=\sum_n\langle\psi_n|\rho_{\rm S}A|\psi_n\rangle={\rm tr}\{\rho_{\rm S}A\} \tag{2.69}$$

根据态矢量 $|\boldsymbol{\Psi}_{\rm S}(t)\rangle$ 满足的薛定谔方程：

$$\mathrm{i}\hbar\frac{\partial}{\partial t}|\boldsymbol{\Psi}_{\rm S}\rangle=H_{\rm S}|\boldsymbol{\Psi}_{\rm S}\rangle \tag{2.70}$$

及其共轭式，可以得知薛定谔绘景中密度算符 $\rho_{\rm S}(t)$ 所遵循的运动方程为

$$\begin{aligned}\frac{\mathrm{d}}{\mathrm{d}t}\rho_{\rm S}&=\left(\frac{\mathrm{d}}{\mathrm{d}t}|\boldsymbol{\Psi}_{\rm S}\rangle\right)\langle\boldsymbol{\Psi}_{\rm S}|+|\boldsymbol{\Psi}_{\rm S}\rangle\left(\frac{\mathrm{d}}{\mathrm{d}t}\langle\boldsymbol{\Psi}_{\rm S}|\right)\\&=\frac{1}{\mathrm{i}\hbar}H_{\rm S}|\boldsymbol{\Psi}_{\rm S}\rangle\langle\boldsymbol{\Psi}_{\rm S}|-\frac{1}{\mathrm{i}\hbar}|\boldsymbol{\Psi}_{\rm S}\rangle\langle\boldsymbol{\Psi}_{\rm S}|H_{\rm S}\\&=\frac{1}{\mathrm{i}\hbar}[H_{\rm S},\rho_{\rm S}]\end{aligned} \tag{2.71}$$

上式一般称为冯・诺依曼 (von Neumann) 方程或刘维尔 (Liouville) 方程。

类似地，在海森堡绘景和相互作用绘景中密度算符可分别定义为

$$\rho_{\rm H}(t)=|\boldsymbol{\Psi}_{\rm H}\rangle\langle\boldsymbol{\Psi}_{\rm H}| \tag{2.72}$$

$$\rho_{\rm I}(t)=|\boldsymbol{\Psi}_{\rm I}\rangle\langle\boldsymbol{\Psi}_{\rm I}| \tag{2.73}$$

由 3 种绘景中态矢之间的变换关系，可得 $\rho_{\rm H}(t)$，$\rho_{\rm I}(t)$ 和 $\rho_{\rm S}(t)$ 的关系：

$$\rho_{\rm H}(t)=U^\dagger(t,t_0)\rho_{\rm S}(t)U(t,t_0) \tag{2.74}$$

$$\rho_{\rm I}(t)=U_0^\dagger(t,t_0)\rho_{\rm S}(t)U_0(t,t_0) \tag{2.75}$$

其中 $U(t,t_0)=\exp\left[-\frac{\mathrm{i}}{\hbar}\int_{t_0}^t H_{\rm S}(t')\mathrm{d}t'\right]$，$U_0(t,t_0)=\exp\left[-\frac{\mathrm{i}}{\hbar}H_0^{\rm S}(t-t_0)\right]$。显然，在海森堡绘景中密度算符 $\rho_{\rm H}(t)$ 不随时间演化；而在相互作用绘景中密度算符 $\rho_{\rm I}(t)$ 随时间的演化规律为

$$\begin{aligned}\frac{\mathrm{d}}{\mathrm{d}t}\rho_{\rm I}(t)&=\left(\frac{\mathrm{d}}{\mathrm{d}t}|\boldsymbol{\Psi}_{\rm I}\rangle\right)\langle\boldsymbol{\Psi}_{\rm I}|+|\boldsymbol{\Psi}_{\rm I}\rangle\left(\frac{\mathrm{d}}{\mathrm{d}t}\langle\boldsymbol{\Psi}_{\rm I}|\right)\\&=\frac{1}{\mathrm{i}\hbar}V_{\rm I}(t-t_1)|\boldsymbol{\Psi}_{\rm I}\rangle\langle\boldsymbol{\Psi}_{\rm I}|-\frac{1}{\mathrm{i}\hbar}|\boldsymbol{\Psi}_{\rm I}\rangle\langle\boldsymbol{\Psi}_{\rm I}|V_{\rm I}(t-t_0)\\&=\frac{1}{\mathrm{i}\hbar}[V_{\rm I}(t-t_0),\rho_{\rm I}]\end{aligned} \tag{2.76}$$

这样，我们给出了 3 种绘景中纯态情况下密度算符的定义式及其随时间的演化规律。显然，在 3 种绘景中，由于纯态时 $|\boldsymbol{\Psi}(t)\rangle$ 与 $\mathrm{e}^{\mathrm{i}\theta}|\boldsymbol{\Psi}(t)\rangle$ 有相同的 ρ，所以用 ρ 描述系统时，可以消除相位因子的影响。

下面，我们来讨论密度算符的性质。可以证明，归一化条件也可以用密度算符表示：

$$\sum_n |C_n|^2 = \sum_n \rho_{nn} = \mathrm{tr}\rho = 1$$

同样，可证

$$\rho^\dagger = \rho$$

即密度算符为厄密算符，且满足关系：

$$\rho^2 = \rho, \qquad |\rho_{mn}|^2 = \rho_{mm}^2\rho_{nn}^2$$

$$\mathrm{tr}\rho^2 = \mathrm{tr}\rho = 1$$

2.2.3　统计混合态

如果系统的态不完全确定，这时只有关于系统的不完全的或然信息，这典型地反映在对系统描述的概率概念上。比如，由 N 个相同的二能级粒子组成的粒子气，其中 N_1 个粒子处于低能级态 $|1\rangle$，$N_2(N_2 = N - N_1)$ 个粒子处于高能级态 $|2\rangle$。对这样的粒子气的进行测量，会得出一个与处于式 (2.59) 描述的叠加态粒子的 N 次重复测量同样的结果，即处于 $|1\rangle$ 上的概率为 $P_1 = N_1/N = |C_1|^2$，处于 $|2\rangle$ 上的概率为 $P_2 = N_2/N = |C_2|^2$。又如，温度为 T 的热平衡系统中，粒子处于能量为 E_n 的量子态的概率正比于 $\exp(-E_n/kT)$。

一般情况下，如果系统处于量子态 $|\boldsymbol{\Psi}_1\rangle$ 的概率为 P_1, 处于 $|\boldsymbol{\Psi}_2\rangle$ 的概率为 P_2，$\cdots$，且满足

$$P_1 + P_2 + \cdots = \sum_n P_n = 1 \tag{2.77}$$

系统就是处于态 $|\boldsymbol{\Psi}_1\rangle$，$|\boldsymbol{\Psi}_2\rangle$，$\cdots$，且概率分别为 P_1，P_2，$\cdots$ 的**统计混合态**，简称**混合态**。

那么，混合态的概率 P_n 和相干叠加态的概率 $|C_n|^2$ 有什么区别呢？从某种意义上说，处于叠加态的每个粒子都同时处于 $|\psi_1\rangle, |\psi_2\rangle, \cdots, |\psi_n\rangle$ 态上，概率函数 $|C_n|^2$ 中隐含着恒定的相位差，这可能会导致波函数的干涉，是系统固有量子属性的反映。而统计混合态中的 P_n 则不同，它不是系统的固有量子属性。不同 P_n 之间可能有关联，即其具有经典统计性，如热平衡时的 $\exp(-E_n/kT)$；不同 P_n 之间也可能没有关联，即每个粒子要么处于 $|\boldsymbol{\Psi}_1\rangle$ 态，要么处于 $|\boldsymbol{\Psi}_2\rangle$ 态，完全由各次测量结果得知，它们的相位是完全随机的，不满足相干条件，不可能发生干涉。此外，态函数 $|\boldsymbol{\Psi}_n\rangle$ 之间可以正交也可以不正交。

2.2.4 混合态的密度算符

处于混合态的量子系统在薛定谔绘景中的密度算符定义为

$$\rho_{\mathrm{S}}(t)=\sum_{k}P_{k}|\boldsymbol{\Psi}_{k}^{\mathrm{S}}(t)\rangle\langle\boldsymbol{\Psi}_{k}^{\mathrm{S}}(t)|=\sum_{k}P_{k}\rho_{k}^{\mathrm{S}}(t) \tag{2.78}$$

其中

$$\rho_{k}^{\mathrm{S}}=|\boldsymbol{\Psi}_{k}^{\mathrm{S}}\rangle\langle\boldsymbol{\Psi}_{k}^{\mathrm{S}}| \tag{2.79}$$

密度算符随时间的演化方程为

$$\frac{\mathrm{d}}{\mathrm{d}t}\rho_{\mathrm{S}}=\sum_{k}P_{k}\left(\frac{\mathrm{d}}{\mathrm{d}t}|\boldsymbol{\Psi}_{\mathrm{S}}\rangle\right)\langle\boldsymbol{\Psi}_{\mathrm{S}}|+|\boldsymbol{\Psi}_{\mathrm{S}}\rangle\left(\frac{\mathrm{d}}{\mathrm{d}t}\langle\boldsymbol{\Psi}_{\mathrm{S}}|\right)=\sum_{k}P_{k}\frac{1}{\mathrm{i}\hbar}[H_{\mathrm{S}},\rho_{\mathrm{S}}] \tag{2.80}$$

类似地，在海森堡绘景和相互作用绘景中的密度算符分别定义为

$$\rho_{\mathrm{H}}(t)=\sum_{k}P_{k}|\boldsymbol{\Psi}_{k}^{\mathrm{H}}(t)\rangle\langle\boldsymbol{\Psi}_{k}^{\mathrm{H}}(t)|=\sum_{k}P_{k}\rho_{k}^{\mathrm{H}}(t) \tag{2.81}$$

$$\rho_{\mathrm{I}}(t)=\sum_{k}P_{k}|\boldsymbol{\Psi}_{k}^{\mathrm{I}}(t)\rangle\langle\boldsymbol{\Psi}_{k}^{\mathrm{I}}(t)|=\sum_{k}P_{k}\rho_{k}^{\mathrm{I}}(t) \tag{2.82}$$

由于系统是由概率分布为 P_1，P_2，$\cdots$，P_k 的态矢 $|\boldsymbol{\Psi}_1\rangle$，$|\boldsymbol{\Psi}_2\rangle$，$\cdots$，$|\boldsymbol{\Psi}_k\rangle$ 共同描述的，所以式 (2.78)、式 (2.81)、式 (2.82) 这 3 个定义式是在不同绘景中描述混合态的密度算符，并且遵循与纯态下相同的运动方程。这种情况下，力学量 A 的期望值仍等于

$$\langle A\rangle=\mathrm{tr}(\rho_{\mathrm{S}}A_{\mathrm{S}})=\mathrm{tr}(\rho_{\mathrm{H}}A_{\mathrm{H}})=\mathrm{tr}(\rho_{\mathrm{I}}A_{\mathrm{I}}) \tag{2.83}$$

显然，可以证明与纯态情况相似，混合态的密度算符 ρ 仍为厄密算符。但此时

$$\rho^2=\sum_{k}P_{k}|\boldsymbol{\Psi}_{k}\rangle\langle\boldsymbol{\Psi}_{k}|\sum_{k'}P_{k'}|\boldsymbol{\Psi}_{k'}\rangle\langle\boldsymbol{\Psi}_{k'}|=\sum_{k}P_{k}^{2}|\boldsymbol{\Psi}_{k}\rangle\langle\boldsymbol{\Psi}_{k}|\neq\rho \tag{2.84}$$

而且容易证明，一般情况下

$$\mathrm{tr}\rho^2\leqslant 1 \tag{2.85}$$

其中，等号只有在纯态条件下成立，所以式 (2.85) 可以用来判断系统是否处于纯态。

2.2.5 约化密度算符

假设复合系统 A + B 处于纯态 $|\boldsymbol{\Phi}\rangle$，此时系统的密度算符表示为 $\rho=|\boldsymbol{\Phi}\rangle\langle\boldsymbol{\Phi}|$。对于子系统 A，可通过对子系统 B 求迹，而表示为约化密度算符：

$$\rho^{\mathrm{A}}=\sum_{i}\langle\psi_{i}^{\mathrm{B}}|\boldsymbol{\Phi}\rangle\langle\boldsymbol{\Phi}|\psi_{i}^{\mathrm{B}}\rangle=\sum_{i}P_{i}|\boldsymbol{\Psi}_{i}^{\mathrm{A}}\rangle\langle\boldsymbol{\Psi}_{i}^{\mathrm{A}}| \tag{2.86}$$

其中，$\{|\psi_i^{\mathrm{B}}\}$ 为子系统 B 的基矢集合，概率 P_i 由下式给出：

$$P_i = |\langle\psi_i^{\mathrm{B}}|\boldsymbol{\Phi}\rangle|^2 \tag{2.87}$$

系统 A 的归一化态矢量定义为

$$|\boldsymbol{\Psi}_i^{\mathrm{A}}\rangle = \frac{\langle\psi_i^{\mathrm{B}}|\boldsymbol{\Phi}\rangle}{\sqrt{P_i}} = \frac{1}{\sqrt{P_i}}\sum_k |\psi_k^{\mathrm{A}}\rangle\langle\psi_k^{\mathrm{A}}|\langle\psi_i^{\mathrm{B}}|\boldsymbol{\Phi}\rangle \tag{2.88}$$

其中，$\{|\psi_k^{\mathrm{A}}\rangle\}$ 为子系统 A 的基矢集合。可以看到，$|\boldsymbol{\Psi}_i^{\mathrm{A}}\rangle$ 以及对应的概率 P_i 都依赖于对系统 B 的自由度求迹的特定基矢集合 $\{|\psi_i^{\mathrm{B}}\rangle\}$。

如果复合系统 $A+B$ 的态矢量可以表示为 $|\boldsymbol{\Phi}\rangle = |\boldsymbol{\Psi}^{\mathrm{A}}\rangle \otimes |\boldsymbol{\Psi}^{\mathrm{B}}\rangle$，即两个子系统量子态乘积的形式（称为乘积态）, 对 B 系统求迹，可以得到系统 A 在纯态 $|\boldsymbol{\Psi}^{\mathrm{A}}\rangle$ 的密度算符，即

$$\rho^{\mathrm{A}} = \sum_i \langle\psi_i^{\mathrm{B}}|\boldsymbol{\Psi}^{\mathrm{B}}\rangle\langle\boldsymbol{\Psi}^{\mathrm{B}}|\psi_i^{\mathrm{B}}\rangle|\boldsymbol{\Psi}^{\mathrm{A}}\rangle\langle\boldsymbol{\Psi}^{\mathrm{A}}| = \sum_i P_i|\boldsymbol{\Psi}^{\mathrm{A}}\rangle\langle\boldsymbol{\Psi}^{\mathrm{A}}| = |\boldsymbol{\Psi}^{\mathrm{A}}\rangle\langle\boldsymbol{\Psi}^{\mathrm{A}}| \tag{2.89}$$

如果复合系统的量子态不能表示为子系统量子态乘积的形式，即 $|\boldsymbol{\Phi}\rangle \neq |\boldsymbol{\Psi}^{\mathrm{A}}\rangle \otimes |\boldsymbol{\Psi}^{\mathrm{B}}\rangle$, 这个态称为**纠缠态**（entangled state）。

一般来说，量子系统难以长时间保持在纯态，主要原因是量子系统容易同环境等其他系统发生相互作用，并在相互作用下演化，最终使量子系统与其他系统纠缠起来，整个复合系统处于纠缠态。此时，通过对复合系统中的环境等子系统求迹，可以得到与描述量子系统的约化密度矩阵对应的混合态，这意味着量子系统与其他系统的相互作用会导致纯态的相干性丢失，该过程称为**消相干**（decoherence）过程。消相干是量子系统的典型特征，是量子信息处理和量子计算实现的最主要障碍。

例 2.1　复合系统处于纠缠态上，表示为 $|\psi\rangle = \frac{1}{\sqrt{2}}(|1\rangle|a\rangle + |2\rangle|b\rangle)$。其中，$|1\rangle$ 和 $|2\rangle$ 是属于所考虑量子系统的正交量子态，$|a\rangle$ 和 $|b\rangle$ 是属于环境的量子态。则复合系统的密度算符（密度矩阵）为

$$\rho = |\psi\rangle\langle\psi| = \frac{1}{2}\{|1\rangle|a\rangle\langle a|\langle 1| + |2\rangle|b\rangle\langle b|\langle 2| + |1\rangle|a\rangle\langle b|\langle 2| + |2\rangle|b\rangle\langle a|\langle 1|\}$$

对复合系统中的环境量子态求迹，即可得到所考虑量子系统的约化密度矩阵：

$$\rho_{\mathrm{sys}} = \mathrm{tr}_{\mathrm{env}}\rho = \sum_{\xi=a,b}\langle\xi|\rho|\xi\rangle = \langle a|\rho|a\rangle + \langle b|\rho|b\rangle = \frac{1}{2}|1\rangle\langle 1| + \frac{1}{2}|2\rangle\langle 2|$$

可见，我们所考虑的量子系统处于态 $|1\rangle$ 和 $|2\rangle$ 的混合态，两种态出现的概率都为 1/2。

需要提到的是，本书中用到密度算符和密度矩阵的地方并不多。在简单的二能级原子系统中，利用波函数就足以讨论清楚各种现象。这里提到密度矩阵更多地是为了理论的完整性，同时也是为了强调非对角元的重要性。

2.3 习　题

1. 写出下面叠加态的密度矩阵：

(a) $|2\rangle$;

(b) $(|1\rangle+|2\rangle)/\sqrt{2}$;

(c) $\dfrac{1}{\sqrt{3}}|1\rangle+\mathrm{i}\sqrt{\dfrac{1}{3}}|2\rangle$。

2. 证明：密度矩阵满足 $\mathrm{tr}(\rho^2)\leqslant 1$，其中等号对应于纯态情况。

第3章 电磁场的量子化

3.1 经典电磁场理论

经典电磁学发展的巅峰是麦克斯韦方程组的提出。麦克斯韦方程组是 19 世纪英国物理学家麦克斯韦在对宏观电磁现象的实验规律进行分析总结的基础上，经过扩充和推广而得出的一组描述电场、磁场与电荷密度、电流密度之间关系的偏微分方程，是一切宏观电磁现象所遵循的普遍规律。它由 4 个方程组成：① 描述电荷如何产生电场的高斯定律；② 论述磁单极子不存在的高斯磁定律；③ 描述电流和时变电场怎样产生磁场的麦克斯韦-安培定律；④ 描述时变磁场如何产生电场的法拉第电磁感应定律。该方程组系统而完整地概括了电磁场的基本规律，利用麦克斯韦方程组、洛伦兹力方程和牛顿第二定律，就可以完全描述相互作用的带电粒子以及电磁场的经典动力学行为。麦克斯韦的电磁理论预言了电磁波的存在，并推导出电磁波在真空中以光速传播，进而做出光是电磁波的猜想。麦克斯韦方程组首次出现在麦克斯韦 1864 年的论文《电磁学的动力学理论》中，由四元数的 20 个变量和 20 个方程组成。现在所使用的麦克斯韦方程的数学形式是由反对四元数的赫维赛德（Heaviside，1850—1925）和吉布斯（Gibbs，1839—1903）于 1884 年以矢量微积分的形式重新表述的。

麦克斯韦方程组有积分和微分两种等价的形式，积分形式表达的物理意义比较直观，每个方程都体现了电磁学理论的重要方面。因此，我们先给出其积分形式：

$$
\begin{cases}
\oiint_S \boldsymbol{D}\cdot \mathrm{d}\boldsymbol{S} = q_0 \\
\oiint_S \boldsymbol{B}\cdot \mathrm{d}\boldsymbol{S} = 0 \\
\oint_L \boldsymbol{E}\cdot \mathrm{d}\boldsymbol{l} = -\iint_S \dfrac{\partial \boldsymbol{B}}{\partial t}\cdot \mathrm{d}\boldsymbol{S} \\
\oint_L \boldsymbol{H}\cdot \mathrm{d}\boldsymbol{l} = I_0 + \iint_S \dfrac{\partial \boldsymbol{D}}{\partial t}\cdot \mathrm{d}\boldsymbol{S}
\end{cases}
\tag{3.1}
$$

其中，$\boldsymbol{E}$ 和 $\boldsymbol{D}$ 分别为电场的强度矢量和电位移矢量，$\boldsymbol{B}$ 和 $\boldsymbol{H}$ 分别为磁场的磁感应强度矢量和磁场强度矢量，q_0 和 I_0 为自由电荷和由电荷定向移动形成的传导电流。在真空中，$\boldsymbol{D}=\varepsilon_0\boldsymbol{E}$，$\boldsymbol{B}=\mu_0\boldsymbol{H}$，其中 ε_0 和 μ_0 为真空介电常数和真空磁导率，且 $\mu_0\varepsilon_0=c^{-2}$。在电磁场理论的实际应用中，经常需要知道空间中每一点处电磁场量和电荷、电流分布之间的关系。从数学形式上，就是将麦克斯韦方程组的积分形式化为微分形式：

$$\begin{cases}\boldsymbol{\nabla}\cdot\boldsymbol{D}=\rho_0\\ \boldsymbol{\nabla}\times\boldsymbol{E}=-\dfrac{\partial\boldsymbol{B}}{\partial t}\\ \boldsymbol{\nabla}\cdot\boldsymbol{B}=0\\ \boldsymbol{\nabla}\times\boldsymbol{H}=\boldsymbol{j}_0+\dfrac{\partial\boldsymbol{D}}{\partial t}\end{cases}\tag{3.2}$$

式 (3.2) 中的 4 个方程分别表征电场和磁场的散度和旋度，其中 $\boldsymbol{\nabla}=\dfrac{\partial}{\partial x}\hat{i}+\dfrac{\partial}{\partial y}\hat{j}+\dfrac{\partial}{\partial z}\hat{k}$ 为哈密顿算符（运算性质见附录 A）。在无场源的自由空间中，自由电荷 q_0 和传导电流 I_0 为零，从而自由电荷密度和传导电流密度也为零，即 $\rho_0=0$ 和 $\boldsymbol{j}_0=0$。

电磁场可由上述一阶偏微分方程直接求出，而另外一种方便的求解方式是：引入势函数，将方程组变换成方程数量更少的二阶偏微分方程组。针对 $\boldsymbol{\nabla}\cdot\boldsymbol{B}=0$，引入矢势（vector potential）函数 $\boldsymbol{A}(\boldsymbol{r},t)$，使

$$\boldsymbol{B}=\boldsymbol{\nabla}\times\boldsymbol{A}\tag{3.3}$$

无源的自由空间电磁场通常采用库仑规范（参考附录 B）。满足库仑规范的条件 $\boldsymbol{\nabla}\cdot\boldsymbol{A}=0$ 时，磁场和电场可以表示为矢势的形式，即

$$\begin{cases}\boldsymbol{B}=\boldsymbol{\nabla}\times\boldsymbol{A}\\ \boldsymbol{E}=-\dfrac{\partial\boldsymbol{A}}{\partial t}\end{cases}\tag{3.4}$$

利用矢量公式 $\boldsymbol{\nabla}\times(\boldsymbol{\nabla}\times\boldsymbol{A})=\boldsymbol{\nabla}(\boldsymbol{\nabla}\cdot\boldsymbol{A})-\nabla^2\boldsymbol{A}$，将式 (3.4) 代入式 (3.2)，可以得到矢势函数 $\boldsymbol{A}(\boldsymbol{r},t)$ 满足的波动方程：

$$\nabla^2\boldsymbol{A}-\frac{1}{c^2}\frac{\partial^2\boldsymbol{A}}{\partial t^2}=0\tag{3.5}$$

很显然，只要在给定的边界条件下求解出上面的方程，找到矢势函数 $\boldsymbol{A}(\boldsymbol{r},t)$ 在任意位置 $\boldsymbol{r}$ 和任意时间 t 的表达式，就可由式 (3.4) 给出任意位置和时间的电场 $\boldsymbol{E}$ 和磁场 $\boldsymbol{B}$。

为求解矢势函数的波动方程，利用分离变量法，令

$$\boldsymbol{A}=\xi\boldsymbol{u}(\boldsymbol{r})q(t)\tag{3.6}$$

其中，$q(t)$ 只是时间的函数，而 $\boldsymbol{u}(\boldsymbol{r})$ 是只依赖于位置矢量 $\boldsymbol{r}$ 的矢量函数，为方便可取 $\xi=1$。将式 (3.6) 代入式 (3.5)，可得

$$q(t)\nabla^2\boldsymbol{u}(\boldsymbol{r})-\frac{1}{c^2}\frac{\partial^2 q(t)}{\partial t^2}\boldsymbol{u}(\boldsymbol{r})=0 \tag{3.7}$$

当我们考虑矢势分量 $A_i(\boldsymbol{r},t)=u_i(\boldsymbol{r})$，$(i=x,y,z)$ 时，可以得到如下微分关系式：

$$c^2\frac{\nabla_i^2 u_i(\boldsymbol{r})}{u_i(\boldsymbol{r})}=\frac{\ddot{q}(t)}{q(t)} \tag{3.8}$$

其中，等式左边的矢势函数 $\boldsymbol{u}_i(\boldsymbol{r})$ 只依赖于空间坐标 $\boldsymbol{r}$，而右边的 $q(t)$ 只与时间 t 有关，因此左右两边必为常数。由于左右皆包含二次微分项，则比例常数表示为“平方”的形式。可以证明, 在一定的边界条件下拉普拉斯算符的本征值为负值，因此式 (3.8) 中的比例常数应该带负号。我们定义这样的比例常数为 $-\omega^2$，既不依赖于时间 t，也不依赖于空间坐标 $\boldsymbol{r}$。另外，等式右边与 $\boldsymbol{u}(\boldsymbol{r})$ 的分量无关，所以比例常数也与 i 分量无关。

于是，对于矢势函数的空间部分，可以得到亥姆霍兹方程：

$$\nabla^2\boldsymbol{u}(\boldsymbol{r})+\frac{\omega^2}{c^2}\boldsymbol{u}(\boldsymbol{r})=0 \tag{3.9}$$

以及矢势函数时间部分的振动方程：

$$\ddot{q}(t)+\omega^2 q(t)=0 \tag{3.10}$$

由式 (3.9) 和式 (3.10) 很容易看出，式 (3.5) 的解是速度为 c、角频率为 ω 的平面简谐电磁波。从数学上讲，对于任意角频率 $(\omega>0)$，式 (3.9) 都有解。但物理上的有限空间（如正方体谐振腔），满足一定边界条件的式 (3.9) 的解使 ω 只能取有限的离散值。即一切被约束在有限空间内的电磁场都只能存在于一系列分立的本征状态中，每一个本征态将具有一定的振荡频率和空间分布，称为一个**模式**，记为 ω_ℓ（下标 ℓ 标记不同的模式）。所有模矢量满足横波条件 $\boldsymbol{\nabla}\cdot\boldsymbol{u}_\ell(\boldsymbol{r})=0$，且组成正交完备集合：

$$\int_V \boldsymbol{u}_\ell^*(\boldsymbol{r})\boldsymbol{u}_{\ell'}(\boldsymbol{r})\,\mathrm{d}^3\boldsymbol{r}=\delta_{\ell\ell'}$$

因此，在有限空间中，多模电磁场的矢势函数展开为

$$\boldsymbol{A}(\boldsymbol{r},t)=\sum_\ell q_\ell(t)\boldsymbol{u}_\ell(\boldsymbol{r}) \tag{3.11}$$

显然，满足式 (3.10) 的 $q_\ell(t)$，除了其振动频率 ω_ℓ 受到空间边界条件约束而取离散值外，不受其他限制条件影响。

利用式 (3.11)，由式 (3.4) 可以得出电场和磁场的表达式：

$$\boldsymbol{E}(\boldsymbol{r},t)=-\frac{\partial\boldsymbol{A}}{\partial t}=-\sum_\ell \dot{q}_\ell(t)\boldsymbol{u}_\ell(\boldsymbol{r}) \tag{3.12}$$

$$\boldsymbol{B}(\boldsymbol{r},t)=\nabla\times\boldsymbol{A}=\sum_{\ell}q_{\ell}(t)\nabla\times u_{\ell}(\boldsymbol{r}) \tag{3.13}$$

在给定空间内，电磁场所有模式的总能量 H 表示为

$$H=\int_{V}\left(\frac{1}{2}\varepsilon_{0}\boldsymbol{E}^{2}+\frac{1}{2}\mu_{0}\boldsymbol{H}^{2}\right)\mathrm{d}V \tag{3.14}$$

代入 $\boldsymbol{E}$ 和 $\boldsymbol{H}$，并利用横波条件 $\nabla\cdot\boldsymbol{u}_{\ell}(\boldsymbol{r})=0$ 和矢量运算法则，则电磁场总能量表示为

$$H=\sum_{\ell}\frac{1}{2}\dot{q}_{\ell}^{2}(t)+\frac{1}{2}\omega_{\ell}^{2}q_{\ell}^{2}(t) \tag{3.15}$$

上式表明，一种电磁场模式的能量与经典力学中具有动量 $\dot{q}_{\ell}$，坐标 q_{ℓ} 的单位质量线性谐振子能量相当，我们称之为场振子。有限空间中，电磁场总能量与一组线性谐振子的总能量相等，这是在经典电磁学和经典力学范畴内得出的结果。在量子论创立初期，普朗克对黑体辐射现象的成功解释，即假定黑体空腔内存在大量谐振子，从而引出能量子假说，开启了量子力学时代。

需要指出的是，有限空间的边界条件导致了可能的波矢量离散化，也就导致出现一系列离散的波函数，但这样的离散化仅仅是边界条件带来的，与辐射场的量子化没有关系。

3.2 电磁场量子化

经典力学中的原子是粒子，满足经典力学的粒子运动方程。经过量子化得出的薛定谔方程，以物质波的波函数 $\boldsymbol{\Psi}(\boldsymbol{r},t)$ 描述原子的运动。量子光学讨论作为电磁场的光场与原子的相互作用，包含了场和粒子两个方面，因此只讨论粒子的波函数 $\boldsymbol{\Psi}(\boldsymbol{r},t)$ 所满足的薛定谔方程是不够的；有些现象，如激光现象必须用量子理论才能解释，因此量子光学还须讨论量子化光场。量子力学创立初期，从黑体辐射问题的普朗克能量子假说，到光电效应的爱因斯坦光子假说，都是对电磁辐射形式上的量子化。量子化的光场就是对电磁场（光场）进行量子化，从而给出光子的具体描述。

由经典力学体系到量子力学体系，通常从经典的能量守恒出发，即

$$E=\frac{\boldsymbol{p}^{2}}{2m}+V(\boldsymbol{r},t) \tag{3.16}$$

利用算符对应：

$$E\rightarrow \mathrm{i}h\frac{\partial}{\partial t},\quad \boldsymbol{p}\rightarrow \mathrm{i}h\nabla \tag{3.17}$$

可以得出所有力学量的算符表示和薛定谔方程，该过程称为一次量子化。一次量子化只能用于处理粒子数守恒系统。而从波函数 $\boldsymbol{\Psi}(\boldsymbol{r},t)$ 出发，应用场算符的对易关系把各种

场也量子化，该过程称为二次量子化。此时，粒子数不再守恒，引入产生、湮灭算符处理系统的粒子数变化和能量转化。二次量子化能够自然、简洁地处理全同粒子的对称性和反对称性。

有限空间中的电磁场能量等于所有模式的能量之和，而每个模式的能量等于具有广义坐标 $q(t)$ 的简谐振子的能量。现在的问题是，广义坐标 $q(t)$ 的振幅是如何确定的？

在经典物理中，简谐振子的振幅是不确定的，可以取任意值。我们现在证明电磁场的量子化必定使 q_ℓ 依赖于场态而具有一定的取值范围。这一部分我们首先回顾经典简谐振子，给出简谐振子的量子化过程，并进一步给出电磁场的量子化。

3.2.1　经典谐振子的量子化

经典物理中，对应于电磁场第 ℓ 个模的单位质量（$m=1$）谐振子的哈密顿量为

$$H_\ell \equiv \frac{1}{2}\dot{q}_\ell^2 + \frac{1}{2}\omega_\ell^2 q_\ell^2 \tag{3.18}$$

其中，两个共轭正则变量 q_ℓ 和 $p(p \equiv \dot{q}_\ell)$ 遵守哈密顿方程：

$$\dot{q}_\ell = \frac{\partial H_\ell}{\partial p_\ell} = p_\ell, \quad \dot{p}_\ell = -\frac{\partial H_\ell}{\partial q_\ell} = -\omega_\ell^2 q_\ell$$

由此，直接可以得到

$$\ddot{q}_\ell + \omega_\ell^2 q_\ell = 0 \tag{3.19}$$

显然，这正是 3.1 节中电磁场矢势函数分离变量后时间部分的式 (3.10)。

在式 (3.12) 和式 (3.13) 中，可以看到磁场 $\boldsymbol{B}$ 正比于 q_ℓ，而电场 $\boldsymbol{E}$ 正比于 $\dot{q}_\ell$。此外，对比电磁场总能量式 (3.14) 和式 (3.15)，这两种场的关系恰似力学谐振子的坐标和动量之间的共轭关系。因此，很方便依照与力学谐振子相同的方式对电磁场进行量子化。

定义无量纲量：

$$a_\ell \equiv \sqrt{\frac{\omega_\ell}{2\hbar}}\left(q_\ell + \frac{\mathrm{i}}{\omega_\ell}p_\ell\right), \quad a_\ell^* \equiv \sqrt{\frac{\omega_\ell}{2\hbar}}\left(q_\ell - \frac{\mathrm{i}}{\omega_\ell}p_\ell\right) \tag{3.20}$$

显然，共轭变量 q_ℓ 和 p_ℓ 可以表示为

$$q_\ell = \sqrt{\frac{\hbar}{2\omega_\ell}}(a_\ell + a_\ell^*), \quad p_\ell = -\mathrm{i}\sqrt{\frac{\hbar\omega_\ell}{2}}(a_\ell - a_\ell^*) \tag{3.21}$$

将式 (3.21) 代入式 (3.18)，可以得到第 ℓ 个模的哈密顿量：

$$H_\ell = -\frac{1}{2}\frac{\hbar\omega_\ell}{2}\left(a_\ell^2 + (a_\ell^*)^2 - a_\ell a_\ell^* - a_\ell^* a_\ell\right) + \frac{1}{2}\frac{\hbar\omega_\ell}{2}\left(a_\ell^2 + (a_\ell^*)^2 + a_\ell a_\ell^* + a_\ell^* a_\ell\right) \tag{3.22}$$

进一步简化为

$$H_\ell = \frac{1}{2}\hbar\omega_\ell\left(a_\ell a_\ell^* + a_\ell^* a_\ell\right) \tag{3.23}$$

接下来，我们将简谐振子量子化。假设第 ℓ 个谐振子的广义坐标算符 $\hat{q}_\ell$ 和第 ℓ' 个谐振子的广义动量算符 $\hat{p}_{\ell'}$ 满足对易关系：

$$[\hat{q}_\ell, \hat{p}_{\ell'}] = \mathrm{i}\hbar\delta_{\ell\ell'} \tag{3.24}$$

当 $\ell \neq \ell'$ 时，算符对应不同的谐振子，因此二者是对易的，即 $[\hat{q}_\ell, \hat{p}_{\ell'}] = 0$。则由式 (3.20) 定义的无量纲复数参量也就相应的转化成能级降低、升高算符：

$$\hat{a}_\ell \equiv \sqrt{\frac{\omega_\ell}{2\hbar}}\left(\hat{q}_\ell + \frac{\mathrm{i}}{\omega_\ell}\hat{p}_\ell\right), \quad \hat{a}_\ell^\dagger \equiv \sqrt{\frac{\omega_\ell}{2\hbar}}\left(\hat{q}_\ell - \frac{\mathrm{i}}{\omega_\ell}\hat{p}_\ell\right) \tag{3.25}$$

则坐标和动量算符具有如下形式：

$$\hat{q}_\ell = \sqrt{\frac{\hbar}{2\omega_\ell}}(\hat{a}_\ell + \hat{a}_\ell^\dagger), \quad \hat{p}_\ell = -\mathrm{i}\sqrt{\frac{\hbar\omega_\ell}{2}}(\hat{a}_\ell - \hat{a}_\ell^\dagger) \tag{3.26}$$

那么，由式 (3.24) 可得

$$\mathrm{i}\hbar\delta_{\ell\ell'} = [\hat{q}_\ell, \hat{p}_{\ell'}] = \frac{\hbar}{2\mathrm{i}}[\hat{a}_\ell + \hat{a}_\ell^\dagger, \hat{a}_{\ell'} - \hat{a}_{\ell'}^\dagger] \tag{3.27}$$

$$= \frac{\hbar}{2\mathrm{i}}\left(-[\hat{a}_\ell, \hat{a}_{\ell'}^\dagger] + [\hat{a}_\ell^\dagger, \hat{a}_{\ell'}]\right) = \mathrm{i}\hbar[\hat{a}_\ell, \hat{a}_{\ell'}^\dagger] \tag{3.28}$$

也就是说，能级降低和能级升高算符满足对易关系：

$$[\hat{a}_\ell, \hat{a}_{\ell'}^\dagger] = \delta_{\ell\ell'} \tag{3.29}$$

其中，我们用到了 $[\hat{a}_\ell, \hat{a}_{\ell'}] = [\hat{a}_\ell^\dagger, \hat{a}_{\ell'}^\dagger] = 0$。

将式 (3.23) 中第 ℓ 个谐振子的哈密顿量表示成算符形式：

$$\hat{H}_\ell = \frac{1}{2}\hbar\omega_\ell\left(\hat{a}_\ell\hat{a}_\ell^\dagger + \hat{a}_\ell^\dagger\hat{a}_\ell\right) \tag{3.30}$$

利用式 (3.29)，则式 (3.30) 可以简化为

$$\hat{H}_\ell = \hbar\omega_\ell\left(\hat{a}_\ell^\dagger\hat{a}_\ell + \frac{1}{2}\right) \tag{3.31}$$

因此，所有谐振子的哈密顿量表示为

$$\hat{H} = \sum_\ell \hbar\omega_\ell\hat{a}_\ell^\dagger\hat{a}_\ell + \hat{H}_0 \tag{3.32}$$

其中 $H_0 = \sum_\ell \frac{1}{2}\hbar\omega_\ell$ 是对易关系的结果，它不包含任何算符，是所有谐振子的零点能之和。

上面引入的能级降低、能级升高算符都是时间的函数，分别记为 $\hat{a}_\ell(t)$ 和 $\hat{a}_\ell^\dagger(t)$。它们同时满足海森伯运动方程：

$$\dot{\hat{a}}_\ell = \frac{\mathrm{i}}{\hbar}[H, \hat{a}_\ell] \tag{3.33}$$

因此，可以得到

$$\dot{\hat{a}}_\ell = -\mathrm{i}\omega_\ell \hat{a}_\ell \tag{3.34}$$

很容易解得

$$\hat{a}_\ell(t) = \hat{a}_\ell(0)\mathrm{e}^{-\mathrm{i}\omega_\ell t} \tag{3.35}$$

也就是说，能级降低算符具有负的相位因子。

同理，可以得到能级升高算符的对应表示：

$$\hat{a}_\ell^\dagger(t) = \hat{a}_\ell^\dagger(0)\mathrm{e}^{\mathrm{i}\omega_\ell t} \tag{3.36}$$

后面的内容中，在不考虑时间演化引起的整体相位情况下，$\hat{a}_\ell(0)$ 和 $\hat{a}_\ell(t)$ 对量子态的作用是相同的，仍然将 $\hat{a}_\ell(t)$ 和 $\hat{a}_\ell^\dagger(t)$ 简写为 $\hat{a}_\ell$ 和 $\hat{a}_\ell^\dagger$。

3.2.2　电磁场的量子化

由前面的分析可以看出，电磁场的动力学行为可以用一系列相互独立、遵守一定对易关系的简谐振子来描述，每个模式的量子态用相互正交的态矢量 $|\boldsymbol{\Psi}\rangle_\ell$ 来描述，整个电磁场的量子态定义为所有模式量子态的张量积。因此，谐振子的量子化过程就给出了电磁场的量子化。量子化谐振子时，广义坐标和动量的算符化为第一次量子化。而后，由坐标和动量算符引入了算符 $\hat{a}$ 和 $\hat{a}^\dagger$，且对于不同的模式，满足对易关系：

$$[\hat{a}_\ell, \hat{a}_{\ell'}^\dagger] = \delta_{\ell\ell'}, \quad [\hat{a}_\ell, \hat{a}_{\ell'}] = [\hat{a}_\ell^\dagger, \hat{a}_{\ell'}^\dagger] = 0 \tag{3.37}$$

显然，电磁场的量子化与矢势 $\boldsymbol{A}(\boldsymbol{r}, t)$ 中时间有关部分的振动方程 (3.10) 式有关。量子化的电磁场变成光子场，而光子是玻色子，算符 $\hat{a}_\ell$ 和 $\hat{a}_\ell^\dagger$ 满足的对易关系 (3.37) 式恰好是玻色对易的。

因此，多模电磁场的矢势算符可以用产生算符和湮灭算符表示：

$$\hat{\boldsymbol{A}}(\boldsymbol{r}, t) = \sum_\ell \sqrt{\frac{\hbar}{2\omega_\ell}}\boldsymbol{u}_\ell(\boldsymbol{r})\Big(\hat{a}(t) + \hat{a}^\dagger(t)\Big) \tag{3.38}$$

系统哈密顿量表示为

$$\hat{H} = \sum_\ell \hbar\omega_\ell\left(\hat{a}_\ell^\dagger\hat{a}_\ell + \frac{1}{2}\right) \tag{3.39}$$

其中，$\hbar\omega_\ell$ 表示在第 ℓ 个模式中一个光子的能量；$\hat{a}_\ell^\dagger\hat{a}_\ell$ 表示该模式中光子能量的份数，也就是光子数目；$\dfrac{1}{2}\hbar\omega_\ell$ 表示该模式的真空能量。

前面提到，辐射场的离散化源自于矢势函数 $\boldsymbol{A}(\boldsymbol{r},t)$ 空间部分的边界条件限制。电磁场模矢量的具体形式依赖于所考虑物理空间的边界条件。比如，在边长为 L 的立方体谐振腔中，(3.9) 式的解为平面波，模式函数可以表示为

$$\boldsymbol{u}_\ell(\boldsymbol{r})=\frac{1}{\sqrt{V}}\hat{\boldsymbol{e}}_\lambda \mathrm{e}^{\mathrm{i}\boldsymbol{k}\cdot\boldsymbol{r}} \tag{3.40}$$

其中，$\boldsymbol{k}$ 为波矢量，其大小称作波数，$k=\omega/c$，方向为波传播的方向；$\hat{\boldsymbol{e}}_\lambda$ 是 $\boldsymbol{u}(\boldsymbol{r})$ 的单位极化矢量，需要满足横波条件，因此 $\hat{\boldsymbol{e}}_\lambda$ 与波矢 $\boldsymbol{k}$ 垂直，即 $\hat{\boldsymbol{e}}_\lambda\perp\boldsymbol{k}$；极化参数 $\lambda=1,2$，描述两个相互垂直的极化方向。由 $\boldsymbol{k}\cdot\boldsymbol{r}=\{k_x x,k_y y,k_z z\}$，在 $V=L^3$ 的空间中，波矢量 $\boldsymbol{k}$ 的 3 个垂直分量取值分别为

$$k_x=\frac{2n_x\pi}{L},\quad k_y=\frac{2n_y\pi}{L},\quad k_z=\frac{2n_z\pi}{L},\quad (n_x,n_y,n_z=0,\pm1,\pm2,\cdots) \tag{3.41}$$

如果电磁波在长度为 L 的平行平面腔中只沿 z 方向传播，即 $\boldsymbol{k}\cdot\boldsymbol{r}=kz$。由 $\hat{\boldsymbol{e}}_\lambda\perp\boldsymbol{k}$，可知 $\hat{\boldsymbol{e}}_\lambda=\{\hat{\boldsymbol{e}}_x,\hat{\boldsymbol{e}}_y\}$，即包含 x,y 两个极化方向，则有

$$k=n\frac{2\pi}{L}=\frac{\omega}{c},\qquad (n=0,\pm1,\pm2,\cdots) \tag{3.42}$$

可得

$$\omega=n\frac{2\pi c}{L} \tag{3.43}$$

正是因为有限空间中的波数和角频率具有不连续性，约束在腔中的电磁场模才会有离散化特点。

由于矢势函数的二次偏微分方程是线性方程，因此这些平面简谐波叠加而成的非平面波也是方程的解，即满足叠加原理。量子光学中，人们通常将矢势函数 $\boldsymbol{A}(\boldsymbol{r},t)$ 表示为正频部分和负频部分之和，即

$$\boldsymbol{A}(\boldsymbol{r},t)=\boldsymbol{A}^{(+)}(\boldsymbol{r},t)+\boldsymbol{A}^{(-)}(\boldsymbol{r},t) \tag{3.44}$$

其中，正频部分 $\boldsymbol{A}^{(+)}(\boldsymbol{r},t)$ 包含所有按 $\mathrm{e}^{-\mathrm{i}\omega_\ell t}$ $(\omega_\ell>0)$ 变化的模式，而负频部分 $\boldsymbol{A}^{(-)}(\boldsymbol{r},t)$ 包含所有按 $\mathrm{e}^{\mathrm{i}\omega_\ell t}$ 变化的模式，且 $\boldsymbol{A}^{(-)}=(\boldsymbol{A}^{(+)})^*$。在立方体谐振腔中，量子化矢势函数的正频部分 $\boldsymbol{A}^{(+)}(\boldsymbol{r},t)$ 可表示为

$$\hat{\boldsymbol{A}}^{(+)}(\boldsymbol{r},t)=\frac{1}{\sqrt{2}}\sum_\ell\sqrt{\frac{\hbar}{V\varepsilon_0\omega_\ell}}\hat{\boldsymbol{e}}_\lambda\hat{a}_\ell(t)\mathrm{e}^{\mathrm{i}(\boldsymbol{k}\cdot\boldsymbol{r})} \tag{3.45}$$

其中，ε_0 对应着分离变量时的系数 ξ，来自系统哈密顿量的 $\frac{1}{2}\varepsilon_0 E^2$。至此，立方谐振腔中矢势算符 $\hat{\boldsymbol{A}}(\boldsymbol{r},t)$ 可以表示为

$$\hat{\boldsymbol{A}}(\boldsymbol{r},t)=\frac{1}{\sqrt{2}}\sum_{\ell}\sqrt{\frac{\hbar}{V\varepsilon_0\omega_\ell}}\hat{\boldsymbol{e}}_\lambda\left[\hat{a}_\ell(0)\mathrm{e}^{\mathrm{i}(\boldsymbol{k}\cdot\boldsymbol{r}-\omega_\ell t)}+\hat{a}_\ell^\dagger(0)\mathrm{e}^{-\mathrm{i}(\boldsymbol{k}\cdot\boldsymbol{r}-\omega_\ell t)}\right] \tag{3.46}$$

电场的对应形式表示为

$$\hat{\boldsymbol{E}}(\boldsymbol{r},t)=\frac{\mathrm{i}}{\sqrt{2}}\sum_{\ell}\mathcal{E}_{0\ell}\hat{\boldsymbol{e}}_\lambda\left[\hat{a}_\ell(0)\mathrm{e}^{\mathrm{i}(\boldsymbol{k}\cdot\boldsymbol{r}-\omega_\ell t)}-\hat{a}_\ell^\dagger(0)\mathrm{e}^{-\mathrm{i}(\boldsymbol{k}\cdot\boldsymbol{r}-\omega_\ell t)}\right] \tag{3.47}$$

其中，$\mathcal{E}_{0\ell}=\sqrt{\frac{\hbar\omega_\ell}{V\varepsilon_0}}$。$\mathcal{E}_{0\ell}$ 描述了第 ℓ 个模式的电场大小，有时可以看作每个 ℓ 模式光子的电场，有时也可以看作真空电场。

我们把电磁场分解成许多类似谐振子的模式，并量子化每个模式。通过这样的方式，把矢势和电磁场从经典复数形式推广到量子的算符形式。因此，量子光学中对电磁场的描述不再用复数函数，而改用量子态，场的所有信息都包含在量子态中。这里需要强调的是，这个信息只与矢势的含时振幅算符 $\hat{q}_\ell(t)$ 有关，而与模式函数的空间部分没有关系。

3.3　习　题

1. 请证明矢量公式：$\boldsymbol{\nabla}\times(\boldsymbol{\nabla}\times\boldsymbol{A})=\boldsymbol{\nabla}(\boldsymbol{\nabla}\cdot\boldsymbol{A})-\nabla^2\boldsymbol{A}$。

2. 本章通过引入势函数的方式求解麦克斯韦方程组。请尝试直接求解真空中无源电磁场的麦克斯韦方程组，并给出电场 $\boldsymbol{E}$ 和磁场 $\boldsymbol{B}$ 的表达式。

第 4 章 光场的量子态

第 3 章引入了产生算符和湮灭算符，将光场量子化。那么，如何描述光场的量子态，以及以什么样的量子态作为态空间的基？除了量子力学中常用的坐标表象、动量表象和能量表象外，量子光学中对光场态的描述还经常用到 3 种形式——数态（Fock 态）、相干态和压缩态，并形成了以这 3 类态作态空间基矢的表象。本章主要介绍这 3 种在量子光学中非常重要的量子光场态以及它们的非经典性质。

4.1 光子数态

4.1.1 单模场的光子数态

首先，讨论场中频率为 ω 的单个模式，假设其他所有模式都满足这样的讨论。场的湮灭和产生算符分别为 $\hat{a}$ 和 $\hat{a}^\dagger$。定义 $|n\rangle$ 是对应于能量本征值 E_n 的本征态，也就是

$$\hat{H}|n\rangle = \hbar\omega\left(\hat{a}^\dagger\hat{a} + \frac{1}{2}\right)|n\rangle = E_n|n\rangle \tag{4.1}$$

如果在式 (4.1) 的左边作用湮灭算符 $\hat{a}$，并应用对易关系 $[\hat{a}, \hat{a}^\dagger] = 1$，则其变为

$$\hat{H}\hat{a}|n\rangle = (E_n - \hbar\omega)\hat{a}|n\rangle \tag{4.2}$$

这意味着 $\hat{a}|n\rangle$ 也是能量本征态，其对应能级的能量为 $E_n - \hbar\omega$。当 $n = 0$ 时，也就是作用到最低能级所对应的态——基态上，有

$$\hat{H}\hat{a}|0\rangle = (E_0 - \hbar\omega)\hat{a}|0\rangle \tag{4.3}$$

这里，E_0 是基态能，则 $E_0 - \hbar\omega$ 对应比 E_0 还小的能量本征值。由于谐振子不可能存在比基态能 E_0 还低的能级，因此必须有

$$\hat{a}|0\rangle = 0 \tag{4.4}$$

应用这个关系，我们可以从本征方程得到 E_0 的值：

$$\hat{H}|0\rangle = E_0|0\rangle = \frac{1}{2}\hbar\omega|0\rangle \tag{4.5}$$

也就是 $E_0 = \frac{1}{2}\hbar\omega$。

利用式 (4.1) 和式 (4.2)，很容易得出 $|n\rangle$ 对应的能量本征值：

$$E_n = n\hbar\omega + E_0 \tag{4.6}$$

这表示场中具有 n 个能量为 $\hbar\omega$ 的量子或光子，E_0 为没有光子时的真空态能量。因此，本征态 $|n\rangle$ 也称为光子数态或者 Fock 态。光子数态组成正交完备集合：

$$\langle m|n\rangle = \delta_{mn}, \qquad \sum_{n=0}^{\infty}|n\rangle\langle n| = 1 \tag{4.7}$$

所以，光子数态可以作为正交完备基，以描述其他量子光场态，形成光子数态表象。

显然，可以得到 $\hat{a}^\dagger\hat{a}|n\rangle = n|n\rangle$。也就是，能量本征态 $|n\rangle$ 也是算符 $\hat{a}^\dagger\hat{a}$ 的本征态。定义光子数算符 $\hat{n} = \hat{a}^\dagger\hat{a}$ 来表征场中光子的数量，则可得

$$\hat{n}|n\rangle = n|n\rangle \tag{4.8}$$

在同一模式中，光子数算符 $\hat{n}$ 与产生、湮灭算符的对易关系为

$$[\hat{n}, \hat{a}] = -\hat{a}, \qquad [\hat{n}, \hat{a}^\dagger] = \hat{a}^\dagger \tag{4.9}$$

因此，式 (4.2) 可以重新写为

$$\hat{H}\hat{a}|n\rangle = E_{n-1}\hat{a}|n\rangle \tag{4.10}$$

即

$$\hat{a}|n\rangle = \alpha_n|n-1\rangle \tag{4.11}$$

由归一化条件得出系数 α_n：

$$\langle n-1|n-1\rangle = \frac{1}{|\alpha_n|^2}\langle n|\hat{a}^\dagger\hat{a}|n\rangle = \frac{n}{|\alpha_n|^2}\langle n|n\rangle = \frac{n}{|\alpha_n|^2} = 1 \tag{4.12}$$

假设 α_n 的相位为零，则 $\alpha_n = \sqrt{n}$。也就是

$$\hat{a}|n\rangle = \sqrt{n}|n-1\rangle \tag{4.13}$$

对产生算符可以应用同样的方法，得到

$$\hat{a}^\dagger|n\rangle = \sqrt{n+1}|n+1\rangle \tag{4.14}$$

可以看出算符 $\hat{a}^\dagger$（$\hat{a}$）的作用是产生（湮灭）一个光子，故称为产生（湮灭）算符。对应于谐振子模型，则使能级升高（降低）一级，因此算符 $\hat{a}^\dagger(\hat{a})$ 又称为上升（下降）算符。

重复应用式 (4.14)，可以得到

$$|n\rangle = \frac{(\hat{a}^\dagger)^n}{\sqrt{n!}}|0\rangle, \qquad n = 0, 1, 2, \cdots \tag{4.15}$$

光场的第 ℓ 个模式也可能并不是处于光子数态 $|n_\ell\rangle$，而是处于光子数态的叠加态，表示为

$$|\psi_\ell\rangle = \sum_{n_\ell} C_{n_\ell}|n_\ell\rangle \tag{4.16}$$

其中，C_{n_ℓ} 为光子数态 $|n_\ell\rangle$ 的概率幅。叠加态的例子包括相干态、压缩态等，将在后面的内容中进行详细的讨论。用光子数态线性叠加的形式描述光场的量子态，从而形成量子光学中一个非常方便的光子数态表象，该方法在其他学科中的应用也非常广泛。

4.1.2 多模场的光子数态

4.1.1 节的讨论限定在单一模式场，但大部分情况下辐射场中会有多个模式，甚至无限多模式。因此，辐射场的态矢量 $|\boldsymbol{\Psi}\rangle$ 必须包含许多光子数态。我们先考虑如下情况：

$$|\boldsymbol{\Psi}\rangle \equiv |\{n_\ell\}\rangle \equiv |n_1\rangle|n_2\rangle|n_3\rangle\cdots|n_\ell\rangle\cdots \equiv |n_1, n_2, n_3, \cdots, n_\ell, \cdots\rangle \tag{4.17}$$

这里模式 1 中有 n_1 个光子，模式 2 中有 n_2 个光子，依此类推。不同模式之间相互独立，$\langle n_\ell|n_{\ell'}\rangle = \delta_{\ell,\ell'}$，可以得到

$$\langle n_1, n_2, \cdots, n_\ell, \cdots|n_1, n_2, \cdots, n_\ell, \cdots\rangle = \langle n_1|n_1\rangle\langle n_2|n_2\rangle\cdots\langle n_\ell|n_\ell\rangle\cdots = 1 \tag{4.18}$$

如果单个模式处于叠加态，则多模光场的量子态表示为叠加态的直积：

$$|\boldsymbol{\Psi}\rangle \equiv |\psi_1\rangle|\psi_2\rangle|\psi_3\rangle\cdots|\psi_\ell\rangle\cdots \tag{4.19}$$

多模场的哈密顿算符表示为 $\hat{H} = \sum\limits_\ell \left(\hat{n}_\ell + \dfrac{1}{2}\right)\hbar\omega_\ell$。这里，粒子数算符 $\hat{n}_\ell$ 仅仅作用在第 ℓ 个模式的量子态上。多模场的总能量为 $E = \sum\limits_\ell \left(n_\ell + \dfrac{1}{2}\right)\hbar\omega_\ell$，其中总的零点能为 $E_0 = \sum\limits_\ell \dfrac{1}{2}\hbar\omega_\ell$。在无限自由空间中，场模是无限连续的，所以多模场的零点能是无限的，这也正是电磁场量子化理论中的概念困难。不过，实际实验中是测量电磁场总能量的变化，因此零点能可以有实际的效应。比如，两个不同谐振子的零点能之间的差值会产生实际的力，称为 **Casimir** 效应。

粒子数表象适用于表述粒子数比较少的量子态，如高能 γ 射线，而光子数量非常多的光场用数态表象并不适合。实验上制备光子非常少的确定数态有一定难度，多数光场

为光子数态的叠加（纯态）或混合（混合态）。尽管如此，数态表象在激光理论等量子光学问题上得到了广泛的应用。

4.1.3　光子数态的平均电场和平均强度

按照第 3 章的讨论，单模电场算符可以表示为

$$\hat{\boldsymbol{E}}(\boldsymbol{r},t)=\frac{\mathrm{i}}{\sqrt{2}}\mathcal{E}_0\boldsymbol{u}(\boldsymbol{r})\Big(\hat{a}(t)-\hat{a}^{\dagger}(t)\Big) \tag{4.20}$$

其中，电场空间函数 $\boldsymbol{u}(\boldsymbol{r})$ 完全由空间边界条件决定，而电场的算符性质由产生算符和湮灭算符决定。

在光子数态中，我们可以计算电场算符的平均值：

$$\langle\hat{\boldsymbol{E}}\rangle_n\equiv\langle n|\hat{\boldsymbol{E}}|n\rangle=\frac{\mathrm{i}}{\sqrt{2}}\mathcal{E}_0\boldsymbol{u}(\boldsymbol{r})\langle n|\hat{a}-\hat{a}^{\dagger}|n\rangle \tag{4.21}$$

利用湮灭算符和产生算符的性质：

$$\hat{a}|n\rangle=\sqrt{n}|n-1\rangle,\qquad \hat{a}^{\dagger}|n\rangle=\sqrt{n+1}|n+1\rangle \tag{4.22}$$

可以得到电场的平均值为

$$\langle\hat{\boldsymbol{E}}\rangle_n=\frac{\mathrm{i}}{\sqrt{2}}\mathcal{E}_0\boldsymbol{u}(\boldsymbol{r})\Big(\sqrt{n}\langle n|n-1\rangle-\sqrt{n+1}\langle n|n+1\rangle\Big)=0 \tag{4.23}$$

即在光子数态中，单模线性极化电场的平均值为零。同样，也可以证明光子数态中磁场矢量的平均值也为零。然而，光子数态中表示为电场平方形式的电场强度的平均值却不为零：

$$\begin{aligned}\langle\hat{\boldsymbol{E}}^2\rangle_n&\equiv\langle n|\hat{\boldsymbol{E}}^2|n\rangle\\&=-\frac{1}{2}\mathcal{E}_0^2\boldsymbol{u}^2(\boldsymbol{r})\langle n|\hat{a}^2+(\hat{a}^{\dagger})^2-\hat{a}^{\dagger}\hat{a}-\hat{a}\hat{a}^{\dagger}|n\rangle\\&=\frac{1}{2}\mathcal{E}_0^2\boldsymbol{u}^2(\boldsymbol{r})\langle n|2\hat{n}+1|n\rangle\\&=\frac{1}{2}\mathcal{E}_0^2\boldsymbol{u}^2(\boldsymbol{r})(2n+1)\end{aligned} \tag{4.24}$$

这里给出了光子数与光强（电场的平方）的直接对应，$\mathcal{E}_0^2\boldsymbol{u}^2(\boldsymbol{r})$ 是一个光子的光强，$n\mathcal{E}_0^2\boldsymbol{u}^2(\boldsymbol{r})$ 是 n 个光子的光强。电场强度算符包含了产生算符和湮灭算符的乘积项，而电场算符表示为产生算符和湮灭算符之差。因此，在光子数态中电场平均值和强度平均值的显著不同，直接反映了数态是光子数算符 $\hat{n}(\hat{n}\equiv\hat{a}^{\dagger}\hat{a})$ 本征态的性质。

当 $n=0$ 时，也就是在真空态 $|0\rangle$ 中，式 (4.24) 表示为

$$\langle 0|\hat{\boldsymbol{E}}^2|0\rangle = \frac{1}{2}\mathcal{E}_0^2\boldsymbol{u}^2(\boldsymbol{r}) \tag{4.25}$$

即，$\frac{1}{2}\mathcal{E}_0^2\boldsymbol{u}^2(\boldsymbol{r})$ 为真空场（零点振动）的光强。并且可以得到，电场在真空态中的涨落除了与空间因子 $\boldsymbol{u}^2(\boldsymbol{r})$ 有关，还与 $\mathcal{E}_0^2$ 有关，因此 $\mathcal{E}_0$ 有时也称为真空场。

4.2 相 干 态

量子光学中，描述量子光场的一个更方便的工具是相干态。相干态在量子力学中，尤其是在量子光学发展过程中起着至关重要的作用。相干态的思想最早可以追溯到量子物理学的奠基者之一——薛定谔——于 1926 年阐述的基本思想。薛定谔在研究谐振子的动力学行为时，发现了谐振子的特殊量子态——相干态。按照量子态的波包解释，相干态描述系统基态波包偏离原点一定距离的量子态，这与以一定振幅振动的粒子动力学行为非常相似。因此，谐振子以及相干态在物理系统的量子描述中被广泛应用，如囚禁在平方势阱中的粒子振动模式可以用相干态描述。相干态的概念最早于 1960 年由克劳德（Klauder）引入，他还给出了谐振子相干态在 Fock 空间中的表达式及其完备性的数学证明。1963 年，格劳伯对 HBT 实验的干涉条纹进行理论解释时，将相干态推广到光的量子理论中。他用量子力学成功解释了激光的物理本质，指出激光的量子力学本质就是相干态，这开启了人们全面理解相干态的大门，量子光学也在真正意义上诞生。格劳伯因“对光学相干的量子理论贡献”而获得 2005 年诺贝尔物理学奖。相干态是量子光学中最核心的概念，构成了激光的理论基础，已经成为许多学科的重要工具：除了量子物理领域，相干态在统计物理和超导、电动力学和原子物理、光通信和信号处理等领域都有很重要的应用。相干态不但具有重大的应用意义，而且在理论上对微观的量子个体如何表现出经典的宏观集体模式进行了阐述，建立了经典力学宏观理论与量子力学微观理论之间的对应。

4.2.1 相干态的定义

相干态有两种形式的定义，可以证明这两种定义形式的等价性。

定义 4.1（格劳伯定义）　相干态 $|\alpha\rangle$ 为湮灭算符 $\hat{a}$ 的（唯一）本征态，对应的本征值为 α。

湮灭算符 $\hat{a}$ 的本征值方程为

$$\hat{a}|\alpha\rangle = \alpha|\alpha\rangle \tag{4.26}$$

由于湮灭算符 $\hat{a}$ 是非厄米的，且没有任何边界条件限定，因此，α 可取任意的复数，记为 $\alpha=|\alpha|\mathrm{e}^{\mathrm{i}\theta}$。其中，$|\alpha|$ 和 θ 分别为相干态 $|\alpha\rangle$ 的振幅和相位。

首先，考虑相干态在数态表象中的形式。利用数态表达式 $|n\rangle=\dfrac{(\hat{a}^\dagger)^n}{\sqrt{n!}}|0\rangle$ 的共轭式，可得

$$\langle n|\alpha\rangle=\frac{\alpha^n}{\sqrt{n!}}\langle 0|\alpha\rangle \tag{4.27}$$

以归一化数态完备集 $\{|n\rangle\},(n=0,1,2,\cdots)$ 为基展开相干态 $|\alpha\rangle$:

$$|\alpha\rangle=\sum_n|n\rangle\langle n|\alpha\rangle=\langle 0|\alpha\rangle\sum_n\frac{\alpha^n}{\sqrt{n!}}|n\rangle \tag{4.28}$$

因子 $\langle 0|\alpha\rangle$ 可由归一化条件得出，即

$$|\langle\alpha|\alpha\rangle|^2=|\langle 0|\alpha\rangle|^2\sum_n\frac{|\alpha|^{2n}}{n!}=|\langle 0|\alpha\rangle|^2\mathrm{e}^{|\alpha|^2}=1 \tag{4.29}$$

$$\langle 0|\alpha\rangle=\mathrm{e}^{-|\alpha|^2/2} \tag{4.30}$$

因此，相干态在数态基矢集合上的展开表达式为

$$|\alpha\rangle=\mathrm{e}^{-\frac{|\alpha|^2}{2}}\sum_{n=0}^{\infty}\frac{\alpha^n}{\sqrt{n!}}|n\rangle \tag{4.31}$$

可以看到，相干态表示为具有不同数量光子的光子数态的相干叠加，相干态的光子数态展开形式也是其最常用的表达形式。

定义 4.2　平移真空态得到相干态。

定义平移算符：

$$\hat{D}(\alpha)=\mathrm{e}^{\alpha\hat{a}^\dagger-\alpha^*\hat{a}} \tag{4.32}$$

这里, α 为任意复数。利用算符的 Baker-Hausdorff 定理：

$$\mathrm{e}^{\hat{A}+\hat{B}}=\mathrm{e}^{\hat{A}}\mathrm{e}^{\hat{B}}\mathrm{e}^{-[\hat{A},\hat{B}]/2} \tag{4.33}$$

当算符满足对易关系 $[\hat{A},[\hat{A},\hat{B}]]=[\hat{B},[\hat{A},\hat{B}]]=0$ 时，(4.33) 式成立。因此，平移算符 $\hat{D}(\alpha)$ 可以表示为

$$\hat{D}(\alpha)=\mathrm{e}^{-\frac{1}{2}|\alpha|^2}\mathrm{e}^{\alpha\hat{a}^\dagger}\mathrm{e}^{-\alpha^*\hat{a}} \tag{4.34}$$

可以证明，平移算符具有如下性质：

$$\begin{cases}\hat{D}^\dagger(\alpha)=\hat{D}^{-1}(\alpha)=\hat{D}(-\alpha)\\ \hat{D}^\dagger(\alpha)\hat{a}\hat{D}(\alpha)=\hat{a}+\alpha\\ \hat{D}^\dagger(\alpha)\hat{a}^\dagger\hat{D}(\alpha)=\hat{a}^\dagger+\alpha^*\end{cases} \tag{4.35}$$

将平移算符 $\hat{D}(\alpha)$ 作用到真空态上，得

$$\hat{D}(\alpha)|0\rangle = \mathrm{e}^{-\frac{1}{2}|\alpha|^2}\mathrm{e}^{\alpha\hat{a}^\dagger}\mathrm{e}^{-\alpha^*\hat{a}}|0\rangle$$

将算符 $\alpha^*\hat{a}$ 展开成指数函数形式，并利用关系 $\hat{a}|0\rangle = 0$，可得

$$\mathrm{e}^{-\alpha^*\hat{a}}|0\rangle = (1 - \alpha^*\hat{a} + \cdots)|0\rangle = |0\rangle$$

$$\hat{D}(\alpha)|0\rangle = \mathrm{e}^{-\frac{1}{2}|\alpha|^2}\mathrm{e}^{\alpha\hat{a}^\dagger}|0\rangle = \mathrm{e}^{-\frac{1}{2}|\alpha|^2}\sum_{n=0}^{\infty}\frac{\alpha^n}{n!}(\hat{a}^\dagger)^n|0\rangle = \mathrm{e}^{-|\alpha|^2/2}\sum_{n=0}^{\infty}\frac{\alpha^n}{n!}\sqrt{n!}|n\rangle$$

显然与相干态的展开式 (4.31) 相同。因此，相干态可由平移算符作用到真空态上得到。

证明　由平移算符定义的相干态是湮灭算符的本征态。

□ 证明如下：

$$\hat{D}^\dagger(\alpha)\hat{a}|\alpha\rangle = \hat{D}^\dagger(\alpha)\hat{a}\hat{D}(\alpha)|0\rangle = (\hat{a} + \alpha)|0\rangle = \alpha|0\rangle$$

两边乘上平移算符 $\hat{D}(\alpha)$，可以得到

$$\hat{a}|\alpha\rangle = \alpha|\alpha\rangle$$

即平移算符作用到真空态上得到的相干态正是湮灭算符 $\hat{a}$ 的本征态，且本征值为复数 α。 ■

4.2.2 相干态的光子统计

相干态中的平均光子数为

$$\langle\hat{n}\rangle \equiv \langle\alpha|\hat{a}^\dagger\hat{a}|\alpha\rangle = |\alpha|^2 \tag{4.36}$$

探测到 n 个光子的概率为

$$P(n) = |\langle n|\alpha\rangle|^2 = \frac{|\alpha|^{2n}}{n!}\mathrm{e}^{-|\alpha|^2} = \frac{\bar{n}^n}{n!}\mathrm{e}^{-\bar{n}} \tag{4.37}$$

其中，$\bar{n} = \langle\hat{n}\rangle$。即，相干态的光子分布属于泊松分布。

表征光子数涨落的光子数方差为

$$(\Delta n)^2 = \langle(\hat{n} - \bar{n})^2\rangle = \langle\hat{n}^2\rangle - \langle\hat{n}\rangle^2 \tag{4.38}$$

在相干态中，很容易算出

$$\begin{aligned}\langle\hat{n}^2\rangle &= \langle\alpha|\hat{a}^\dagger\hat{a}\hat{a}^\dagger\hat{a}|\alpha\rangle = \langle\alpha|\hat{a}^\dagger(\hat{a}^\dagger\hat{a} + 1)\hat{a}|\alpha\rangle \\ &= \langle\alpha|(\hat{a}^\dagger)^2\hat{a}^2 + \hat{a}^\dagger\hat{a}|\alpha\rangle = |\alpha|^4 + |\alpha|^2\end{aligned} \tag{4.39}$$

因此，在相干态中测量光子数的方差为

$$(\Delta n)^2 = |\alpha|^2 = \langle \hat{n} \rangle \tag{4.40}$$

即，相干态中粒子数的涨落对应着光子数的平均值，和泊松分布完全一致；并且 $|\alpha|$ 越大，平均光子数越大，涨落越大。

4.2.3　相干态中电场平均值与涨落

4.1 节已经说明光子数态中电场算符的平均值等于零, 现在分析相干态的电场平均值。电场算符为

$$\hat{\boldsymbol{E}}(\boldsymbol{r},t) = \frac{\mathrm{i}}{\sqrt{2}}\mathcal{E}_0\boldsymbol{u}(\boldsymbol{r})\Big(\hat{a}(t) - \hat{a}^\dagger(t)\Big)$$

利用相干态的本征方程 $\hat{a}|\alpha\rangle = \alpha|\alpha\rangle$，可得

$$\langle \hat{\boldsymbol{E}}(\boldsymbol{r},t)\rangle = \frac{\mathrm{i}}{\sqrt{2}}\mathcal{E}_0\boldsymbol{u}(\boldsymbol{r})\Big(\alpha(t) - \alpha^*(t)\Big) = -\sqrt{2}\mathcal{E}_0\boldsymbol{u}(\boldsymbol{r})\mathrm{Im}\alpha(\mathrm{t})$$

或者

$$\langle \hat{\boldsymbol{E}}(\boldsymbol{r},t)\rangle = -\sqrt{2}\mathcal{E}_0\boldsymbol{u}(\boldsymbol{r})|\alpha|\sin\theta(t)$$

这正是振幅为 $\sqrt{2}\mathcal{E}_0\boldsymbol{u}(\boldsymbol{r})|\alpha|$、相位为 θ 的经典电场的表达式。显然，在相干态中的情况与数态中不同，电场的平均值不会消失。

现在，我们再考虑电场平方的形式：

$$\begin{aligned}\langle \hat{\boldsymbol{E}}^2\rangle &= -\frac{1}{2}\mathcal{E}_0^2\boldsymbol{u}^2(\boldsymbol{r})\langle\alpha|\hat{a}^2 + (\hat{a}^\dagger)^2 - 2\hat{a}^\dagger\hat{a} - 1|\alpha\rangle \\ &= -\frac{1}{2}\mathcal{E}_0^2\boldsymbol{u}^2(\boldsymbol{r})\Big(\alpha^2 + (\alpha^*)^2 - 2\alpha^*\alpha - 1\Big) \\ &= -\frac{1}{2}\mathcal{E}_0^2\boldsymbol{u}^2(\boldsymbol{r})\Big((\alpha - \alpha^*)^2 - 1\Big)\end{aligned}$$

由上述两个结果，可以得出电场测量的方差：

$$(\Delta E)^2 \equiv \langle \hat{\boldsymbol{E}}^2\rangle - \langle \hat{\boldsymbol{E}}\rangle^2 = \frac{1}{2}\mathcal{E}_0^2\boldsymbol{u}^2(\boldsymbol{r}) \tag{4.41}$$

因此，相干态中电场的涨落与复振幅 α 无关，这与光子数态的涨落情况不同。按照 (4.24) 式的结果，光子数态中电场的涨落与光子数成正比，而真空态中电场的涨落与相干态中的情况相同，也就是相干态中只存在真空态的涨落。因此，相干态是最接近经典物理的情况。

4.2.4 相干态中坐标与动量的不确定性关系

3.2 节提到谐振子的坐标和动量算符分别表示为

$$\hat{q}=\sqrt{\frac{\hbar}{2\omega}}(\hat{a}+\hat{a}^{\dagger}),\quad \hat{p}=-\mathrm{i}\sqrt{\frac{\hbar\omega}{2}}(\hat{a}-\hat{a}^{\dagger}) \tag{4.42}$$

且二者满足对易关系：$[\hat{q},\hat{p}]=\mathrm{i}\hbar$。坐标和动量的标准差（standard deviation）满足不确定性关系：$\Delta\hat{q}\Delta\hat{p}\geqslant\dfrac{\hbar}{2}$。

在相干态中，可以计算出坐标平均值为

$$\langle\alpha|\hat{q}|\alpha\rangle=\sqrt{\frac{\hbar}{2\omega}}\langle\alpha|\hat{a}+\hat{a}^{\dagger}|\alpha\rangle=\sqrt{\frac{\hbar}{2\omega}}(\alpha+\alpha^*) \tag{4.43}$$

坐标平方的平均值为

$$\langle\alpha|\hat{q}^2|\alpha\rangle=\frac{\hbar}{2\omega}\langle\alpha|\hat{a}^2+(\hat{a}^{\dagger})^2+\hat{a}\hat{a}^{\dagger}+\hat{a}^{\dagger}\hat{a}|\alpha\rangle=\frac{\hbar}{2\omega}(\alpha^2+(\alpha^*)^2+2\alpha\alpha^*+1) \tag{4.44}$$

则可以得到坐标的标准差：

$$\Delta\hat{q}=\sqrt{\langle\hat{q}^2\rangle-\langle\hat{q}\rangle^2}=\sqrt{\frac{\hbar}{2\omega}} \tag{4.45}$$

同理，可以得到动量的平均值、动量平方的平均值和动量的标准差：

$$\langle\alpha|\hat{p}|\alpha\rangle=-\mathrm{i}\sqrt{\frac{\hbar\omega}{2}}(\alpha-\alpha^*)$$

$$\langle\alpha|\hat{p}^2|\alpha\rangle=-\frac{\hbar\omega}{2}(\alpha^2+(\alpha^*)^2-2\alpha\alpha^*-1)$$

$$\Delta\hat{p}=\sqrt{\langle\hat{p}^2\rangle-\langle\hat{p}\rangle^2}=\sqrt{\frac{\hbar\omega}{2}} \tag{4.46}$$

显然

$$\Delta\hat{q}\Delta\hat{p}=\frac{\hbar}{2} \tag{4.47}$$

即：相干态中坐标和动量的涨落满足海森堡不确定性关系的最低值，相干态为最小不确定态。

4.2.5 相干态的超完备性

相干态集合具有完备性，即满足

$$\frac{1}{\pi}\int|\alpha\rangle\langle\alpha|\mathrm{d}^2\alpha=\hat{I},\quad \mathrm{d}^2\alpha=\mathrm{dRe}(\alpha)\mathrm{dIm}(\alpha) \tag{4.48}$$

其中，$\hat{I}$ 为单位算符。

□ 证明如下：

利用式 (4.31)，可以得出

$$\frac{1}{\pi}\int |\alpha\rangle\langle\alpha|\mathrm{d}^2\alpha = \frac{1}{\pi}\sum_{n=0}^{\infty}\sum_{m=0}^{\infty}\frac{|n\rangle\langle m|}{\sqrt{n!m!}}\int \mathrm{e}^{-|\alpha|^2}\alpha^{*m}\alpha^{n}\mathrm{d}^2\alpha \tag{4.49}$$

转换成极坐标形式，并利用 $\mathrm{d}^2\alpha = \mathrm{dRe}(\alpha)\mathrm{dIm}(\alpha) = |\alpha|\mathrm{d}|\alpha|\mathrm{d}\theta$，可得

$$\frac{1}{\pi}\int |\alpha\rangle\langle\alpha|\mathrm{d}^2\alpha = \frac{1}{\pi}\sum_{n,m=0}^{\infty}\frac{|n\rangle\langle m|}{\sqrt{n!m!}}\int_0^{\infty}\mathrm{e}^{-|\alpha|^2}|\alpha|^{n+m+1}\mathrm{d}|\alpha|\int_0^{2\pi}\mathrm{e}^{\mathrm{i}(n-m)\theta}\mathrm{d}\theta \tag{4.50}$$

利用公式 $\int_0^{2\pi}\mathrm{e}^{\mathrm{i}(n-m)\theta}\mathrm{d}\theta = 2\pi\delta_{nm}$，并令 $\zeta = |\alpha|^2$，可得

$$\frac{1}{\pi}\int |\alpha\rangle\langle\alpha|\mathrm{d}^2\alpha = \sum_{n=0}^{\infty}\frac{|n\rangle\langle n|}{n!}\int_0^{\infty}\mathrm{e}^{-\zeta}\zeta^{n}\mathrm{d}\zeta \tag{4.51}$$

等式右边积分等于 $n!$，因此可以得到

$$\frac{1}{\pi}\int |\alpha\rangle\langle\alpha|\mathrm{d}^2\alpha = \sum_{n=0}^{\infty}|n\rangle\langle n| = \hat{I} \tag{4.52}$$

式 (4.48) 得证。这也给出了一种用相干态表示单位算符的方式。 ■

当然，也可以利用另外一种方式证明相干态的完备性关系。利用算符公式：

$$\mathrm{e}^{\xi\hat{B}}\hat{A}\mathrm{e}^{-\xi\hat{B}} = \hat{A} + \xi[\hat{B},\hat{A}] + \frac{\xi^2}{2!}[\hat{B},[\hat{B},\hat{A}]] + \cdots$$

$$\hat{D}^{\dagger}(\alpha)\hat{A}\hat{D}(\alpha) = \hat{A}$$

很显然，满足上述关系的所有算符 $\hat{A}$ 一定正比于单位算符。因此，我们考虑

$$\hat{A} = \int \mathrm{d}^2\alpha|\alpha\rangle\langle\alpha| \tag{4.53}$$

那么

$$\hat{D}^{\dagger}(\beta)\int \mathrm{d}^2\alpha|\alpha\rangle\langle\alpha|\hat{D}(\beta) = \int \mathrm{d}^2\alpha|\alpha-\beta\rangle\langle\alpha-\beta| = \int \mathrm{d}^2\alpha|\alpha\rangle\langle\alpha| \tag{4.54}$$

因此，可以得到

$$\int \mathrm{d}^2\alpha|\alpha\rangle\langle\alpha| \propto \hat{I} \tag{4.55}$$

其中，正比系数很显然是 π。

相干态集合是完备的，但任意两个相干态之间不一定正交，因此其具有超完备性（overcomplete）。两个相干态的内积为

$$\langle\beta|\alpha\rangle = \langle 0|\hat{D}^\dagger(\beta)\hat{D}(\alpha)|0\rangle = \exp[-\frac{1}{2}(|\alpha|^2 + |\beta|^2) + \alpha\beta^*] \tag{4.56}$$

因此，两个相干态内积的绝对值平方为

$$|\langle\beta|\alpha\rangle|^2 = \mathrm{e}^{-|\alpha-\beta|^2} \tag{4.57}$$

由 (4.57) 式可以看出，$|\alpha\rangle$ 和 $|\beta\rangle$ 是非正交的。两个相干态的重叠部分由高斯函数给出：差别越大，则重叠越少，越趋于正交。这也意味着，如果谐振子处于相干态 $|\alpha\rangle$，则处于另一个相干态 $|\beta\rangle$ 的概率也是非零的。

4.2.6 量子态在相干态表象的展开

相干态集合具有超完备性，因此任意量子态都可以分解为相干态的叠加，这就是所谓的 Sudarshan-Glauber P 表示。下面，我们给出两个利用相干态展开的例子。

1. 相干态以相干态为基的展开

我们将相干态乘以 (4.48) 式，可得

$$|\alpha\rangle = \hat{I}|\alpha\rangle = \frac{1}{\pi}\int \mathrm{d}^2\beta|\beta\rangle\langle\beta|\alpha\rangle \tag{4.58}$$

利用两个相干态的内积 $\langle\beta|\alpha\rangle = \exp\left[-\frac{1}{2}(|\alpha|^2 + |\beta|^2) + \alpha\beta^*\right]$，可得

$$|\alpha\rangle = \frac{1}{\pi}\int \mathrm{d}^2\beta \mathrm{e}^{-\frac{1}{2}(|\alpha|^2+|\beta|^2)+\alpha\beta^*}|\beta\rangle \tag{4.59}$$

也就是说，我们已经用相干态 $|\beta\rangle$ 的连续叠加表示了相干态 $|\alpha\rangle$，每个 $|\beta\rangle$ 的权重因子为

$$\mathrm{e}^{-\frac{1}{2}(|\alpha|^2+|\beta|^2)+\alpha\beta^*} = \mathrm{e}^{-\frac{1}{2}|\alpha-\beta|^2}\mathrm{e}^{\frac{1}{2}(\alpha\beta^*-\alpha^*\beta)} \equiv \mathrm{e}^{-\frac{1}{2}|\alpha-\beta|^2}\mathrm{e}^{\mathrm{iIm}(\alpha\beta^*)} \tag{4.60}$$

2. 数态以相干态为基的展开

很显然，数态也可以展开成相干态的叠加形式。在数态中插入式 (4.48)，可得

$$|n\rangle = \frac{1}{\pi}\int \mathrm{d}^2\beta\,|\beta\rangle\langle\beta|n\rangle = \frac{1}{\pi}\int \mathrm{d}^2\beta\,\frac{\mathrm{e}^{-\frac{1}{2}|\beta|^2}}{\sqrt{n!}}(\beta^*)^n|\beta\rangle \tag{4.61}$$

4.3　压　缩　态

4.3.1　什么是压缩态

为了唯一地描述经典力学谐振子的态，需要知道谐振子的振幅和相位。同样，描述一个电磁场也需要振幅和相位，这对应着复空间的一个矢量。当电磁场量子化后，复空间由一对共轭变量张开，每个变量的概率分布和涨落满足海森伯不确定性关系。也就是说，对于量子化光场的两个共轭变量 $\hat{A}$ 和 $\hat{B}$，其不确定性或涨落满足

$$\Delta\hat{A}\Delta\hat{B} \geqslant \frac{1}{2}|\langle[\hat{A},\hat{B}]\rangle| \tag{4.62}$$

比如，共轭变量坐标 $\hat{q}$ 和动量 $\hat{p}$，满足关系 $[\hat{q},\hat{p}]=\mathrm{i}\hbar$，则二者的涨落满足海森堡不确定性关系：

$$\Delta\hat{q}\Delta\hat{p} \geqslant \frac{\hbar}{2} \tag{4.63}$$

一般情况下，两个共轭变量的分布和涨落是对称的。但是在各种光学干涉仪器中，高精度测量场的相位更重要。此时，共轭变量的不对称分布和涨落更具优势。量子态共轭变量的涨落仅仅由海森堡不确定性关系限制了最小值。如果我们压缩一个变量的涨落到任意小，则必定以另一个变量的涨落增大为代价，这就是“压缩涨落”。在一个系统的量子态中，若某态的共轭变量中某一个变量的涨落被压缩，这个态就被称为**压缩态**。

也就是说，压缩态上一对共轭变量中某个变量（比如 $\hat{A}$）的不确定性满足条件为

$$(\Delta\hat{A})^2 < \frac{1}{2}|\langle[\hat{A},\hat{B}]\rangle| \tag{4.64}$$

如果满足上述条件的同时，还满足

$$\Delta\hat{A}\Delta\hat{B} = \frac{1}{2}|\langle[\hat{A},\hat{B}]\rangle| \tag{4.65}$$

则该量子态称为理想压缩态。压缩态中某一变量的涨落被压缩，这为降低量子噪声突破“散粒噪声极限”提供了可能性，从而在高精度测量方案上有了应用的可能，比如引力波探测。

4.2.4 节曾得出相干态坐标和动量算符的方差，以及坐标和动量不确定性的乘积达到最小值：

$$(\Delta\hat{q}\Delta\hat{p})_{\mathrm{coh}} = \frac{\hbar}{2} \tag{4.66}$$

不确定性达到最小值，意味着相干态是最接近经典态的量子态。

由电磁场量子化过程可知，量子化光场都可由产生、湮灭算符表示。由于湮灭算符 $\hat{a}$ 是非厄米算符，因此可以将湮灭算符 $\hat{a}$ 表示为两个厄米算符的线性组合：

$$\hat{a} = \frac{1}{2}\left(\hat{X}_1 + \mathrm{i}\hat{X}_2\right) \tag{4.67}$$

其中，$\hat{X}_1$ 和 $\hat{X}_2$ 分别是复振幅的实部和虚部，坐标和动量算符就是这样的正交分量。因此，可得

$$\hat{X}_1 = \hat{a} + \hat{a}^\dagger, \quad \hat{X}_2 = -\mathrm{i}(\hat{a} - \hat{a}^\dagger) \tag{4.68}$$

且二者满足对易关系：$[\hat{X}_1, \hat{X}_2] = 2\mathrm{i}$。相应的不确定性关系为

$$\Delta\hat{X}_1\Delta\hat{X}_2 \geqslant 1 \tag{4.69}$$

其中，等号确定了一类最小不确定态。

相干态 $|\alpha\rangle$ 具有平均复振幅 α, 在两个正交分量 $\hat{X}_1$ 和 $\hat{X}_2$ 上具有相同的不确定性，也就是 $\Delta\hat{X}_1 = \Delta\hat{X}_2 = 1$。因此，相干态就是最小不确定态，满足 $\Delta\hat{X}_1\Delta\hat{X}_2 = 1$。相干态可以用以 X_1 和 X_2 为坐标轴的复空间的误差圆（error circle）来表示，圆心位于 $\langle\hat{X}_1 + \mathrm{i}\hat{X}_2\rangle/2 = \alpha$ 处，半径为 $\Delta\hat{X}_1 = \Delta\hat{X}_2 = 1$，如图 4.1(a) 所示。压缩态在一个变量上有着比相干态更小的涨落（噪声），比如 $(\Delta\hat{X}_1)^2 < 1$ ，而在另一个共轭变量上的涨落就比相干态大, 如图 4.1(b) 所示。

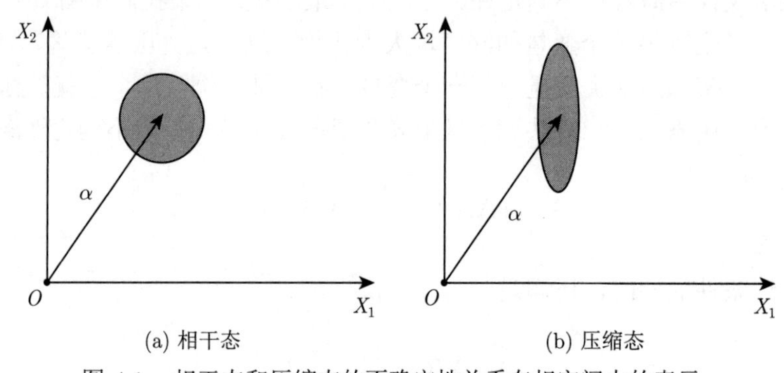

(a) 相干态　　(b) 压缩态

图 4.1　相干态和压缩态的不确定性关系在相空间中的表示

图 4.2 展示了 $\Delta\hat{X}_1$ 和 $\Delta\hat{X}_2$ 的关系曲线。其中，双曲线对应 $\Delta\hat{X}\Delta\hat{X}_2 = 1$，也就是所有最小不确定态都在双曲线上；而相干态是这条双曲线上的特殊点，满足 $\Delta\hat{X}_1 = \Delta\hat{X}_2$。此外，在图 4.2 中，只有双曲线右边阴影区域中的点对应实际的物理态，即压缩态：一个分量的不确定性被压缩，作为代价，另一个正交分量的不确定性增大。

如何得到压缩态呢？压缩态可由幺正压缩算符得到，即

$$\hat{S}(\zeta) = \exp\left(\frac{\zeta^*\hat{a}^2 - \zeta\hat{a}^{\dagger 2}}{2}\right) \tag{4.70}$$

其中，复常数 $\zeta = r\mathrm{e}^{2\mathrm{i}\phi}$ 称为**压缩参量**，其模 r 为压缩因子，表征了压缩程度，相位 2ϕ 决定了相空间中的压缩轴。幺正压缩算符包含产生算符和湮灭算符的平方项，可由简并参量过程的双光子哈密顿量产生。

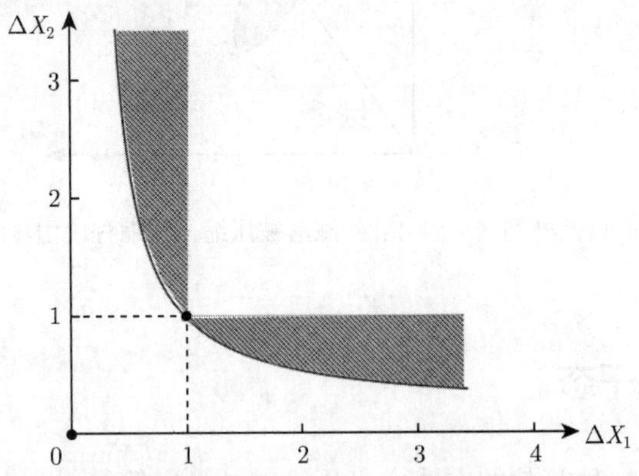

图 4.2　满足不确定性关系的 $\Delta\hat{X}_1$ 和 $\Delta\hat{X}_2$ 的变化关系（双曲线上的点都为最小不确定态，曲线中部的黑点为相干态，阴影部分都为压缩态）

可以证明，压缩算符满足关系：

$$\hat{S}^\dagger(\zeta) = \hat{S}^{-1}(\zeta) = \hat{S}(-\zeta) \tag{4.71}$$

且具有如下的变换性质：

$$\hat{S}^\dagger(\zeta)\hat{a}\hat{S}(\zeta) = \hat{a}\cosh r - \hat{a}^\dagger \mathrm{e}^{-2\mathrm{i}\phi}\sinh r \tag{4.72}$$

$$\hat{S}^\dagger(\zeta)\hat{a}^\dagger\hat{S}(\zeta) = \hat{a}^\dagger\cosh r - \hat{a}\mathrm{e}^{2\mathrm{i}\phi}\sinh r \tag{4.73}$$

$$\hat{S}^\dagger(\zeta)(\hat{Y}_1 + \mathrm{i}\hat{Y}_2)\hat{S}(\zeta) = \hat{Y}_1\mathrm{e}^{-r} + \mathrm{i}\hat{Y}_2\mathrm{e}^{r} \tag{4.74}$$

这里定义 $\hat{Y}_1 + \mathrm{i}\hat{Y}_2 = (\hat{X}_1 + \mathrm{i}\hat{X}_2)\mathrm{e}^{-\mathrm{i}\phi}$ 是旋转复振幅。压缩算符压缩了旋转复振幅一个分量的涨落，而放大了另一个分量的涨落，压缩和放大的程度由压缩因子 r 决定。

压缩态 $|\alpha,\zeta\rangle$ 可由真空态先压缩、再平移得到，因此又叫**压缩真空态**，表示为

$$|\alpha,\zeta\rangle = \hat{D}(\alpha)\hat{S}(\zeta)|0\rangle \tag{4.75}$$

利用前面给出的性质，可以计算出压缩态的算符期望值和方差：

$$\langle\hat{X}_1 + \mathrm{i}\hat{X}_2\rangle = \langle\hat{Y}_1 + \mathrm{i}\hat{Y}_2\rangle\mathrm{e}^{\mathrm{i}\phi} = 2\alpha \tag{4.76}$$

$$\Delta\hat{Y}_1 = \mathrm{e}^{-r}, \quad \Delta\hat{Y}_2 = \mathrm{e}^{r} \tag{4.77}$$

因此，此压缩态满足 $\Delta\hat{Y}_1\Delta\hat{Y}_2 = 1$，为理想压缩态。而正交分量 $\hat{Y}_1$ 和 $\hat{Y}_2$ 的涨落并不相等，因而形成与相干态误差圆面积相同的误差椭圆（error ellipse），如图 4.3 所示。误差椭圆的主轴沿着 $\hat{Y}_1$ 和 $\hat{Y}_2$ 的方向，主轴半径分别为 $\Delta\hat{Y}_1$ 和 $\Delta\hat{Y}_2$。

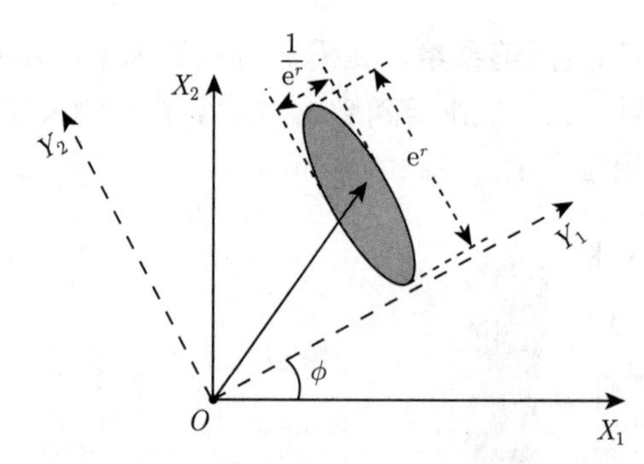

图 4.3　$|\alpha,\zeta\rangle$ 的误差椭圆（分量 $\hat{Y}_1$ 的涨落被压缩，压缩程度由压缩因子 r 决定）

4.3.2　双光子相干态

我们可以用另外一种等效的方式定义压缩态。考虑算符：

$$\hat{b} = \mu\hat{a} + \nu\hat{a}^\dagger \tag{4.78}$$

其中，参数 μ 和 ν 满足条件：

$$|\mu|^2 - |\nu|^2 = 1 \tag{4.79}$$

此外，算符 $\hat{b}$ 满足对易关系：

$$[\hat{b}, \hat{b}^\dagger] = 1 \tag{4.80}$$

很显然，我们可以把算符 $\hat{b}$ 表示为 $\hat{b} = \hat{U}\hat{a}\hat{U}^\dagger$，其中 $\hat{U}$ 为幺正算符。算符 $\hat{b}$ 的本征态称为**双光子相干态**。算符 $\hat{b}$ 的本征方程记为

$$\hat{b}|\beta\rangle_{\rm g} = \beta|\beta\rangle_{\rm g} \tag{4.81}$$

上式意味着 $|\beta\rangle_{\rm g} = \hat{U}|\alpha\rangle$，其中 $|\alpha\rangle$ 是湮灭算符 $\hat{a}$ 的本征态。可以证明，双光子相干态 $|\beta\rangle_{\rm g}$ 存在与相干态 $|\alpha\rangle$ 同样的性质。$|\beta\rangle_{\rm g}$ 可由平移算符作用到真空态上得到：

$$|\beta\rangle_{\rm g} = \hat{D}_{\rm g}(\beta)|0\rangle_{\rm g}, \quad \hat{D}_{\rm g}(\beta) = \exp(\beta\hat{b}^\dagger - \beta^*\hat{b}), \quad |0\rangle_{\rm g} = \hat{U}|0\rangle \tag{4.82}$$

双光子相干态是完备的：

$$\frac{1}{\pi}\int |\beta\rangle_{\rm gg}\langle\beta|{\rm d}^2\beta = I \tag{4.83}$$

它们的标积为

$$\langle\beta|\beta'\rangle = \exp\left[-\frac{1}{2}(|\beta|^2 + |\beta'|^2) + \beta^*\beta'\right] \tag{4.84}$$

下面说明双光子相干态与压缩态的关系。

定义：$\hat{U} \equiv \hat{S}(\zeta)$, 且 $\mu = \cosh r$ 和 $\nu = \mathrm{e}^{\mathrm{i}2\Phi} \sinh r$。因此

$$|0\rangle_{\mathrm{g}} \equiv |0, \zeta\rangle \tag{4.85}$$

进一步，有

$$|\beta\rangle_{\mathrm{g}} = \hat{D}(\alpha)\hat{S}(\zeta)|0\rangle = |\alpha, \zeta\rangle \tag{4.86}$$

其中，$\alpha = \mu\beta - \nu\beta^*$。即，找到了与双光子相干态等价的压缩态。

最后，需要说明的是，双光子相干态 $|\beta\rangle_{\mathrm{g}}$ 也可以写成如下形式:

$$|\beta\rangle_{\mathrm{g}} = \hat{S}(\zeta)\hat{D}(\beta)|0\rangle \tag{4.87}$$

即，双光子相干态可以由真空态先平移、再压缩得到, 因此也可以称为**压缩相干态**。这与定义压缩态 $|\alpha, \zeta\rangle$ 的过程相反。如果参数 α 和 β 具有上述关系，则这两个过程产生同样的量子态。

由双光子相干态的完备性关系可以得出压缩态的完备性关系。利用前面的结果，可得:

$$\int \frac{\mathrm{d}^2\beta}{\pi} |\beta \cosh r - \beta^* \mathrm{e}^{\mathrm{i}2\Phi} \sinh r, \zeta\rangle\langle\beta \cosh r - \beta^* \mathrm{e}^{\mathrm{i}2\Phi} \sinh r, \zeta| = 1 \tag{4.88}$$

引入变量代换:

$$\alpha = \beta \cosh r - \beta^* \mathrm{e}^{\mathrm{i}2\Phi} \sinh r \tag{4.89}$$

则可得

$$\frac{1}{\pi} \int |\alpha, \zeta\rangle\langle\alpha, \zeta| \mathrm{d}^2\alpha = I \tag{4.90}$$

4.3.3　多模压缩态

前面讨论的压缩态为单模场情况，而实际上光场往往是多模的。在量子光学中，一些光学仪器会产生相互关联的模式 ω_+ 和 ω_-，它们对称分布在信号频率两边。这时，压缩并不在单模态上出现，而是存在于双模的关联态上。

双模压缩态定义为

$$|\alpha_+, \alpha_-\rangle = \hat{D}_+(\alpha_+)\hat{D}_-(\alpha_-)\hat{S}(G)|0\rangle \tag{4.91}$$

其中，压缩参量 G 定义为

$$G = r\mathrm{e}^{\mathrm{i}\theta}$$

平移算符定义为

$$\hat{D}_\pm(\alpha) = \exp\left(\alpha\hat{a}_\pm^\dagger - \alpha^*\hat{a}_\pm\right)$$

双模压缩算符定义为

$$\hat{S}(G) = \exp\left(G^*\hat{a}_+\hat{a}_- - G\hat{a}_+^\dagger\hat{a}_-^\dagger\right)$$

压缩算符可以将湮灭算符变换为

$$\hat{S}^\dagger(G)\hat{a}_\pm\hat{S}(G)=\hat{a}_\pm\cosh r-\hat{a}_\mp^\dagger e^{i\theta}\sinh r \tag{4.92}$$

很容易得出双模压缩态中各算符的期望值：

$$\begin{aligned}
&\langle\hat{a}_\pm\rangle=\alpha_\pm,\qquad \langle\hat{a}_\pm\hat{a}_\pm\rangle=\alpha_\pm^2,\\
&\langle\hat{a}_\pm^\dagger\hat{a}_\pm\rangle=|\alpha_\pm|^2+\sinh^2 r,\qquad \langle\hat{a}_\pm^\dagger\hat{a}_\mp^\dagger\rangle=\alpha_\pm^*\alpha_\mp\\
&\langle\hat{a}_+\hat{a}_-\rangle=\langle\hat{a}_-\hat{a}_+\rangle=\alpha_+\alpha_--e^{i\theta}\sinh r\cosh r
\end{aligned} \tag{4.93}$$

4.4 光场的相位性质

由前面内容可知，湮灭算符和产生算符分别对应着经典复振幅 α 和 α^*，对应关系如下：

$$\hat{a}\longmapsto\alpha=|\alpha|e^{i\varphi},\qquad \hat{a}^\dagger\longmapsto\alpha^*=|\alpha|e^{-i\varphi}$$

因此，经典物理中直接用振幅和相位变量 $|\alpha|$ 和 φ 分别表示系统的物理量。此时，振幅和相位以可观测量的形式出现，自然人们就会寻找对应它们的量子力学算符。引入振幅和相位厄密算符的尝试贯穿量子力学建立的整个过程，在相当长的时间内都是一个难以解决的问题。

1927 年，狄拉克按照经典物理中相位的定义方式，通过分解产生算符和湮灭算符引入了算符 $\hat{V}$：

$$\hat{V}=e^{i\hat{\phi}}=\hat{a}\frac{1}{\sqrt{\hat{n}}} \tag{4.94}$$

注意算符 $\hat{a}$ 与非对易算符 $1/\sqrt{\hat{n}}$ 的乘法顺序不可颠倒。由此，湮灭算符和产生算符可以表示为

$$\hat{a}=\hat{V}\sqrt{\hat{n}},\qquad \hat{a}^\dagger=\sqrt{\hat{n}}\hat{V}^\dagger \tag{4.95}$$

狄拉克定义 $e^{i\hat{\phi}}$ 为幺正算符，并以此定义算符 $\hat{\phi}$ 为厄密相位算符，即 $\hat{\phi}^\dagger=\hat{\phi}$。但随后算符 $e^{i\hat{\phi}}$ 被证明并不是幺正的，因此不能定义 $\hat{\phi}$ 为厄密算符。

证明　算符 $\hat{V}=e^{i\hat{\phi}}$ 不是幺正算符。

□ 证明如下：将算符 $\hat{V}$ 作用到光子数态上，可得

$$\hat{V}|n\rangle=|n-1\rangle,\qquad n=1,2,\cdots$$

对于 $n=0$ 的情况，由于数态的完备性关系，可以表示成

$$\hat{V}|0\rangle=\sum_{n=1}^{\infty}d_n|n\rangle$$

由此可以得到

$$\hat{V}^\dagger|n\rangle=\sum_m|m\rangle\langle m|\hat{V}^\dagger|n\rangle=d_n^*|0\rangle+|n+1\rangle$$

且对于 $n>0$，可得

$$\hat{V}^\dagger\hat{V}|n\rangle=\hat{V}^\dagger|n-1\rangle=d_{n-1}^*|0\rangle+|n\rangle$$

如果 $\hat{V}^\dagger\hat{V}=\hat{I}$，则对于所有 n 都有 $d_n=0$，这意味着 $\hat{V}|0\rangle=0$，则必有 $\langle 0|\hat{V}^\dagger\hat{V}|0\rangle=0$，这与 $\hat{V}^\dagger\hat{V}=\hat{I}$ 是矛盾的，即 $\hat{V}$ 不是幺正算符。■

1964 年，Susskind 和 Glogower 定义了相位算符（SG 相位算符），但未认定该算符的幺正性：

$$\hat{V}=\widehat{\mathrm{e}^{\mathrm{i}\phi}},\qquad \hat{V}^\dagger=\left(\widehat{\mathrm{e}^{\mathrm{i}\phi}}\right)^\dagger \tag{4.96}$$

为了用数态基表示该算符，我们先给出算符 $\sqrt{\hat{n}}$、$\hat{a}$ 和 $\hat{a}^\dagger$ 的数态表示：

$$\sqrt{\hat{n}}=\sum_{n=0}^{\infty}\sqrt{n}|n\rangle\langle n|=\sum_{n=0}^{\infty}\sqrt{n+1}|n+1\rangle\langle n+1| \tag{4.97}$$

$$\hat{a}=\sum_{n=0}^{\infty}\sqrt{n+1}|n\rangle\langle n+1| \tag{4.98}$$

$$\hat{a}^\dagger=\sum_{n=0}^{\infty}\sqrt{n+1}|n+1\rangle\langle n| \tag{4.99}$$

利用数态的完备性，可以得出

$$\begin{aligned}\hat{a}&=\sum_{n=0}^{\infty}\sum_{m=0}^{\infty}\sqrt{n+1}|n\rangle\langle n+1|m\rangle\langle m|=\sum_{n=0}^{\infty}\sum_{m=1}^{\infty}\sqrt{m}|n\rangle\langle n+1|m\rangle\langle m|\\&=\sum_{n=0}^{\infty}|n\rangle\langle n+1|\sqrt{\hat{n}}\end{aligned} \tag{4.100}$$

由此，可以选择

$$\hat{V}=\widehat{\mathrm{e}^{\mathrm{i}\phi}}=\sum_{n=0}^{\infty}|n\rangle\langle n+1| \tag{4.101}$$

且有如下关系：

$$\hat{V}\sqrt{\hat{n}}=\sqrt{\hat{n}+1}\hat{V} \tag{4.102}$$

因此，可以得到

$$\hat{V}^\dagger=\sum_{n=0}^{\infty}|n+1\rangle\langle n| \tag{4.103}$$

将算符 $\hat{V}$ 作用于数态 $|n\rangle$：

$$\hat{V}|n\rangle = |n-1\rangle \tag{4.104}$$

尤其是，对于基态（真空态）

$$\hat{V}|0\rangle = 0 \tag{4.105}$$

由上面的关系式可得

$$\hat{V}\hat{V}^\dagger = \hat{I}$$

$$\hat{V}^\dagger\hat{V} = \hat{I} - |0\rangle\langle 0|$$

即，算符 $\hat{V}$ 非幺正、非厄密。由此可得

$$[\hat{V},\ \hat{V}^\dagger] = |0\rangle\langle 0|$$

$$\langle \boldsymbol{\Psi}|[\hat{V},\ \hat{V}^\dagger]|\boldsymbol{\Psi}\rangle = |\langle 0|\boldsymbol{\Psi}\rangle|^2$$

也就是，非厄密算符 $\hat{V}$ 与 $\hat{V}^\dagger$ 的非对易和非幺正的性质依赖于量子态 $|\boldsymbol{\Psi}\rangle$ 与基态（真空态）$|0\rangle$ 的重叠程度。

现在假设算符 $\hat{V}$ 的本征态为 $|\mathrm{e}^{\mathrm{i}\phi}\rangle$, 对应本征值为 $\mathrm{e}^{\mathrm{i}\phi}$，即

$$\hat{V}|\mathrm{e}^{\mathrm{i}\phi}\rangle = \mathrm{e}^{\mathrm{i}\phi}|\mathrm{e}^{\mathrm{i}\phi}\rangle \tag{4.106}$$

将本征态在数态上展开，可以得到叠加系数的递推关系：

$$|\mathrm{e}^{\mathrm{i}\phi}\rangle = \sum_{n=0}^{\infty} b_n|n\rangle \tag{4.107}$$

$$b_{n+1} = \mathrm{e}^{\mathrm{i}\phi}b_n, \qquad b_n = b_0\mathrm{e}^{\mathrm{i}n\phi} \tag{4.108}$$

因此，算符 $\hat{V}$ 的本征态具有以下形式：

$$|\mathrm{e}^{\mathrm{i}\phi}\rangle = b_0\sum_{n=0}^{\infty}\mathrm{e}^{\mathrm{i}n\phi}|n\rangle \tag{4.109}$$

对于任意的态 $|\mathrm{e}^{\mathrm{i}\phi}\rangle$，应用相位旋转算符

$$\hat{U}(\varphi) = \mathrm{e}^{-\mathrm{i}\varphi\hat{a}^\dagger\hat{a}} \tag{4.110}$$

$$\hat{U}(\varphi)|\mathrm{e}^{\mathrm{i}\phi}\rangle = |\mathrm{e}^{\mathrm{i}(\phi-\varphi)}\rangle \tag{4.111}$$

可以得到

$$|\mathrm{e}^{\mathrm{i}(\phi+2\pi)}\rangle = |\mathrm{e}^{\mathrm{i}\phi}\rangle \tag{4.112}$$

并且态 $|\mathrm{e}^{\mathrm{i}\phi}\rangle$ 满足完备性条件

$$\begin{aligned}\frac{1}{2\pi|b_0|^2}\int_0^{2\pi}\mathrm{d}\phi|\mathrm{e}^{\mathrm{i}\phi}\rangle\langle\mathrm{e}^{\mathrm{i}\phi}| &= \sum_{n,m=0}^{\infty}|n\rangle\langle m|\frac{1}{2\pi}\int_0^{2\pi}\mathrm{d}\phi\mathrm{e}^{\mathrm{i}(n-m)\phi}\\ &= \sum_{n,m=0}^{\infty}|n\rangle\langle m|\delta_{nm} = \hat{I}\end{aligned}$$

由此，可以选择 $b_0 = 1$。因此，对应于经典的相位，量子态

$$|\phi\rangle = \frac{1}{\sqrt{2\pi}}\sum_{0}^{\infty}\mathrm{e}^{\mathrm{i}n\phi}|n\rangle \tag{4.113}$$

可以看作量子力学的相位态，由此引入的相位也可以称为正则相位。

$$\langle\phi|\phi'\rangle = \sum_{n=0}^{\infty}\mathrm{e}^{-\mathrm{i}n(\phi-\phi')} \neq 0 \tag{4.114}$$

即，此处定义的相位态具有非正交性。可以看出，此处定义的 SG 相位算符 $\hat{V} = \widehat{\mathrm{e}^{\mathrm{i}\phi}}$ 与湮灭算符 $\hat{a}$ 类似，都是非幺正、非厄密算符，其非正交的本征态也具有相同的完备性。尤其重要的是，式 (4.111) 意味着自由演化的相位态（$\varphi \longrightarrow \omega t$）在所有时间下都会保持一个相位态。

需要说明的是，此处仅给出一类相位算符和相位态的定义形式，人们还曾在此基础上构造出其他形式的相位算符和相位态。

4.5　习　　题

1. 对于一维谐振子，求湮灭算符 $\hat{a}$ 的本征态，并将其表示成能量本征态 $|n\rangle$ 的线性叠加。

2. 相干态为湮灭算符 $\hat{a}$ 的本征态，试证明相干态可以表示成 $|\alpha\rangle = \exp(\alpha\hat{a}^\dagger - \alpha^*\hat{a})|0\rangle$。

3. 产生算符 $\hat{a}^\dagger$ 的本征方程：$\hat{a}^\dagger|\phi_\beta\rangle = \beta|\phi_\beta\rangle$。尝试求出本征方程对应的本征值和本征矢量，并解释为什么。

4. 证明：

(1) $\hat{a}^\dagger|\alpha\rangle\langle\alpha| = \left(\alpha^* + \dfrac{\partial}{\partial\alpha}\right)|\alpha\rangle\langle\alpha|$；

(2) $|\alpha\rangle\langle\alpha|\hat{a} = \left(\alpha + \dfrac{\partial}{\partial\alpha^*}\right)|\alpha\rangle\langle\alpha|$。

5. 证明：因为自由场哈密顿量 $\hat{H}=\hbar\omega\left(\hat{a}^{\dagger}\hat{a}+\frac{1}{2}\right)$ 可以展开成数态的形式：

$$\hat{H}=\sum_{n}E_{n}|n\rangle\langle n|$$

所以，$\mathrm{e}^{\mathrm{i}\hat{H}t/\hbar}=\sum\limits_{n}\mathrm{e}^{\mathrm{i}E_{n}t/\hbar}|n\rangle\langle n|$。

6. 证明：

(1) $\left[\hat{a},\mathrm{e}^{-\alpha\hat{a}^{\dagger}\hat{a}}\right]=(\mathrm{e}^{-\alpha}-1)\mathrm{e}^{-\alpha\hat{a}^{\dagger}\hat{a}}\hat{a}$，其中 α 为任意复数；

(2) $\left[\hat{a}^{\dagger},\mathrm{e}^{-\alpha\hat{a}^{\dagger}\hat{a}}\right]=(\mathrm{e}^{\alpha}-1)\mathrm{e}^{-\alpha\hat{a}^{\dagger}\hat{a}}\hat{a}^{\dagger}$，其中 α 为任意复数。

第5章

光场的量子统计

量子光学就是一门研究把一束光看作光子流而不是经典波会出现什么结果的学科，已经证明，这两种结果的区别并不显著，即我们难以看到量子理论与经典理论预测结果的重大背离。本章我们从光子流的统计性质来研究这个问题，学习光子统计的 3 种不同类型：泊松分布、超泊松分布和亚泊松分布。由此得出的关键结果是：在光探测实验中，观测到泊松分布和超泊松分布的统计规律与经典理论是一致的，而亚泊松分布的统计规律与经典理论不一致。因此，光子亚泊松分布的观测是光子属性的直接证明。不过，亚泊松分布的光对探测器的光学损耗和探测效率非常敏感，因此随着探测技术的进步和探测效率的提高人们才逐渐观测到光的亚泊松分布。

5.1 光子计数

无论从经典的波动理论还是从量子理论来说，光学量都是无法测量的。所有光学测量装置都是将一部分光能转化成其他形式的能量进行测量的。例如，照相将光能转化为化学能，光热计将光转化为热能，而光电倍增管（photomultiplier tube，PMT）则利用光电效应将光能转化为电能进行测量。首先，我们先考虑利用如图 5.1 所示的光子计数器探测一束光。光子计数器组成如下：一个高度灵敏的光探测器〔如光电倍增管或雪崩式光电二极管（avalanche photodiode，APD）〕与一个电子计数器相连。在使用者设定电脉冲的一定时间间隔后，探测器会响应入射的微弱光束产生短脉冲，而计数器则记录由此产生的脉冲数目。

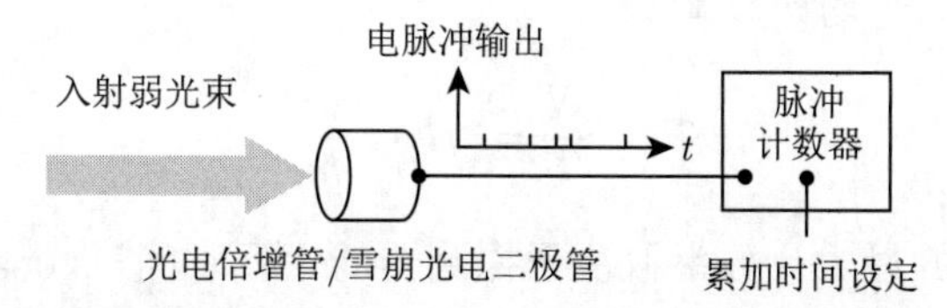

图 5.1　由光电倍增管或雪崩式二极管连接脉冲电子计数器组成的光子计数器

初看起来，计数器记录的是探测器发出的脉冲，而每个脉冲是响应入射光“光子”的离散能量包，因此计数的分布会给出入射光子流的统计信息。不过，问题并不是如此简单。光子计数器记录的每个事件是否与光子统计性质有必然的关联，或只是探测过程的一个假象，这曾是光物理科学长期存在的问题。这意味着我们必须仔细区分两类问题：

(1) 光探测过程的统计性质；

(2) 光束中光子的内禀统计性质。

第一类问题来源于光子计数器的工作原理和探测过程。光子计数器从工作原理上与盖革计数器非常相似，盖革计数器的涨落来源于辐射过程的内禀随机性。光子计数器探测到的光子平均数目依赖于入射光的强度，而它的涨落可能来源于探测器的实际测量过程，比如暗计数等，也就是说每次测量不同，则涨落不同，在计数过程中这样的涨落不在我们的考虑范围内。如果我们将光子探测和计数过程中的涨落看作基本的光子统计，则光子计数的大部分实验结果可以用半经典模型来解释：光是经典的，探测器的光电效应是量子化的。第二类问题则对应着光本身的量子统计性质，相应的实验结果也非常有意思，给出了光量子性的明确证明。从概念的角度出发，量子光学主要研究光的量子性。因此，我们主要从第二类问题出发，首先检查光的内禀统计性质。

5.2 光子计数的统计

考虑一个光子计数实验：记录在设定时间间隔 T 内能够触发探测器的光子数。我们考虑具有恒定强度 I 和角频率 ω 的完全相干单色光的简单情况。在光的量子图像中，这就是由一串光子组成的光束。**光子通量** $\varPhi$ 定义为单位时间内通过光束横截面的平均光子数。显然，$\varPhi$ 可以用能流除以单个光子的能量得出

$$\varPhi = \frac{IA}{\hbar\omega} \equiv \frac{P}{\hbar\omega} \tag{5.1}$$

其中，A 为光束的横截面积，P 为光的功率。

光子计数探测器的**量子效率** η 定义为探测器记录的光子数与入射光子数的比率。因此，在计数时间段 T 内探测器记录的平均光子数为

$$N(T) = \eta\varPhi T = \frac{\eta PT}{\hbar\omega} \tag{5.2}$$

那么，可以得到对应的平均计数率 $\mathcal{R}$：

$$\mathcal{R} = \frac{N}{T} = \eta\varPhi = \frac{\eta P}{\hbar\omega} \tag{5.3}$$

光子计数器可以达到的最大计数率取决于探测器的“死时间”(dead time)，也就是探测器在每次探测后需要 μs 量级的时间恢复到初始状态，因此在两次连续的探测之间没有计数。这实际上就给出了光子计数率 $\mathcal{R}$ 的上限，为 10^6/s。结合探测器的实际效率稍大于 10% 的现状，则由式 (5.3) 可看出，光子计数器只有在分析功率为 10^{-12} W 量级（非常微弱）的光束时才是可用的。

上面讨论的光子通量和探测器计数率都代表了光束的平均性质。一束光如果具有确定的平均光子通量，那么在一个非常短的时间间隔内将不会展现光子数涨落，这是将一束光分割成不相干的粒子——“光子”的自然结果。请看下面的例子说明。

考虑平均功率为 1 nW、光子能量为 2 eV 的一束光。这束光可先由氦氖激光器发射波长为 633 nm、功率为 1 mW 的光束，再经过滤波器衰减为原来的 $1/10^6$ 而得到。可以计算出平均光子通量：

$$\varPhi = \frac{10^{-9}}{2.0 \times (1.6 \times 10^{-19})} = 3.1 \times 10^9 \tag{5.4}$$

光速为 3×10^8 m/s，那么一段长度为 3×10^8 m 的光束平均包含 3.1×10^9 个光子。进一步，我们可以预期在一个 3 米长的光束里平均光子数为 31。而在更小的尺度内，平均光子数将出现分数，比如 1 ns 的计数时间对应着 30 cm 的光束长度，则包含的平均光子数为 3.1。而由于光子是离散的能量包，实际光子数应该是整数，也就是每段光束中都应该存在整数个光子，如图 5.2 所示。

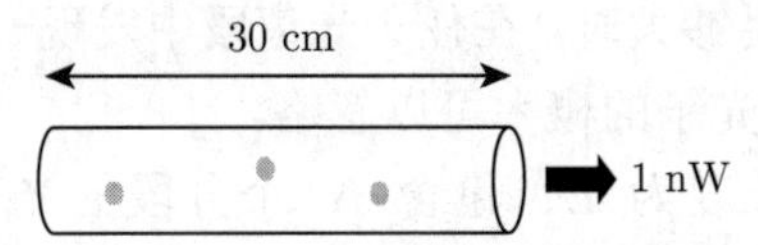

图 5.2　功率为 1 nW、持续时间为 1 ns 的光束中平均光子数为 3.1

假设在给定光束中每一点处的光子都是等概率存在的，那么就会发现存在大于和小于平均值的涨落。比如，我们也许会在 30 个光束段中看到如下的光子分布：

1, 6, 3, 1, 2, 2, 4, 4, 2, 3, 4, 3, 1, 3, 6, 5, 0, 4, 1, 1, 6, 2, 2, 6, 4, 1, 4, 3, 4, 6

统计分析上述数列，总的光子数为 94，平均值为 3.13，标准差为 1.80。有统计涨落是因为我们无法确切知道光子究竟处于光束的哪个位置。

如果我们所取的光束段尺度更小，涨落就更为明显。比如，一个 3 cm 的光束段打到探测器上的时间持续 100 ps，则平均光子数减少为 0.31，该段光束很大可能是空的。10 个这样的光束段的光子分布可能是 1, 0, 0, 1, 0, 0, 0, 0, 0, 1。这样的序列的光子总数为 3，平均值为 0.3，而统计标准差为 0.48。很显然，时间尺度越小，越难以知道光子到底处于什么位置。因此，如果我们把 30 cm 的光束段分割成 1 000 份，每份为 0.3 mm 的长度，对应着 1 ps 的时间间隔，我们会发现只有 3 个时间间隔内存在光子，而另外 997 个时间间隔内是空的，并且我们无法预言到底哪 3 个时间间隔是包含光子的。

上面的例子说明，虽然光束的平均光子通量是完全确定的，但在很短时间尺度内光子数存在涨落，这是由光子的离散属性决定的，这些涨落由光子统计来描述。在接下来的内容中，我们将讨论光的各种统计性质。

5.3 相干光：光子的泊松分布

在经典物理中，光是电磁波。目前已知的最稳定的光是具有恒定的角频率 ω、相位 ϕ 和振幅 $\mathcal{E}_0$ 的相干光：

$$\mathcal{E}(x,t) = \mathcal{E}_0 \sin(kx - \omega t + \phi) \tag{5.5}$$

其中，$\mathcal{E}(x,t)$ 是自由空间光波的电场，$k = \omega/c$。由理想单模激光器在阈值以上稳定激发的光可以看作相干光。光强 I 正比于振幅的平方，如果振幅和相位都是与时间无关的恒定量，则光强恒定，光强和光子通量都没有涨落。

考虑一具有恒定功率 P 的光束，在长度为 L 的空间间隔内，平均光子数为

$$\bar{n} = \varPhi L/c \tag{5.6}$$

假定 L 足够大，使得 $\bar{n}$ 可以取一个确定的整数值。现在，把这个光束段分成长度为 L/N 的 N 份，当 N 取足够大时，在任一光束段中发现一个光子的概率 $p = \bar{n}/N$ 非常小，显然发现两个或更多光子的概率可以忽略。

我们要求解的是：在长度为 L、包含 N 个分段的光束中，发现 n 个光子的概率 $\mathcal{P}(n)$ 是多少？$\mathcal{P}(n)$ 就是在 n 个子段中分别包含 1 个光子，而其他 $N-n$ 个子段不包含光子的所有可能排序出现的概率，这个概率可由二项分布（binomial distribution）（参考附录 C.1.1）得出：

$$\mathcal{P}(n) = \frac{N!}{n!(N-n)!} p^n (1-p)^{N-n} \tag{5.7}$$

由 $p = \bar{n}/N$，可得

$$\mathcal{P}(n) = \frac{N!}{n!(N-n)!} \left(\frac{\bar{n}}{N}\right)^n \left(1 - \frac{\bar{n}}{N}\right)^{N-n} \tag{5.8}$$

重排上式，可得

$$\mathcal{P}(n) = \frac{1}{n!} \left(\frac{N!}{(N-n)!N^n}\right) \bar{n}^n \left(1 - \frac{\bar{n}}{N}\right)^{N-n} \tag{5.9}$$

考虑当 $N \to \infty$ 时的情况。利用 Stirling 公式：

$$\lim_{N\to\infty} [\ln N!] = N \ln N - N \tag{5.10}$$

可以得到

$$\lim_{N\to\infty} \left[\ln\left(\frac{N!}{(N-n)!N^n}\right)\right] = 0 \tag{5.11}$$

因此

$$\lim_{N\to\infty} \left[\frac{N!}{(N-n)!N^n}\right] = 1 \tag{5.12}$$

应用二项式定理：

$$\begin{aligned}\left(1-\frac{\bar{n}}{N}\right)^{N-n} &= 1-(N-n)\frac{\bar{n}}{N}+\frac{1}{2!}(N-n)(N-n-1)\left(\frac{\bar{n}}{N}\right)^2-\cdots \\ &\to 1-\bar{n}+\frac{\bar{n}^2}{2!}-\cdots \\ &= \exp(-\bar{n})\end{aligned} \tag{5.13}$$

因此，可得

$$\lim_{N\to\infty}[\mathcal{P}(n)]=\frac{1}{n!}\cdot 1\cdot \bar{n}^n\cdot \exp(-\bar{n}) \tag{5.14}$$

因此，我们可以得到恒定强度的相干光的光子统计为

$$\mathcal{P}(n)=\frac{\bar{n}^n}{n!}\mathrm{e}^{-\bar{n}},\qquad n=0,1,2,\cdots \tag{5.15}$$

这个分布称为泊松分布（Poisson distribution）。

可以证明泊松分布是归一化的：

$$\begin{aligned}\sum_{n=0}^{\infty}\mathcal{P}(n) &= \mathrm{e}^{-\bar{n}}\left(1+\bar{n}+\frac{\bar{n}^2}{2!}+\frac{\bar{n}^3}{3!}+\cdots\right) \\ &= \mathrm{e}^{-\bar{n}}\times \mathrm{e}^{\bar{n}}=1\end{aligned} \tag{5.16}$$

泊松统计一般只适用于返回正整数值的随机过程，典型的泊松分布案例为统计一个时间段内落入容器中的雨滴数目。盖革计数器测量辐射源的计数总是整数，而其平均值 $\bar{n}$ 决定于辐射源的半衰期、辐射材料的量和设定的时间间隔等。实际的测量值则由于辐射的随机性在平均值上下涨落，n 的概率符合泊松分布。对于一束光，光子计数的随机性来源于连续光束被分割为离散的能量包，而在任意给定的时间间隔内发现能量包的概率相等。

光子数平均值 $\bar{n}$ 为

$$\bar{n}\equiv\langle n\rangle=\sum_{n=0}^{\infty}n\mathcal{P}(n) \tag{5.17}$$

对于一个随机变量，可以通过多次测量来确定概率分布，虽然每次的测量结果不可预测，但可以得到测量结果的平均值。此外，由 (5.15) 式可以看出测量出 n 个光子的概率分布由平均值 $\bar{n}$ 唯一确定。

由 (5.15) 式同样可以得到：

$$\mathcal{P}(n)=\frac{\bar{n}}{n}\mathcal{P}(n-1)$$

也就是说，如果 $\bar{n}<n$, 则有 $\mathcal{P}(n)<\mathcal{P}(n-1)$。因此, 当 $\bar{n}<1$ 时，分布函数单调递减; 当 $\bar{n}>1$ 时，分布函数的峰值趋近于 $\bar{n}$。图 5.3 给出了 $\bar{n}=0.1$、1、5、10 时的泊松分布。显然，光子分布的顶峰在 $\bar{n}$ 附近，且分布随着 $\bar{n}$ 的增大而展宽。

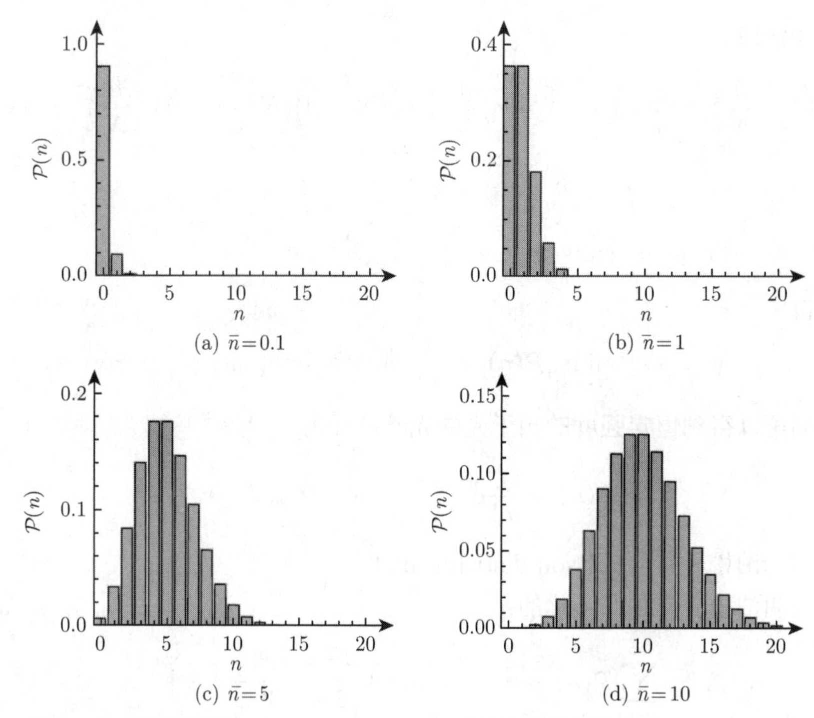

图 5.3　平均光子数 $\bar{n}=0.1$、1、5、10 时的光子泊松分布 $(0 \leqslant n \leqslant 20)$

某一平均值下的统计分布涨落的方差表示为

$$(\Delta n)^2 \equiv \sum_{n=0}^{\infty}(n-\bar{n})^2\mathcal{P}(n) \tag{5.18}$$

可以得到泊松分布的方差：

$$\begin{aligned}(\Delta n)^2 &= \sum_{n=0}^{\infty}(n^2-2n\bar{n}+\bar{n}^2)\mathcal{P}(n) = \sum_{n=0}^{\infty}n^2\mathcal{P}(n)-\bar{n}^2\\ &= \sum_{n=0}^{\infty}(n^2-n+n)\mathcal{P}(n)-\bar{n}^2 = \sum_{n=0}^{\infty}n(n-1)\mathcal{P}(n)+\bar{n}-\bar{n}^2\\ &= \mathrm{e}^{-\bar{n}}\sum_{n=0}^{\infty}n(n-1)\frac{\bar{n}^n}{n!}+\bar{n}-\bar{n}^2 = \bar{n}^2\mathrm{e}^{-\bar{n}}\left(1+\bar{n}+\frac{\bar{n}^2}{2!}+\cdots\right)+\bar{n}-\bar{n}^2\\ &= \bar{n}^2\sum_{n=0}^{\infty}\frac{\bar{n}^n}{n!}\mathrm{e}^{-\bar{n}}+\bar{n}-\bar{n}^2 = \bar{n}^2\sum_{n=0}^{\infty}\mathcal{P}(n)+\bar{n}-\bar{n}^2 = \bar{n}\end{aligned}$$

因此，泊松分布的方差等于平均光子数，标准差为 $\Delta n = \sqrt{\bar{n}}$。显然，随着 $\bar{n}$ 增大，信噪比（Signal-to-Noise Ratio，SNR）会变大，涨落的相对值会变小。例如，当 $\bar{n}=1$ 时，$\Delta n=1$，$\mathrm{SNR}=\bar{n}/\Delta n=1$, $\Delta n/\bar{n}=1$；而当 $\bar{n}=100$ 时，$\Delta n=10$, $\mathrm{SNR}=10$, $\Delta n/\bar{n}=0.1$。

5.4　基于光子统计的光分类

由 5.3 节，我们可以看到一束功率恒定的完全相干光的光子数统计符合泊松分布，且光子数涨落满足 $\Delta n = \sqrt{\bar{n}}$。从经典的角度来看，一束功率恒定的完全相干光是输出最稳定的光，这给出了一种按照光子数涨落对光场进行分类的方法。一般来说，光场的光子数涨落共有 3 种可能的统计分布：

(1) 亚泊松（sub-Poisson）统计分布，此时 $\Delta n < \sqrt{\bar{n}}$;

(2) 泊松统计分布，此时 $\Delta n = \sqrt{\bar{n}}$;

(3) 超泊松（super-Poisson）统计分布，此时 $\Delta n > \sqrt{\bar{n}}$。

这 3 种统计分布（以下简称分布）之间的区别可由图 5.4 看出。其中，平均光子数 $\bar{n} = 100$，由于具有较大的平均光子数 $\bar{n}$，各种分布是连续的曲线，而不是取离散值。显然，超泊松分布在平均值附近的涨落比泊松分布大，所以其分布曲线比泊松分布宽；而亚泊松分布涨落更小，分布曲线比泊松分布更窄一些。

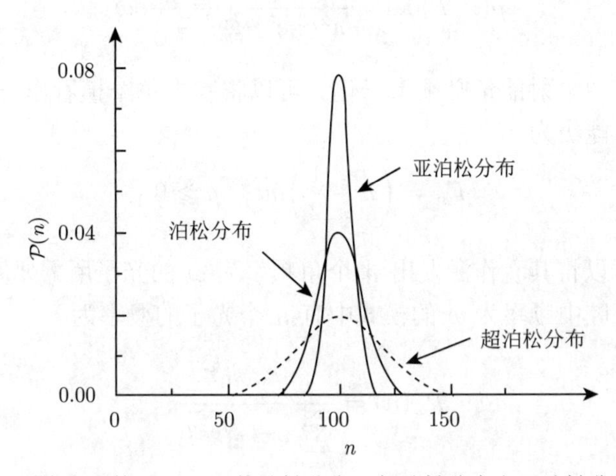

图 5.4　平均光子数 $\bar{n} = 100$ 的泊松分布、超泊松分布和亚泊松分布的对比

前面分析的具有泊松分布的相干光是由理想的稳定激光器产生的。所以不难想象，只要激光器不稳定即可产生超泊松光，或者只要光的强度有任何经典涨落，自然就可以看到比稳定光更大的光子数涨落，这也意味着所有强度随时间变化的经典光束在光子数分布上都服从超泊松分布。在 5.5 节中，黑体光源发出的热光和放电灯管发出的部分相干光就属于这种类型，可以说它们比完全相干光更“嘈杂”，不仅在经典意义上具有比完全相干态更大的强度方差，而且在量子层面上具有更大的光子数涨落。

与超泊松分布的光相反，亚泊松分布的光具有比泊松分布更窄的光子分布，因此其比完全相干光更“安静”。显然，亚泊松分布的光是一种非经典光。毫无疑问，亚泊松光是难以观测的，这也正是普通的光学教材不涉及亚泊松光的原因。

5.5 超泊松光

本节将考虑超泊松统计的两个例子：热光和混沌光。5.4 节已经给出超泊松分布的条件，即 $\Delta n > \sqrt{n}$，经典光强的涨落就对应着超泊松统计。很容易制备一个不稳定的光源，因此超泊松统计的观测是非常普遍的。同时，由于实验室经常用到超泊松光，所以弄懂超泊松统计的性质也非常重要。

5.5.1 热光

热物体发出的电磁辐射称为热光。热光的性质通常可由温度为 T 的封闭腔中热辐射的统计力学规律来理解。在封闭腔中，由振荡模组成的、频率在 $\omega \sim \omega + \mathrm{d}\omega$ 内的连续辐射谱的能量密度由普朗克定律给出：

$$\rho(\omega, T)\mathrm{d}\omega = \frac{\hbar\omega^3}{\pi^2 c^3}\frac{1}{\mathrm{e}^{\hbar\omega/k_\mathrm{B}T} - 1}\mathrm{d}\omega \tag{5.19}$$

(5.19) 式意味着腔中辐射能量必须量子化。可以将腔中每个模看作一个频率为 ω 的简谐振子，其量子化能级为

$$E_n = \left(n + \frac{1}{2}\right)\hbar\omega, \quad n \geqslant 0$$

在量子光学中，可以将其看作激发出 n 个角频率为 ω 的光子所需要的能量。由玻尔兹曼定律可以得到，腔中频率为 ω 的模式中有 n 个光子的概率为

$$\mathcal{P}_\omega(n) = \frac{\mathrm{e}^{-E_n/k_\mathrm{B}T}}{\sum\limits_{n=0}^{\infty}\mathrm{e}^{-E_n/k_\mathrm{B}T}} \tag{5.20}$$

利用等比数列求和公式：

$$\sum_{n=0}^{\infty} x^n = \frac{1}{1-x}, \quad (x < 1)$$

令 $x = \mathrm{e}^{-\hbar\omega/k_\mathrm{B}T}$, 则可以得到

$$\mathcal{P}_\omega(n) = x^n(1-x) = \mathrm{e}^{-n\hbar\omega/k_\mathrm{B}T}\left(1 - \mathrm{e}^{-\hbar\omega/k_\mathrm{B}T}\right) \tag{5.21}$$

平均光子数为

$$\bar{n} = \sum_{n=0}^{\infty} n\mathcal{P}(n) = \sum_{n=0}^{\infty} nx^n(1-x)$$

$$= (1-x)x\frac{\mathrm{d}}{\mathrm{d}x}\left(\sum_{n=0}^{\infty}x^n\right) = (1-x)x\frac{\mathrm{d}}{\mathrm{d}x}\left(\frac{1}{1-x}\right)$$

$$= (1-x)x\frac{1}{(1-x)^2} = \frac{x}{1-x} \tag{5.22}$$

这就给出了普朗克公式：

$$\bar{n} = \frac{1}{\mathrm{e}^{\hbar\omega/k_{\mathrm{B}}T} - 1} \tag{5.23}$$

反过来，可由式 (5.22) 得出 $x = \bar{n}/(\bar{n}+1)$。显然，可以将黑体热辐射中的光子数概率分布式 (5.21) 表示成 $\bar{n}$ 的形式：

$$\mathcal{P}(n) = \frac{1}{n+1}\left(\frac{\bar{n}}{\bar{n}+1}\right)^n \tag{5.24}$$

这个分布称为玻色-爱因斯坦分布。从 (5.21) 式也可以看出，在 $n = 0$ 时光子数概率分布最大，然后随 n 增大概率分布呈指数下降。

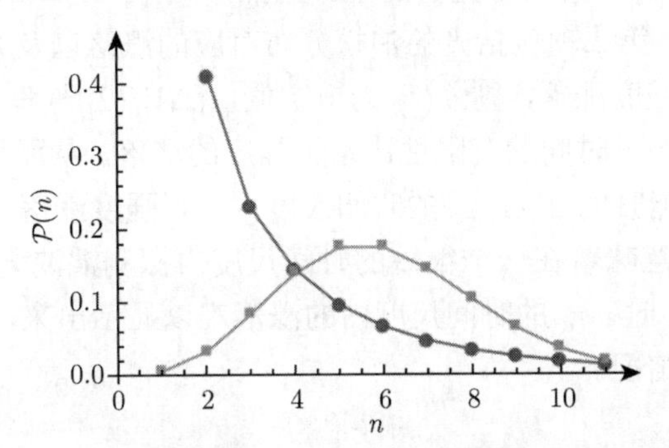

图 5.5　$\bar{n} = 5$ 时，黑体辐射中玻色-爱因斯坦分布曲线和相干态的泊松分布曲线对比

图 5.5 对比了具有玻色-爱因斯坦分和泊松分布的光在平均光子数 $\bar{n} = 5$ 时的概率统计。显然，热光比泊松光的光子数分布更宽，这从能量涨落的角度来说是毫不惊奇的。可以证明，玻色-爱因斯坦分布的方差为

$$(\Delta n)^2 = \bar{n} + \bar{n}^2 \tag{5.25}$$

显然，玻色-爱因斯坦分布的方差比泊松分布大得多，黑体辐射的热光属于超泊松分布。

应该指出，玻色-爱因斯坦分布只适用于单模辐射场。实际上，黑体辐射是由连续模组成的，大部分实验要考虑多模热光的性质。可以证明，相同频率的 N_m 个热模的光子数方差为

$$(\Delta n)^2 = \bar{n} + \frac{\bar{n}^2}{N_m} \tag{5.26}$$

当 N_m 很大时，上述结果退化为泊松分布。实验上很难测量到热光场的单模，因此大部分热光实验中的统计都服从泊松分布。

5.5.2 混沌光

理想激光器产生的光服从泊松分布，相干时间 τ_c 趋近于无穷。放电灯管产生的单一谱线光为混沌光（chaotic light），混沌光具有部分相干性，相干时间 τ_c 有限，因此也叫部分相干光。τ_c 的时间尺度决定了其强度的涨落，强度涨落导致其具有比稳恒光源发出的完全相干光更大的光子数涨落。

可以证明，混沌光入射到探测器中的光子计数率涨落表示为

$$(\Delta n)^2 = \langle W(T)\rangle + \langle \Delta W(T)^2\rangle \tag{5.27}$$

其中，W 表示探测时间 T 内的计数率：

$$W(T) = \int_t^{t+T} \eta \Phi(t')\mathrm{d}t' \tag{5.28}$$

其中 η 为探测效率，$\Phi(t)$ 为瞬时光子通量。显然，式 (5.27) 中等号右边第一项为平均计数率 $\langle W(T)\rangle = \bar{n}$；第二项包括光的泊松分布对应的涨落以及光源的经典强度涨落两部分。如果光源没有强度涨落，则 $\Phi(t)$ 为恒定值，$\langle \Delta W(T)^2\rangle = 0$，式 (5.27) 回到泊松分布的情况。混沌光相干时间的有限性决定了强度的涨落，从而导致光子通量是不恒定的。一方面，如果探测时间 T 在 τ_c 的时间尺度内，则强度涨落非常显著，式 (5.27) 中的第二项不再为零，意味着在一个很短的时间尺度内探测混沌光，会得到超泊松分布。另一方面，当 $T \gg \tau_c$ 时，τ_c 的时间尺度内的涨落难以显示出来，强度可以等效为常数，这又回到了泊松分布情况。

5.6 亚泊松光

亚泊松光由如下关系式定义：

$$\Delta n < \sqrt{\bar{n}} \tag{5.29}$$

由图 5.4 可以看出，亚泊松光的光子数分布比泊松分布的窄一些。一个恒定强度的完全相干光束服从泊松统计，亚泊松光在某种程度上应该比完全相干光更稳定，所以亚泊松光没有经典对应，属于非经典光。因此，观察到光的亚泊松统计是光的量子性质的直接体现。

虽然亚泊松光没有直接的经典对应，但很容易归纳出亚泊松统计的条件。考虑具有如下性质的一束光：光子之间的时间间隔 Δt 是相同的，如图 5.6(a) 所示；在一段探测时间 T 内，获得的光子数应为整数，即

$$N = \mathrm{Int}\left(\eta \frac{T}{\Delta t}\right) \tag{5.30}$$

且对于每一次测量，光子数都具有确定的相同值。对于这束光的探测实验，将获得如图 5.6(b) 所示的柱状图，$\bar{n}=N$，这是分布非常集中的亚泊松统计，涨落 $\Delta n=0$。这种涨落为零的光子流对应的量子态为前面所讨论的光子数态，光子数态是亚泊松光的最纯正形式。可以想象到，其他形式的亚泊松光对应着光束中光子之间的时间间隔不完全相同的情况，但仍然比泊松统计中光子之间的随机时间间隔更规律一些，这类光在实验室中比较容易制备。

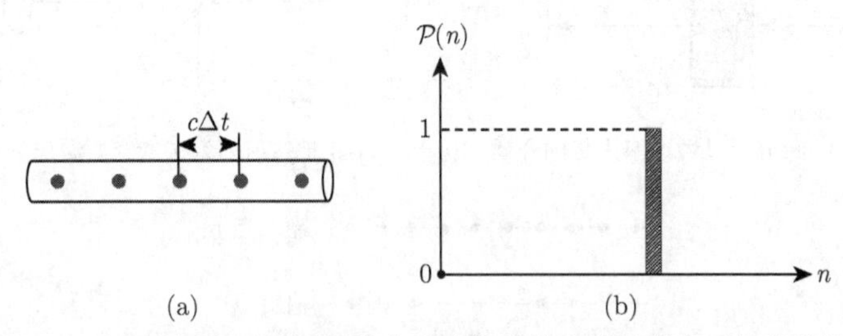

图 5.6　具有固定时间间隔的光子流组成的光束及其光子计数统计

以兰姆（Lamb，1913—2008）为代表的传统激光量子理论学派认为，稳态运转的单模激光在泵浦不太强的情况下呈现超泊松统计，在泵浦甚强的情况下呈现泊松统计，但在任何泵浦条件下都不会呈现亚泊松统计。亚泊松统计是量子光场特有的非经典现象之一。与光场压缩及反聚束效应不同，亚泊松统计通过光子数的统计分布来体现光场的非经典特征。具体地讲，亚泊松光场光子数的概率分布比具有相同平均光子数的泊松分布更窄，即亚泊松光场的光子数涨落比泊松光场的平均光子数更小。亚泊松光场所揭示出的特殊光子统计性质，进一步深化了人们对光的量子本质的认识，具有重要的理论价值。而且，这种光场以其极低的光子数涨落在光通讯、引力波探测、光学精密计量、弱光和超弱光辐射探测等研究领域显示出了十分广阔的应用前景，因此成为量子光学领域内一个十分活跃的前沿课题。

5.7　光子探测理论

光子计数器所记录的光子分布，会受到多方面因素的影响，并不一定能完全反映光源所发出光束的光子分布。首先，我们考虑光在介质传播过程中的损耗所带来的影响。

5.7.1　光损耗带来的光子统计退化

一束光经过损耗介质后被探测，如图 5.7(a) 所示。如果介质的透射率为 $\mathcal{T}$，则可以把介质看作一个 $\mathcal{T}:(1-\mathcal{T})$ 的分束器（beam splitter），如图 5.7(b) 所示。分束器把光子按照 $\mathcal{T}:(1-\mathcal{T})$ 的透射反射比随机分成两部分并从两个端口输出，只有透射的光子进入探测器，然后被计数器记录。因此，损耗介质从入射光子流中以概率 $\mathcal{T}$ 随机选择光子。显然，计数器这样记录的光子分布比光源发出的光子分布更为随机。如图 5.7(c) 所示，具有恒定时间间隔的光子流经过 50 : 50 分束器后，规则的光子分布退化为随机的光子分布。因此，低透射率的光损耗介质的随机取样性质会使光子流的规则性退化，从而使光子间的时间间隔变得完全随机。

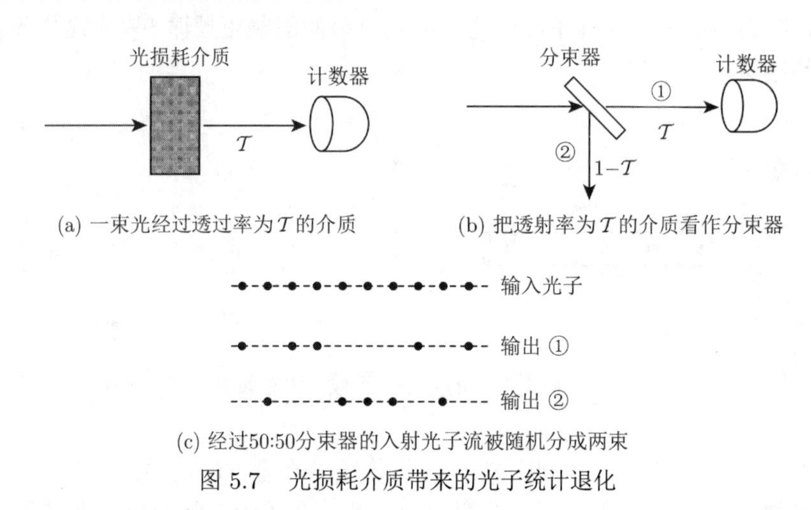

(a) 一束光经过透过率为 T 的介质　(b) 把透射率为 T 的介质看作分束器

(c) 经过50:50分束器的入射光子流被随机分成两束

图 5.7　光损耗介质带来的光子统计退化

光子计数实验中，造成效率降低的因素有多种，包括：

(1) 光学收集效率低，光源发出的光子只有部分被收集到探测装置中，对应着从光源中随机选择的部分光子；

(2) 光路中各个光学器件吸收、散射，以及器件表面反射所造成的损耗，对应着器件随机选择的部分光子；

(3) 探测器的量子效率（如 PMT 利用光电效应产生光电子，有些光子没能激发光电子）影响了探测过程的效率，对应着只有部分随机光子产生的电脉冲被探测到。

前两项使光子的统计分布退化，而第三项使光子统计与光-电统计之间的关联退化。以上因素都等效于光子的随机取样，很方便应用分束器的模型加以分析。不过，这些分析也预示了亚泊松光的脆弱性：所有的损耗和低效率都趋于使光子统计退化为泊松（随机）分布。这意味着，必须尽可能地降低光学损耗，并选用高效率的探测器，以观测到光子统计的量子效应。

5.7.2　光子探测的半经典理论

在光子探测的半经典理论中，把光看作经典的电磁波。考虑一束弱光照到光子计数器（如光电倍增管）上，光与探测器阴极的原子相互作用，发生光电效应而释放出光电子，并进一步触发更多电子，倍增放大形成足够强度的电流脉冲从而被电子计数器探测到。因此，计数器记录的脉冲对应着阴极释放的每一个电子。

假设光束为具有强度 I 的经典电磁波，阴极的原子是量子化的，在吸收了光束的能量子后，以一定概率辐射出光电子。因此，为解释输出的脉冲关于时间间隔的统计性质，对光子探测过程作如下三个假设：

(1) 在非常短的时间间隔 Δt 内，发射一个光电子的概率正比于光强 I、照射面积和时间间隔 Δt;

(2) 如果 Δt 足够小，则同时发射两个光电子的概率非常小，甚至可以忽略不计；

(3) 在不同的时间间隔内，记录的光子辐射事件是相互独立的。

由假设 (1)，我们可以把在 $t \to t+\Delta t$ 内观测到一个光子辐射事件的概率表示为

$$\mathcal{P}(1;t,t+\Delta t) = \xi I(t)\Delta t \tag{5.31}$$

其中，ξ 等于单位时间内每单位强度的辐射概率，它正比于照射面积。根据假设 (2)，在同样的时间内没有观测到光子辐射事件的概率为

$$\mathcal{P}(0;t,t+\Delta t) = 1-\mathcal{P}(1;t,t+\Delta t) = 1-\xi I(t)\Delta t \tag{5.32}$$

那么，在 $0 \to t+\Delta t$ 内探测到 n 个光电子的概率是多少呢？按照假设 (3)，如果 Δt 很小，则有两种方式可以获得结果：① 在时间 $0 \to t$ 内有 n 个事件发生，而 $t \to t+\Delta t$ 内没有事件发生；② $n-1$ 个事件发生在 $0 \to t$ 内，1 个事件发生在 $t \to t+\Delta t$。因此，可以得到

$$\begin{aligned}\mathcal{P}(n;0,t+\Delta t) &= \mathcal{P}(n;0,t)\mathcal{P}(0;t,t+\Delta t) + \mathcal{P}(n-1;0,t)\mathcal{P}(1;t,t+\Delta t)\\ &= \mathcal{P}(n;0,t)\Big[1-\xi I(t)\Delta t\Big] + \mathcal{P}(n-1;0,t)\xi I(t)\Delta t\end{aligned} \tag{5.33}$$

令 $\mathcal{P}(n;0,t) \equiv \mathcal{P}_n(t)$，(5.33) 式可以变为

$$\frac{\mathcal{P}_n(t+\Delta t)-\mathcal{P}_n(t)}{\Delta t} = \xi I(t)\Big[\mathcal{P}_{n-1}(t)-\mathcal{P}_n(t)\Big] \tag{5.34}$$

令 $\Delta t \to 0$，求极限可得

$$\frac{\mathrm{d}\mathcal{P}_n(t)}{\mathrm{d}t} = \xi I(t)\Big[\mathcal{P}_{n-1}(t)-\mathcal{P}_n(t)\Big] \tag{5.35}$$

在边界条件 $\mathcal{P}_0(0)=1$ 下，递推关系式 (5.35) 的一般解为

$$\mathcal{P}_n(t) = \frac{\left[\displaystyle\int_0^t \xi I(t')\mathrm{d}t'\right]^n}{n!}\exp\left(-\int_0^t \xi I(t')\mathrm{d}t'\right) \tag{5.36}$$

可以考虑一种最简单的情况：光强 $I(t)$ 是与时间无关的恒定值（对应于完全相干光），$\xi I(t)=C$。式 (5.35) 简化为

$$\frac{\mathrm{d}\mathcal{P}_n(t)}{\mathrm{d}t}+C\mathcal{P}_n(t)=C\mathcal{P}_{n-1}(t) \tag{5.37}$$

对于 $n=0$，必定对应着 $\mathcal{P}_{n-1}(t)=0$。因此，可以得到第一个递推关系：

$$\frac{\mathrm{d}\mathcal{P}_0(t)}{\mathrm{d}t}=-C\mathcal{P}_0(t) \tag{5.38}$$

加上边界条件 $\mathcal{P}_0(0)=1$，可以得到解为

$$\mathcal{P}_0(t)=\mathrm{e}^{-Ct} \tag{5.39}$$

对于 $n\leqslant 1$，式 (5.37) 两边分别乘以积分因子 e^{Ct}，可以得到

$$\frac{\mathrm{d}}{\mathrm{d}t}\left(\mathrm{e}^{Ct}\mathcal{P}_n(t)\right)=C\mathrm{e}^{Ct}\mathcal{P}_{n-1}(t) \tag{5.40}$$

积分可得

$$\mathcal{P}_n(t)=\mathrm{e}^{-Ct}\int_0^t C\mathrm{e}^{Ct'}\mathcal{P}_{n-1}(t')\mathrm{d}t' \tag{5.41}$$

从而，可以得到

$$\begin{aligned}
\mathcal{P}_1(t)&=\mathrm{e}^{-Ct}\int_0^t C\mathrm{e}^{Ct'}\mathcal{P}_0(t')\mathrm{d}t'=(Ct)\mathrm{e}^{-Ct}\\
\mathcal{P}_2(t)&=\mathrm{e}^{-Ct}\int_0^t C\mathrm{e}^{Ct'}\mathcal{P}_1(t')\mathrm{d}t'=\frac{(Ct)^2}{2!}\mathrm{e}^{-Ct}\\
\mathcal{P}_3(t)&=\mathrm{e}^{-Ct}\int_0^t C\mathrm{e}^{Ct'}\mathcal{P}_2(t')\mathrm{d}t'=\frac{(Ct)^3}{3!}\mathrm{e}^{-Ct}\\
&\vdots\\
\mathcal{P}_n(t)&=\mathrm{e}^{-Ct}\int_0^t C\mathrm{e}^{Ct'}\mathcal{P}_{n-1}(t')\mathrm{d}t'=\frac{(Ct)^n}{n!}\mathrm{e}^{-Ct}
\end{aligned} \tag{5.42}$$

式 (5.36) 中，如果 $I(t)$ 是恒定的，则

$$\int_0^t \xi I(t')\mathrm{d}t'=\xi It=Ct \tag{5.43}$$

显然，式 (5.42) 给出的解与式 (5.36) 是一致的。

式 (5.31) 意味着单位时间内事件发生的概率为 $\xi I(t)$，如果 $I(t)$ 是恒定的，那么在 $0\to t$ 时间段内平均计数率 $\bar{n}=\xi It\equiv Ct$。因此，式 (5.42) 就可以表示为

$$\mathcal{P}_n(t) = \frac{\bar{n}^n}{n!}\mathrm{e}^{-\bar{n}} \tag{5.44}$$

这证明了当 $I(t)$ 恒定时，得到的是泊松分布。

由上面的讨论可以看到，如果光强是不随时间变化的恒定值时，就可观测到光电子的脉冲计数为泊松统计，而其根本没有涉及光子概念。唯一要求的是光电子的发射是由量子化原子对入射光束能量子的概率性吸收触发的。因此，根据脉冲计数统计的分析不能必然知道基本的光子统计。同时，光强完全恒定得到泊松分布，如果光强随时间变化肯定得到超泊松分布。很显然，在半经典理论的框架下，不可能得到光的亚泊松分布。

5.7.3　光子探测的量子理论

讨论光子探测量子理论的目标是描述在入射光子特定的探测实验中观测到的光子计数统计。考虑在一段时间间隔 T 内的光子计数统计。我们感兴趣的是在 T 时间段内光子计数的涨落 $(\Delta N)^2$ 与入射到探测器上的光子数涨落 $(\Delta n)^2$ 之间的对应关系。这个关系为

$$(\Delta N)^2 = \eta^2(\Delta n)^2 + \eta(1-\eta)\bar{n} \tag{5.45}$$

这里，η 为探测器的量子效率，定义为同一时间段内探测到的平均光子数与入射到探测器上的平均光子数的比值：

$$\eta = \frac{\bar{N}}{\bar{n}} \tag{5.46}$$

由式 (5.45) 可以得到几个重要结论：

(1) 如果 $\eta = 1$，则有 $\bar{N} = \bar{n}$，光子计数的涨落真实地反映了入射光子流的光子数涨落；

(2) 如果入射光服从泊松统计 $(\Delta n)^2 = \bar{n}$，那么对于所有的 η，都有 $(\Delta N)^2 = \eta\bar{n} \equiv \bar{N}$，即光子计数统计总是给出泊松分布。

(3) 如果 $\eta \ll 1$，光子计数的涨落趋近于泊松情况，即 $(\Delta N)^2 = \eta\bar{n} \equiv \bar{N}$，而与基本的光子统计无关。

结论是很明显的，探测器的量子效率是决定光子计数统计与光子统计关系的关键因素。如果拥有高效率的探测器，则光子计数统计会给出入射光子统计的真实度量，且保真度随着探测器效率的提高而提高。

5.8　亚泊松光子统计的观测

成功进行亚泊松光子统计的观测依赖于两个关键方面：

(1) 找到具有亚泊松统计的光源；

(2) 发展高效率的探测器。

缺少高效率单光子探测器，是最初在实验室中难以观测到亚泊松统计的主要原因。无论输入光子分布如何，低效率的探测器探测到的往往是随机的光子计数统计（即泊松分布）。幸运的是，随着技术进步，人们已经研发出多种波长的高效率单光子探测器，这使亚泊松统计的观测成为可能。接下来，我们说明如何直接从电驱动的光源中获得亚泊松光。

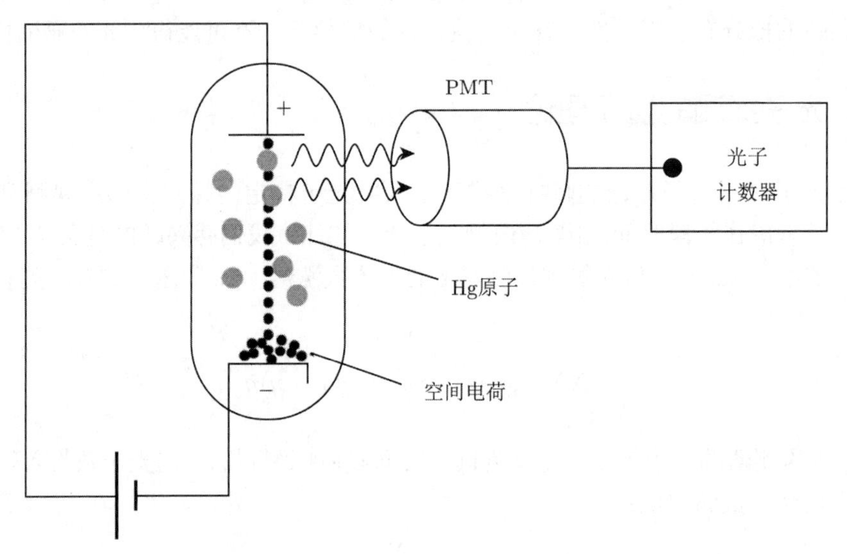

图 5.8　探测亚泊松光的方案示意图

图 5.8 展示了产生 253.7 nm 亚泊松光的实验方案。这个方案能够实现探测亚泊松光的原因是原子被激发并辐射出一个光子需要的时间比电流中电子涨落的时间尺度小的多，这意味着放电管辐射出的光子的统计性质与电流中电子的统计性质密切相关。很显然，如果电子流是完全规则的，那么光子流也是规则的，光子之间具有相同的时间间隔，高度服从亚泊松分布。在本方案中，给 Franck-Hertz 放电管施加相对较小的电压（4.887 V），会在阴极出现空间电荷，从而在阴极和阳极之间形成电流，电流中空间电荷会趋于规则排列，因此放电管电流中的电子是亚泊松分布的，当电子碰撞到汞原子激发出光子时，将会产生亚泊松分布的、波长为 253.7 nm 的紫外光子流，光子被光电倍增管和光子计数器探测。另外，这个方案需要足够高的激发辐射率，一旦激发辐射率不够，则只有随机的部分电子能够激发出光子，从而导致光子分布的随机性。

当然，上述的方案探测到亚泊松分布的效率仍然非常低，测得的光子数涨落仅仅比泊松分布低 0.16%。后来，人们又在此基础上推广到固态方案，比如发光二极管（Light-Emitting Diode，LED）、激光二极管（Laser Diodes，LD）和半导体激光二极管等，获得了比放电管更高的效率。

5.9 习　　题

1. 请计算出在平均光子数为 50 的泊松分布光束中测量得到计数值为 48~52 的概率。

2. 请说出什么是二项分布，什么是高斯分布，以及二项分布与泊松分布的区别与联系。

第6章 光场相干性和光子反聚束效应

由第 5 章，光束可以根据光子的统计性质进行分类，泊松统计和超泊松统计都可以用经典波动理论解释，而亚泊松统计则不能。因此，亚泊松统计是光的量子属性的直接信号。本章将采用光的另外一种分类方式，将光分为聚束光、相干光和反聚束光。反聚束光是唯一一种只能用光子理论解释的光，因此是光的量子属性的另外一种标志。

本章首先回顾经典光学的相干概念，从时间相干性和空间相干性，进而给出一阶关联函数。然后介绍光束与时间有关的强度涨落的经典描述，它于 20 世纪 50 年代由汉布里 · 布朗和特维斯的实验（HBT 实验）最先研究，他们的工作对现代量子光学的发展起到至关重要的作用。HBT 实验自然导出了二阶关联函数 $g^{(2)}(\tau)$ 的概念，针对经典光的不同类型研究二阶关联函数的取值，发现用光量子理论预测出的 $g^{(2)}(\tau)$ 的值是经典光完全不可能出现的，这种非经典性质称为**反聚束效应** (antibunching effect)，是量子光学非常感兴趣的课题。我们在本章的最后讨论光子反聚束的实验以及量子描述。

6.1 经典相干性和一阶关联函数

经典的波动光学中，两束光波相遇叠加后，在交叠处如果出现光强重新分布的干涉条纹，就说这两束光是彼此相干的；反之，如果不出现干涉条纹，则说两束光彼此不相干。光的干涉实验表明，只有当两束光的频率相同，且相互间有稳定的相位差时（称为相干条件），在交叠处才能产生干涉。比如，在波动光学中常用到的典型模型——平面单色波中，不论在空间或者时间上相隔多远的两个场点，都具有稳定的相位关系，满足相干条件，在这两个场点发出的子波相遇叠加后会发生干涉现象，形成相干光场。激光就是一种比较理想的相干光场。而实际的普通光源都是由大量分子或原子组成、同一时刻不同原子发出的光，或者同一原子在不同时刻发出的光，由于各种因素其相位关系是随机变化的。所以，由普通光源发出的光波，当空间或时间上两个场点分隔足够远时，其相位关系并不恒定，故而不满足相干条件，不会发生干涉现象。在经典理论中，光场的相干性表现为光场的时间相干性 (temporal coherence) 和空间相干性 (spatial coherence)。下面，首先简单回顾空间相干性和时间相干性的概念。

6.1.1　光场的时间相干性

迈克尔逊干涉仪是显示光场时间相干性的典型装置, 其示意图如图 6.1 (a) 所示。来自于点光源 S 的一束光经过半透半反镜 B（分束器）分成互相垂直的两束光，经过反射镜 M_1 和 M_2 反射后，被探测器 D 所接收。由于干涉仪的两臂长度不可能精确相等，或者两臂介质折射率不同，两束光分别经过两臂到探测器会有一个光程差，从而产生一个时间差 τ 。因此，探测器接收的是在 t 时刻进入 B 的光和 $t+\tau$ 时刻进入 B 的光的叠加。实验表明，如果 τ 很小，则在探测器 D 所在平面上形成清晰的干涉条纹；当 τ 增大时，条纹清晰度会降低，且在 τ 增大到某一限度后，干涉花样会完全消失。因此，这种干涉是两束光的时间相干性的体现。

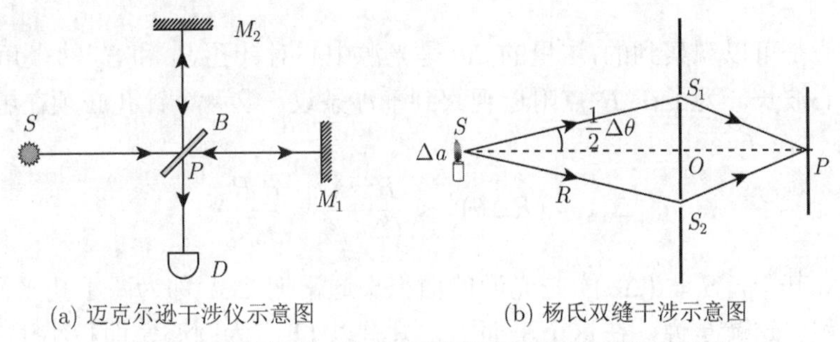

(a) 迈克尔逊干涉仪示意图　　(b) 杨氏双缝干涉示意图

图 6.1　迈克尔逊干涉仪示意图与杨氏双缝干涉示意图

一般来说，微观发光单元 (如原子) 每次辐射都会持续一定的时间 τ_c, 则每次辐射的光波对应一定的波列长度 $L_c = c\tau_c$。波列第一次到达 B 处后分成两个子波列，如果 $\tau < \tau_c$, 光程差小于波列长度, 则在 D 处汇合叠加的两束光属于同一个波列，有相同的频率和确定的相位差，满足相干条件，出现干涉条纹。如果 $\tau > \tau_c$, 则重新汇合叠加的波来源于不同的波列，是与光源不同次的辐射光，相位差具有随机性，不会发生干涉。因此，波列长度 L_c 被称为相干长度，而光源辐射发光的持续时间 τ_c 称为相干时间，它满足

$$\tau_c = 1/\Delta\nu \tag{6.1}$$

其中，$\Delta\nu$ 是光的频谱宽度。所以，当一个空间点处来自同一发光单元的两束光叠加时，只有它们时间间隔小于相干时间 τ_c 才能观察到干涉条纹。对完全理想的单色光，τ_c 可以是无穷大的；激光的相干时间可达 $\Delta\tau \sim 10^{-2}$ s，相干长度 $\Delta l \sim 10^6$ m；但对于实际光束，有一定的频率展宽，即使单色性极好，τ_c 也有激发原子态自然寿命的量级，即 $\tau_c \sim 10^{-8}$ s，相应的相干长度为 $L_c \sim 1$ m。

6.1.2　光场的空间相干性

光场的空间相干性可由杨氏双缝干涉实验展示，如图 6.1 (b) 所示。其中，光源 S 具有边长为 Δa 的线度，由许多彼此不相干的点光源组成。光源 S 发出的光经过距离

为 d 的针孔 S_1 和 S_2 后形成两束光，然后在屏幕上的 P 点处叠加。实验结果表明，当两孔距离很近，即 d 比较小时，在 P 点附近可以观察到干涉条纹。显然，光源中每一个点光源发射的光波经过 S_1 和 S_2 后，在 P 点附近可以形成各自的干涉图样，而不相干的点光源的干涉图样在 P 点附近是非相干叠加的。当 d 比较小时，多个点光源的非相干叠加仍能呈现出相干性。对于给定的光源线度 Δa，随着孔间距 d 的增大，P 处附近干涉条纹逐渐减弱。当 d 较大时，光源中各点光源的干涉图样在 P 点附近非相干叠加后，不再呈现出明显的干涉图样。可见，在 P 点附近呈现的相干性，反映了实际线度为 Δa 的光源发射的光，在它传播的多大空间范围内提取两个次波经过 S_1 和 S_2 后还呈现相干性的情况，故这种相干性称为光场的空间相干性。如果

$$\Delta\theta\Delta a < \lambda_0 \tag{6.2}$$

干涉条纹一般是可以观察到的,这里的 $\Delta\theta$ 是光源中心对针孔 S_1 和 S_2 的张角,$\lambda_0 = c/\nu_0$ 是光场的中心波长。为了在 P 点附近观察到干涉条纹，这两个针孔必须在围绕 O 点的大小为

$$\Delta A \sim (R\Delta\theta)^2 \sim \frac{R^2\lambda_0^2}{(\Delta a)^2} = \frac{c^2R^2}{\nu_0^2 S} \tag{6.3}$$

的范围之中。其中，$S = (\Delta a)^2$ 是光源的面积。通常把 ΔA 称为两小孔平面上围绕 O 点的相干面积。这就是说，在这个平面上，只有以 O 点为圆心、面积小于相干面积的不同空间点的光场才是相干的。

相干面积和相干长度可以统一表示成相干体积 ΔV:

$$\Delta V = c\tau_c\Delta A = \frac{c}{\Delta\nu}\frac{c^2R^2}{\nu_0^2 S} = \frac{\lambda_0}{\Delta\lambda}\left(\frac{R}{\Delta a}\right)^2\lambda_0^3 \tag{6.4}$$

其中，$\Delta\lambda = \Delta(c/\nu_0) = c\Delta\nu/\nu_0^2$。相干体积是对光场的时间相干性和空间相干性的统一描述，它的意义是：在围绕 O 点的体积 ΔV 内任意两点的光场在 P 点附近叠加都可以发生干涉。也就是说，在 ΔV 内任意两点的光场都是完全相干或者部分相干的。

如何从解析上描述任意两个时空点的光场相干程度呢？理论上，采用相干函数来表示这种相干度，下面从杨氏双缝干涉实验出发来介绍光场的一阶相干函数。

6.1.3 一阶关联函数

在杨氏双缝干涉实验中，P 点处的探测器 t 时刻所测得的光场是早些时刻 (t_1 和 t_2) 从针孔（或狭缝）S_1(位置 $\boldsymbol{r}_1$) 和 S_2(位置 $\boldsymbol{r}_2$) 发出的场的叠加，即

$$\boldsymbol{E}^+(\boldsymbol{r},t) = \boldsymbol{E}^+(\boldsymbol{r}_1,t_1) + \boldsymbol{E}^+(\boldsymbol{r}_2,t_2) \tag{6.5}$$

式 (6.5) 取场的正频部分，其中

$$t_1 = t - \frac{s_1}{c}, \quad t_2 = t - \frac{s_2}{c} \tag{6.6}$$

s_1 和 s_2 分别为狭缝 S_1 和 S_2 到屏上某空间点的距离。可以证明，探测器测的是 $|\boldsymbol{E}^+(\boldsymbol{r},t)|^2$，而不是 $|\boldsymbol{E}(\boldsymbol{r},t)|^2$。因此，由

$$|\boldsymbol{E}^+(\boldsymbol{r},t)|^2 = |\boldsymbol{E}^+(\boldsymbol{r}_1,t_1)|^2 + |\boldsymbol{E}^+(\boldsymbol{r}_2,t_2)|^2 + 2\mathrm{Re}[\boldsymbol{E}^-(\boldsymbol{r}_1,t_1)\boldsymbol{E}^+(\boldsymbol{r}_2,t_2)] \tag{6.7}$$

式 (6.7) 中最后一项的得出是考虑到：$\boldsymbol{E}$ 一般是复数，且 $[\boldsymbol{E}^+(\boldsymbol{r},t)]^* = \boldsymbol{E}^-(\boldsymbol{r},t)$。

在光频范围内，光场的频率要远远大于探测器的响应频率，所以不能在屏上直接测量随时间快速变化的电场，而只能测量电场的平均值。并且，考虑到光源中会有噪声，一般要测量多次取统计平均。或者说，根据各态历经假说，当时间间隔大于相干时间 τ_c 时，系综平均等价于系统对时间的平均。这时，式 (6.7) 变为

$$\langle|\boldsymbol{E}^+(\boldsymbol{r},t)|^2\rangle = \langle|\boldsymbol{E}^+(\boldsymbol{r}_1,t_1)|^2\rangle + \langle|\boldsymbol{E}^+(\boldsymbol{r}_2,t_2)|^2\rangle + 2\mathrm{Re}\langle\boldsymbol{E}^-(\boldsymbol{r}_1,t_1)\boldsymbol{E}^+(\boldsymbol{r}_2,t_2)\rangle \tag{6.8}$$

定义函数：

$$\begin{aligned} G^{(1)}(\boldsymbol{r}_i,t_i;\boldsymbol{r}_j,t_j) &\equiv \langle\boldsymbol{E}^-(\boldsymbol{r}_i,t_i)\boldsymbol{E}^+(\boldsymbol{r}_j,t_j)\rangle \\ &= \lim_{T\to\infty}\frac{1}{T}\int_0^T \boldsymbol{E}^-(\boldsymbol{r}_i,t_i)\boldsymbol{E}^+(\boldsymbol{r}_j,t_i+\tau)\mathrm{d}t_i \end{aligned} \tag{6.9}$$

其中 $\tau = t_j - t_i$。从定义式可以看出，$G^{(1)}(\boldsymbol{r}_i,t_i;\boldsymbol{r}_i,t_i)$ 为第 i 个狭缝照在屏上的光强，是个正实数；但 $G^{(1)}(\boldsymbol{r}_i,t_i;\boldsymbol{r}_j,t_j)$ $(i \neq j)$ 一般是个复数，可以表示为

$$G^{(1)}(\boldsymbol{r}_i,t_i;\boldsymbol{r}_j,t_j) = |G^{(1)}(\boldsymbol{r}_i,t_i;\boldsymbol{r}_j,t_j)|\mathrm{e}^{\mathrm{i}\phi(\boldsymbol{r}_i,t_i;\boldsymbol{r}_j,t_j)} \tag{6.10}$$

于是，式 (6.8) 可以写为

$$\langle|\boldsymbol{E}^+(\boldsymbol{r},t)|^2\rangle = G^{(1)}(\boldsymbol{r}_1,t_1;\boldsymbol{r}_1,t_1) + G^{(1)}(\boldsymbol{r}_2,t_2;\boldsymbol{r}_2,t_2) + 2|G^{(1)}(\boldsymbol{r}_1,t_1;\boldsymbol{r}_2,t_2)|\cos\phi \tag{6.11}$$

其中，等号右边前两项是双缝光束的光强，第三项是产生干涉现象的原因。函数 $G^{(1)}$ $(\boldsymbol{r}_1,t_1;\boldsymbol{r}_2,t_2)$ 对应着干涉现象中的相干项，称为一阶**相干函数**（coherence function），因其将两个时空点 $(\boldsymbol{r}_1,t_1)$ 和 $(\boldsymbol{r}_2,t_2)$ 联系在一起，故也称为一阶**关联函数** (correlation function)。

讨论光场干涉时，通常用条纹的明暗对比度来反映干涉情况。对比度定义为

$$V = \frac{I_{\max} - I_{\min}}{I_{\max} + I_{\min}} \tag{6.12}$$

其中，$I_{\max}$ 和 $I_{\min}$ 分别表示最大光强和最小光强，分别对应 $\cos\phi = 1$ 和 -1。将对比度用关联函数表示：

$$V = \frac{2|G^{(1)}(\boldsymbol{r}_1,t_1;\boldsymbol{r}_2,t_2)|}{G^{(1)}(\boldsymbol{r}_1,t_1;\boldsymbol{r}_1,t_1) + G^{(1)}(\boldsymbol{r}_2,t_2;\boldsymbol{r}_2,t_2)} \tag{6.13}$$

分母中的 $G^{(1)}(\boldsymbol{r}_i,t_i;\boldsymbol{r}_i,t_i)$, $(i=1,2)$ 对条纹对比度并无贡献，只是个归一因子。因此，对一个给定光源和装置的实验，对比度只取决于分子，即相干函数。

要使对比度达到最大，须使分子最大。注意到不等式：

$$G^{(1)}(\boldsymbol{r}_1,t_1;\boldsymbol{r}_1,t_1)G^{(1)}(\boldsymbol{r}_2,t_2;\boldsymbol{r}_2,t_2)\geqslant|G^{(1)}(\boldsymbol{r}_1,t_1;\boldsymbol{r}_2,t_2)|^2 \tag{6.14}$$

则当式 (6.14) 取“等号”时，即

$$|G^{(1)}(\boldsymbol{r}_1,t_1;\boldsymbol{r}_2,t_2)|=\left[G^{(1)}(\boldsymbol{r}_1,t_1;\boldsymbol{r}_1,t_1)G^{(1)}(\boldsymbol{r}_2,t_2;\boldsymbol{r}_2,t_2)\right]^{1/2} \tag{6.15}$$

一阶关联函数取最大值。(6.15) 式被称为玻恩-沃尔夫相干条件，也可以表示为另一种等价的形式：

$$G^{(1)}(\boldsymbol{r}_1,t_1;\boldsymbol{r}_2,t_2)=\mathcal{E}^*(\boldsymbol{r}_1,t_1)\mathcal{E}(\boldsymbol{r}_2,t_2) \tag{6.16}$$

其中，$\mathcal{E}(\boldsymbol{r},t)$ 是某一复函数，不一定是电场强度。当 $G^{(1)}(\boldsymbol{r}_1,t_1;\boldsymbol{r}_2,t_2)$ 可以表示成 (6.16) 式的形式时，则称其为因子化的，这时干涉条纹的对比度最大。

引入一阶相干度，定义为式 (6.15) 的等号左边除以等号右边，即

$$\begin{aligned}g^{(1)}(\boldsymbol{r}_1,t_1;\boldsymbol{r}_2,t_2)=g_{12}^{(1)}&=\frac{|G^{(1)}(\boldsymbol{r}_1,t_1;\boldsymbol{r}_2,t_2)|}{\left[G^{(1)}(\boldsymbol{r}_1,t_1;\boldsymbol{r}_1,t_1)G^{(1)}(\boldsymbol{r}_2,t_2;\boldsymbol{r}_2,t_2)\right]^{1/2}}\\&=\frac{|\langle\boldsymbol{E}^-(\boldsymbol{r}_1,t_1)\boldsymbol{E}^+(\boldsymbol{r}_2,t_2)\rangle|}{\left[\langle\boldsymbol{E}^-(\boldsymbol{r}_1,t_1)\boldsymbol{E}^+(\boldsymbol{r}_1,t_1)\rangle\langle\boldsymbol{E}^-(\boldsymbol{r}_2,t_2)\boldsymbol{E}^+(\boldsymbol{r}_2,t_2)\rangle\right]^{1/2}}\end{aligned} \tag{6.17}$$

很明显，一阶相干度不大于 1。由二者的定义式可以看出，一阶相干度和一阶关联函数在反映光场相干性上起到的作用是一致的，所以许多文献并不区分二者。

条纹的对比度用一阶相干度表示为

$$V=\frac{2\left[G^{(1)}(\boldsymbol{r}_1,t_1;\boldsymbol{r}_1,t_1)G^{(1)}(\boldsymbol{r}_2,t_2;\boldsymbol{r}_2,t_2)\right]^{1/2}}{G^{(1)}(\boldsymbol{r}_1,t_1;\boldsymbol{r}_1,t_1)+G^{(1)}(\boldsymbol{r}_2,t_2;\boldsymbol{r}_2,t_2)}g^{(1)}(\boldsymbol{r}_1,t_1;\boldsymbol{r}_2,t_2) \tag{6.18}$$

在双缝光强相等的特殊场合（如杨氏双缝干涉实验），有

$$G^{(1)}(\boldsymbol{r}_1,t_1;\boldsymbol{r}_1,t_1)=G^{(1)}(\boldsymbol{r}_2,t_2;\boldsymbol{r}_2,t_2)$$

$$g^{(1)}(\boldsymbol{r}_1,t_1;\boldsymbol{r}_2,t_2)=V \tag{6.19}$$

这说明，光场的一阶相干度大小可用干涉条纹的对比度来测定。因此，一阶相干度反映了时空点 $(\boldsymbol{r}_1,t_1)$ 和 $(\boldsymbol{r}_2,t_2)$ 处的光场叠加时产生干涉的能力。当式 (6.15) 成立时，即一阶相干度等于 1，这时说场在时空点 $(\boldsymbol{r}_1,t_1)$ 和 $(\boldsymbol{r}_2,t_2)$ 是一阶相干的；若 $g_{12}^{(1)}=0$, 则说两时空点光场是完全不相干的；若 $0<g_{12}^{(1)}<1$, 则说场在这两点是部分相干的。

由式 (6.17) 可知，如果 $\boldsymbol{r}_1=\boldsymbol{r}_2$ (如迈克尔逊干涉仪)，则有

$$g^{(1)}(\boldsymbol{r}_1,t_1;\boldsymbol{r}_1,t_2)=g^{(1)}(\tau) \tag{6.20}$$

显然，此时光场的一阶相干度仅仅依赖于时间间隔。由相干时间的定义可知：当 $\tau>\tau_{\mathrm{c}}$ 时, $g^{(1)}(\tau)=0$；当 $\tau<\tau_{\mathrm{c}}$ 时，$g^{(1)}(\tau)\neq 0$。因此，$g^{(1)}(\tau)$ 可描述光场的时间相干性。

如果 $\tau=0$ 且 $\boldsymbol{r}_1\neq\boldsymbol{r}_2$, 则 $g^{(1)}(\boldsymbol{r}_1,t;\boldsymbol{r}_1,t)$ 考察同一时刻不同空间点的光场发生干涉的能力，描述的是光场的空间相干性。一般来说，不可能把光场的时间相干性和空间相干性分离开来，原因在于光场服从的波动方程把光场的时间变化和空间变化联系在一起。

下面给出 3 种常见光场的一阶相干函数和一阶相干度。

(1) 经典稳态光：具有固定的振幅和相位，表示为

$$E(\boldsymbol{r},t)=E_0\exp[\mathrm{i}(\boldsymbol{k}\cdot\boldsymbol{r}-\omega t+\phi)]$$

$$G^{(1)}(\boldsymbol{r}_1,t_1;\boldsymbol{r}_2,t_2)=E_0^2\mathrm{e}^{\mathrm{i}\omega\tau},\quad g_{12}^{(1)}=1 \tag{6.21}$$

因此，经典稳态光对所有时空点都是一阶相干的，即完全一阶相干。

(2) 洛伦兹线型的混沌光: 由自发辐射以及原子间的相互碰撞引起谱线展宽，其光谱线具有洛伦兹型的频率分布，即

$$g_\omega(\omega)=\frac{\Delta\omega/2\pi}{(\omega_0-\omega)^2+(\Delta\omega/2)^2} \tag{6.22}$$

其中，ω_0 为光的中心频率；$\Delta\omega$ 为光的线宽，与相干时间的关系为 $\Delta\omega=1/\tau_{\mathrm{c}}$。洛伦兹线型的混沌光的一阶相干度为

$$g_{12}^{(1)}=\exp(-\Delta\omega|\tau|) \tag{6.23}$$

(3) 高斯线型的混沌光：由多普勒效应引起谱线展宽，其光谱线具有高斯线型的频率分布，即

$$g(\omega)=\frac{1}{\sqrt{2\pi\Delta\omega}}\exp\Big[-\frac{(\omega-\omega_0)^2}{2(\Delta\omega)^2}\Big] \tag{6.24}$$

其线宽为

$$\Delta\omega=\left(\frac{\omega_0^2}{\beta mc^2}\right)^{\frac{1}{2}} \tag{6.25}$$

其中，m 为原子质量，$\beta=1/k_{\mathrm{B}}T$。高斯线型的混沌光的一阶相干度为

$$g_{12}^{(1)}=\mathrm{e}^{-(\Delta\omega\tau)^2/2} \tag{6.26}$$

6.2 经典 HBT 实验和二阶关联函数

6.2.1 强度干涉仪

美国物理学家迈克尔逊利用光学干涉原理开发出测量遥远空间中的星球大小的星体干涉仪，其工作原理示意图如图 6.2 (a) 所示。来自明亮星球的光被相距 d 的两个反射镜 M_1 和 M_2 收集，并通过双狭缝进入望远镜。如果双镜收集的光是相干的，则在望远镜的焦平面上会观察到两束光的干涉图样；如果两束光不相干，则观察不到干涉图样，得到的仅仅是两束光的强度叠加。试验中，调整双镜的距离 d，观察干涉条纹的对比度变化。通过对比度随 d 的变化分析星球张角大小，从而可由星球到地球的距离确定星球实际的直径大小。在 20 世纪 20 年代的实验中，d 的最大实际取值约为 6 米，可以测出一些红巨星的大小。猎户座 α 星（参宿四，$\delta\theta_r = 2.2 \times 10^{-7}$ 弧度，是继太阳之后，第一颗被测出直径的恒星）就是这样被发现的。

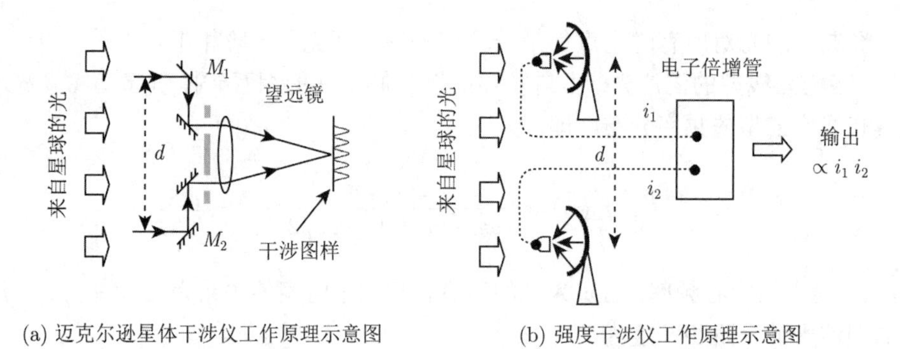

(a) 迈克尔逊星体干涉仪工作原理示意图　　(b) 强度干涉仪工作原理示意图

图 6.2　两种干涉仪的工作原理示意图

要想提高分辨率，需要增大 d。然而，随着 d 的增大，保持双镜稳定以观测到干涉条纹的难度越来越大。汉布里 · 布朗和特维斯在迈克尔逊星体干涉仪基础上加以改进，研制出强度干涉仪，其工作原理示意图如图 6.2(b) 所示，利用两个凹面反射镜代替平面反射镜收集来自选定星球的光，并产生光电流 i_1 和 i_2 ，这两路光电流分别被反射、汇聚到对应的光电倍增管上。这样的方案不但提高了分辨率，还更容易观测到干涉条纹。

在这个方案中，干涉仪度量了入射到光电倍增管上产生的光电流 i_1 和 i_2 之间的关联程度，该功能由乘积模块实现。实验的输出值正比于 $i_1 i_2$ 的时间平均值，从而正比于入射到两个探测器的光强 I_1 和 I_2 的乘积 $I_1 I_2$。当 d 很小时，两个探测器从光源的同一区域收集光，则 $I_1(t) = I_2(t)$。当 d 很大时，从光源不同区域到达两个探测器的光强不同，即 $I_1(t) \neq I_2(t)$，则 $I_1(t)I_2(t)$ 的平均值也不同。因此，探测器的输出依赖于 d，这为探测星球的张角提供了另外一种方式。

汉布里 · 布朗和特维斯在 1955—1956 年做了一系列的实验验证，测得天狼星（Sirius）的张角为 $\delta\theta_s = 3.3\times10^{-8}$ 弧度，与其他实验方式的测得值完全一致，从而证明这种装置的有效性。随后，他们在澳大利亚设置的 d 达到 188 米，分辨角达到 2×10^{-9} 的更大、更精准的干涉仪，随后测量出数百个亮星的直径。

在量子光学领域，对 HBT 实验的兴趣来自对实验结果的解释。前面提到，干涉仪度量的是两个光探测器所记录光强之间的关联。这就会出现概念上的困难：如果每个光探测事件是统计的量子过程，那么两个离散事件是如何相互关联的呢？这个概念性困难可以用半经典理论解决：将光看作经典的，而探测过程是量子的，这就足以解释 HBT 实验的结果。现在，我们已经将光量子化，这仍然是有效的，并且光的量子理论可以预测到 HBT 实验中经典光无法给出的结果。本节的目标就是解释为何能观测到这些量子效应，并解释产生这些结果的原因。在此之前，我们先回顾 HBT 实验的经典理论。

6.2.2　HBT 实验和经典强度涨落

汉布里·布朗和特维斯认识到他们的干涉仪有一些概念上的困难，因此他们决定用如图 6.3 所示的实验装置验证基本原理。在此实验中，探测器 PMT1 放置在平移台上，使两个探测器可以探测距离为 d 的两束光，可平移 PMT1 改变 d 的大小。汞灯发出的 435.8 nm 的光被半透半反镜（50:50 分束器）分成两束，然后由 PMT1 和 PMT2 探测，产生光电流 i_1 和 i_2，然后输送到 AC-耦合放大器，从而得到正比于光电流涨落 Δi_1 和 Δi_2 的输出结果，其中一路通过时间延迟器产生时间延迟 τ。最后，两路信号汇集在乘积-积分单元，实现两路信号的乘积并得出一段时间的平均值，最后输出的结果正比于 $\langle\Delta i_1(t)\Delta i_2(t+\tau)\rangle$。此处，符号 $\langle\cdots\rangle$ 表示关于时间求平均。由于光电流正比于输入光强，很显然输出结果实际上是正比于 $\langle\Delta I_1(t)\Delta I_2(t+\tau)\rangle$ 的。其中，$I_1(t)$ 和 $I_2(t)$ 是 t 时刻两个探测器上的入射光强，而 ΔI_1 和 ΔI_2 则是入射光强的涨落。

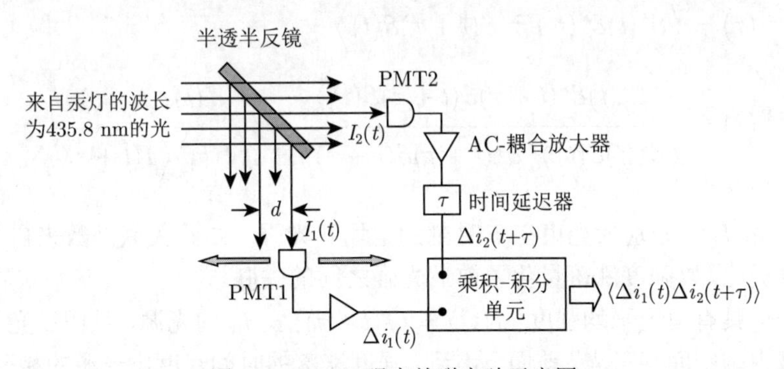

图 6.3　HBT 强度关联实验示意图

HBT 实验的基本原理：**一束光的强度涨落与它的相干性相关**。如果入射到两个探测器的光是相干的，其强度涨落就是相互关联的。因此，通过测量强度涨落的关联性，可以推断光的相干性质，这显然要比观察干涉的实验更简单。

50:50 分束器使入射到每个探测器的平均光强 $\langle I(t)\rangle$ 相等（简写为 I_0 ）。从经典的

角度出发，当 $d=0$（即两束光来源于同一点光源）时，探测器上随时间变化的光强为

$$I_1(t)=I_2(t)\equiv I(t)=I_0+\Delta I(t) \tag{6.27}$$

两探测器测得的光强相等，在一路上设置时间延迟 τ，输出正比于 $\langle\Delta I_1(t)\Delta I_2(t+\tau)\rangle$。

1. 当 $d=0$ 且 $\tau=0$ 时，两路完全一样，则输出为

$$\Big\langle\Delta I_1(t)\Delta I_2(t+\tau)\Big\rangle_{\tau=0}=\Big\langle\big(\Delta I(t)\big)^2\Big\rangle \tag{6.28}$$

虽然在一段时间内的平均涨落为零，即 $\langle\Delta I\rangle=0$, 但 $\langle(\Delta I)^2\rangle\neq 0$。因此，即使 $\tau=0$，也会有非零输出。

2. 如果 $\tau\gg\tau_{\mathrm{c}}$，即两路的时间差远远超过了光的相干时间，两路上的强度涨落则完全不相关，$\Delta I(t)\Delta I(t+\tau)$ 随机改变正负号，从而一段时间内的平均值为零。由此，对于所有的 $\tau\gg\tau_{\mathrm{c}}$，$\langle\Delta I(t)\Delta I(t+\tau)\rangle_{\tau\gg\tau_{\mathrm{c}}}\equiv 0$。

显然，这提供了测量时间相干性的一种方式，可以通过调整延迟时间 τ，观察输出值的变化，从而直接确定相干时间 τ_{c}。

在最初的试验中，汉布里·布朗和特维斯设定 $\tau=0$ 而改变 d。随着 d 的增大，入射到两个探测器上的光的空间相干性降低，因而 ΔI_1 和 ΔI_2 的关联随着 d 的增大而逐渐消失，输出变为零。这又提供了一种通过降低强度关联来测量空间相干性的方式。

6.2.3 二阶关联函数

前面讨论了如何利用强度关联对 HBT 实验的结果进行经典的解释。为了分析实验结果，有必要引入二阶关联函数和二阶相干度:

$$\begin{aligned}
G^{(2)}(\tau)&=\Big\langle\mathcal{E}^*(t)\mathcal{E}^*(t+\tau)\mathcal{E}(t+\tau)\mathcal{E}(t)\Big\rangle\\
g^{(2)}(\tau)&=\frac{\Big\langle\mathcal{E}^*(t)\mathcal{E}^*(t+\tau)\mathcal{E}(t+\tau)\mathcal{E}(t)\Big\rangle}{\Big\langle\mathcal{E}^*(t)\mathcal{E}(t)\Big\rangle\Big\langle\mathcal{E}^*(t+\tau)\mathcal{E}(t+\tau)\Big\rangle}=\frac{\Big\langle I(t)I(t+\tau)\Big\rangle}{\Big\langle I(t)\Big\rangle\Big\langle I(t+\tau)\Big\rangle}
\end{aligned} \tag{6.29}$$

其中，$\mathcal{E}(t)$ 和 $I(t)$ 分别为光束在 t 时刻的电场和光强。二阶关联函数来自与一阶关联函数的强度类比, 以强度涨落量化了前后光强之间的关联。

考虑一个具有恒定平均强度 $\big\langle I(t)\big\rangle=\big\langle I(t+\tau)\big\rangle=I_0$ 的光源, 且假设光是来自光源一小块区域内的空间相干光。前面已看到, 强度涨落的时间尺度由光源的相干时间 τ_{c} 决定, 下面分别讨论不同时间尺度的二级相干度的取值。

(1) 当 $\tau\gg\tau_{\mathrm{c}}$ 时，在 t 和 $t+\tau$ 时刻内的强度涨落完全不相干。由关系式 $I(t)=I_0+\Delta I(t)$，且 $\big\langle\Delta I(t)\big\rangle=0$，可得

$$\Big\langle I(t)I(t+\tau)\Big\rangle_{\tau\gg\tau_{\mathrm{c}}}=\Big\langle\Big(I_0+\Delta I(t)\Big)\Big(I_0+\Delta I(t+\tau)\Big)\Big\rangle$$

$$= I_0^2 + I_0\langle\Delta I(t)\rangle + I_0\langle\Delta I(t+\tau)\rangle + \langle\Delta I(t)\Delta I(t+\tau)\rangle$$
$$= I_0^2 \tag{6.30}$$

显然，可以得到

$$g^{(2)}(\tau \gg \tau_{\rm c}) = \frac{I_0^2}{I_0^2} = 1 \tag{6.31}$$

(2) 当 $\tau \ll \tau_{\rm c}$ 时，在 t 和 $t+\tau$ 时刻内的强度涨落会有关联。尤其是当 $\tau = 0$ 时，有

$$g^{(2)}(0) = \frac{\langle I^2(t)\rangle}{I_0^2} \tag{6.32}$$

显然，对于强度函数 $I(t)$ 关于时间的任何形式，都会得到

$$g^{(2)}(0) \geqslant 1 \tag{6.33}$$

以及

$$g^{(2)}(0) \geqslant g^{(2)}(\tau) \tag{6.34}$$

以上结果都可以被严格证明, 我们可以给出上述结果的简单直观解释:

(1) 强度恒为 I_0 的完全相干单色光源，因为 I_0 是常数，则对于任意 τ，都可直接得到

$$g^{(2)}(\tau) = \frac{\langle I(t)I(t+\tau)\rangle}{I_0^2} = \frac{I_0^2}{I_0^2} = 1 \tag{6.35}$$

这当然也包括式 (6.31) 的情况。

(2) 均值为 I_0, 强度为 $I(t)$ 的光源，光强在平均值上下等概率的随机涨落，平方显然放大了在平均值上的涨落，即 $\langle I^2(t)\rangle > \langle I(t)\rangle^2$。由式 (6.32)，有 $g^{(2)}(0) > 1$。

(3) 对于任意 $I(t)$ 的光源，$g^{(2)}(\tau)$ 会随 τ 的增大而减小，在 τ 很大时 $g^{(2)}(\tau)$ 减小为 1；对于强度不变的稳定光源，$g^{(2)}(\tau) = 1$。

经典光学中, 一些常见光的二阶关联函数的具体形式如下:

(1) 对于完全相干光，有

$$g^{(2)}(\tau) = 1$$

(2) 对于具有多普勒展宽高斯线型的混沌光，有

$$g^{(2)}(\tau) = 1 + \exp[-\pi(\tau/\tau_{\rm c})^2]$$

(3) 对于具有时间展宽洛伦兹线型的混沌光，有

$$g^{(2)}(\tau) = 1 + \exp(-2|\tau|/\tau_0)$$

其中，τ_0 为光谱跃迁的辐射寿命。

多普勒展宽和时间展宽的混沌光都满足 $g^{(2)}(0)=2$，且随着 τ 增大到 $\tau \gg \tau_c$，$g^{(2)}(\tau)$ 趋近于 1。这个函数的变化趋势如图 6.4所示。

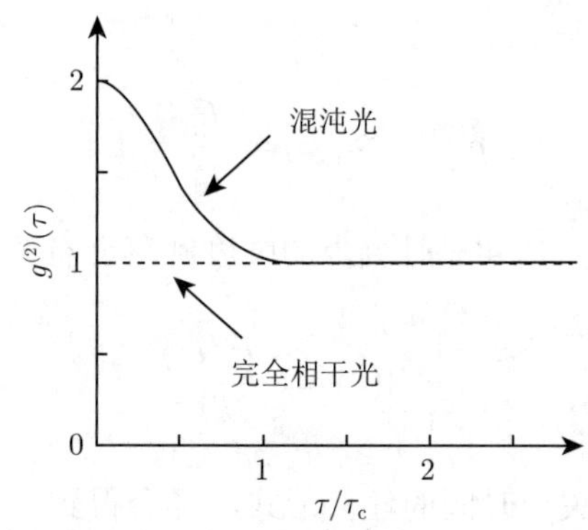

图 6.4　混沌光与完全相干光在相同时间尺度内的二阶关联函数（此处假定混沌光相干时间为 τ_c，具有多普勒展宽）

以上的实验和讨论都是针对经典光光强涨落的，以光的经典电磁波理论为基础的。表 6.1 记录了几种常见光的二阶关联函数 $g^{(2)}(\tau)$ 的性质。

表 6.1　几种常见光的二阶关联函数 $g^{(2)}(\tau)$ 的性质对比

光源	$g^{(2)}(\tau)$ 的性质	备注
所有经典光	$g^{(2)}(0) \geqslant 1$ $g^{(2)}(0) \geqslant g^{(2)}(\tau)$	当 $I(t)$ 为常数时，$g^{(2)}(0)=1$
完全相干光	$g^{(2)}(\tau)=1$	适用于所有　τ
高斯混沌光	$g^{(2)}(\tau)=1+\mathrm{e}^{-\pi(\tau/\tau_c)^2}$	τ_c 为相干时间
洛伦兹混沌光	$g^{(2)}(\tau)=1+\mathrm{e}^{-2\|\tau\|/\tau_0}$	τ_0 为寿命

例 6.1　单色光的强度表示为 $I(t)=I_0(1+A\sin\omega t)$，且 $|A| \leqslant 1$，求 $g^{(2)}(0)$。

解　由二阶关联函数定义式：

$$g^{(2)}(\tau)=\frac{\Big\langle I(t)I(t+\tau)\Big\rangle}{\Big\langle I(t)\Big\rangle\Big\langle I(t+\tau)\Big\rangle}$$

取 $\tau=0$，可以得到

$$g^{(2)}(0)=\frac{\big\langle I^2(t)\big\rangle}{I_0^2}=\frac{\big\langle I_0^2(1+A\sin\omega t)^2\big\rangle}{I_0^2}=\big\langle(1+A\sin\omega t)^2\big\rangle$$

其中，由于 $\langle\sin\omega t\rangle=0$，因此有

$$\langle I(t)\rangle=I_0\langle(1+A\sin\omega t)\rangle=I_0$$

对 $g^{(2)}(0)$ 关于时间求平均，我们取一个比较长的积分时间间隔 T，即令 $T \gg 1/\omega$，有

$$
\begin{aligned}
g^{(2)}(0) &= \frac{1}{T}\int_0^T (1 + A\sin\omega t)^2 \mathrm{d}t \\
&= \frac{1}{T}\int_0^T (1 + 2A\sin\omega t + A^2\sin^2\omega t)\mathrm{d}t
\end{aligned}
$$

利用 $\sin^2\omega t = \dfrac{1-\cos 2x}{2}$, 以及 $\langle\sin\omega t\rangle = \langle\cos\omega t\rangle = 0$，可得

$$
g^{(2)}(0) = 1 + \frac{A^2}{2T}\int_0^T (1-\cos 2\omega t)\mathrm{d}t = 1 + \frac{A^2}{2T}
$$

显然，$g^{(2)}(0)$ 恒大于 1 ，当 $|A| = 1$ 时，取最大值，$g^{(2)}_{\max}(0) = \dfrac{3}{2}$。

6.3　光子的 HBT 实验和反聚束效应

6.3.1　光子的 HBT 实验

现在从光的量子性角度重新审视 HBT 实验。图 6.5 (a) 展示的是使用了单光子计数探测器的 HBT 实验装置图。一束光子入射进 50 : 50 分束器被分成两等份，分别入射到探测器 $D1$ 和 $D2$ 上，产生的输出脉冲分别从“Start”和“Stop”端口输入电子计数/计时器。计数/计时器记录了来自探测器 $D1$ 和 $D2$ 的脉冲个数以及 2 个脉冲分别到达“Start”和“Stop”端口的时间间隔。实验结果如图 6.5 (b) 所示，该柱状图显示了计数/计时器在脉冲分别到达“Start”和“Stop”端口的时间间隔为 τ 时记录到的事件次数。

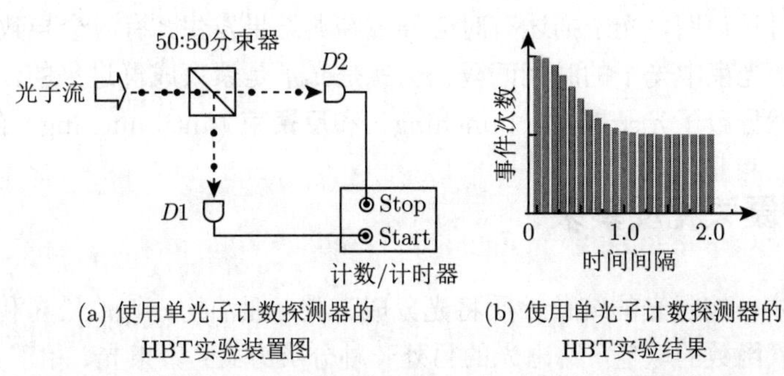

(a) 使用单光子计数探测器的 HBT实验装置图　(b) 使用单光子计数探测器的 HBT实验结果

图 6.5　使用单光子计数探测器的 HBT 实验装置图及其结果

6.2 节给出了基于强度关联的二阶关联函数 $g^{(2)}(\tau)$。由于光子计数器上记录的光子个数正比于光强，可以把二阶关联函数表示为光子计数的形式：

$$g^{(2)}(\tau)=\frac{\langle n_1(t)n_2(t+\tau)\rangle}{\langle n_1(t)\rangle\langle n_2(t+\tau)\rangle} \tag{6.36}$$

其中，$n_i(t)$ 是探测器 Di 在 t 时刻记录的光子数。式 (6.36) 揭示了 $g^{(2)}(\tau)$ 依赖于 $D1$ 在 t 时刻和 $D2$ 在 $t+\tau$ 时刻记录到光子的概率。换句话说，如果在 $t=0$ 时刻探测到一个光子，$g^{(2)}(\tau)$ 正比于在 $t+\tau$ 时刻探测到第二个光子的条件概率，这正是 HBT 实验的柱状图给出的结果。因此，HBT 实验的结果给出了光子框架下二阶关联函数的直接度量。

我们应该认识到，在分束器输出端输出的是光子还是经典电磁波，可能会产生完全不同的结果。假设输入光是时间间隔很长的稀疏光子串，光子一个接一个地进入分束器，并等概率随机地进入探测器 $D1$ 或 $D2$，会有 50% 的概率进入探测器 $D1$ 并触发计时器（Start）开始记录，同时意味着在 $D2$ 上获得这个光子并触发计时器（Stop）的概率为 0，则计时器的记录是在 $\tau=0$ 时没有事件发生。一段时间后，下一个光子进入分束器，这个光子进入 $D2$ 的概率仍为 50%。如果这个光子确实进入了 $D2$，则会触发计时器记录这个事件。如果第二个光子仍然进入了 $D1$，则什么都没发生，还需要继续等待，这个过程将持续到获得一个截止脉冲为止。显然，$D2$ 的触发脉冲可能会发生在后面的任何一个光子上，但永远不会发生在 $\tau=0$ 时。这就会出现一种状况：在 $\tau=0$ 时没有事件发生，随 τ 增大，事件发生的概率也增大，这与前面讨论的经典结果不一样。因此，基于光子的 HBT 实验会给出经典理论中不可能出现的结果。

基于前面的假设——入射光是由单个光子组成的稀疏光子流，观测到了 $g^{(2)}(0)=0$ 的非经典结果再考虑另外一种情形：入射光是光子流，大量光子聚集到达分束器，此时一半的光子被分到探测器 $D1$，另一半被分到 $D2$。那么，这两个分束同时撞击探测器，即两个探测器同时记录到光子的概率很大，也就是在接近 $\tau=0$ 的尺度会有大量事件发生。并且，随着 τ 增大，在一个启动脉冲后获得截止脉冲的概率会减小，那么记录的事件次数也会降低。因此，也就得到这样的结果：在接近 $\tau=0$ 的时间尺度会有大量事件，但后面的事件会减少，这与经典结果是完全一致的。

这个简单讨论说明，光子描述有时会导致经典结果发生，有时会导致非经典结果发生。关键点在于光束中光子的时间间隔，也就是光子是聚束成群过来的，还是离散稀疏过来的，这自然导致了光子**聚束**（bunching）和**反聚束** (antibunching）的概念。

6.3.2 光子聚束和反聚束

在第 5 章中，按照光的统计性质将光分成三类：亚泊松光、泊松光和超泊松光。现在基于二阶关联函数的取值，给出光的另外一种分类方式：聚束光、相干光和反聚束光。它们对应的二阶关联函数表示如下：

(1) 对聚束光，有 $g^{(2)}(0) > 1$;

(2) 对相干光，有 $g^{(2)}(0) = 1$;

(3) 对反聚束光，有 $g^{(2)}(0) < 1$。

按照 6.3.1 节的讨论，经典混沌光对应着聚束的光子流，满足 $g^{(2)}(0) > 1$；相干光对应着完全随机的光子流，满足 $g^{(2)}(0) = 1$，即聚束光和相干光与经典结果相容。而反聚束的光子流，满足 $g^{(2)}(0) < 1$，没有经典对应，是与经典结果相悖的纯粹量子现象。3 种光的光子流的区别可由图 6.6 简单说明。

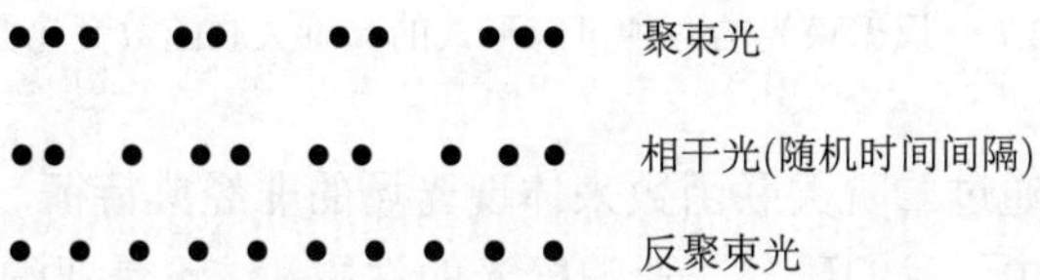

图 6.6　聚束光、相干光和反聚束光的光子流对比

(1) 相干光

完全相干光满足泊松统计，连续的两个光子之间具有完全随机的时间间隔。这意味着对于所有的 τ，获得一个截止脉冲的概率是完全相同的。即，对于所有的 τ（当然包括 $\tau = 0$ ），都有 $g^{(2)}(\tau) = 1$，这是泊松光子统计随机性的另一种表现形式，这也为区分其他类型的光提供了一种方便的参照。

(2) 聚束光

满足二阶关联函数 $g^{(2)}(0) > 1$ 的光称为聚束光。如名字所指，聚束光的光束由抱团聚集在一起的光子组成。这意味着如果在 $t = 0$ 时刻探测到一个光子，那么在随后一个很短时间内探测到光子的概率要远远高于相隔很长时间探测到光子的概率。因此，可以预期 $g^{(2)}(\tau)$ 在 τ 很小时的取值远大于 τ 很大时的取值，即 $g^{(2)}(0) > g^{(2)}(\infty)$。另外，光子流中光子具有聚集在一起的趋势的特征也与光子是玻色子的事实相符。

由 6.2 节看到，经典光满足关系式：$g^{(2)}(0) \geqslant 1$ 和 $g^{(2)}(0) \geqslant g^{(2)}(\tau)$。显然，聚束光满足这些条件，因此与经典理论解释相符合。从放电灯管发出的混沌光就是聚束光。

(3) 反聚束光

在反聚束光中，光子之间距离不是随机的，而是具有规则的时间和空间间隔。如果光子的流动是规则的，那么两次光子计数之间会有较长的时间间隔。此时，如果 τ 比较小，$D1$ 探测到一个光子后在 $D2$ 上探测到另一个光子的概率也比较小，这个概率随 τ 增大而增大。因此，反聚束光具有如下特点：

$$g^{(2)}(0) < 1, \quad g^{(2)}(0) < g^{(2)}(\tau)$$

这显然与前面经典光适用的方程式 $g^{(2)}(0) \geqslant 1$ 和 $g^{(2)}(0) \geqslant g^{(2)}(\tau)$ 是相悖的。因此，光子反聚束的观测是没有经典对应的纯粹量子效应。反聚束光的两种可能形式的二阶关联函数变化曲线由图 6.7 给出, 关键之处在于 $g^{(2)}(0)$ 小于 1。

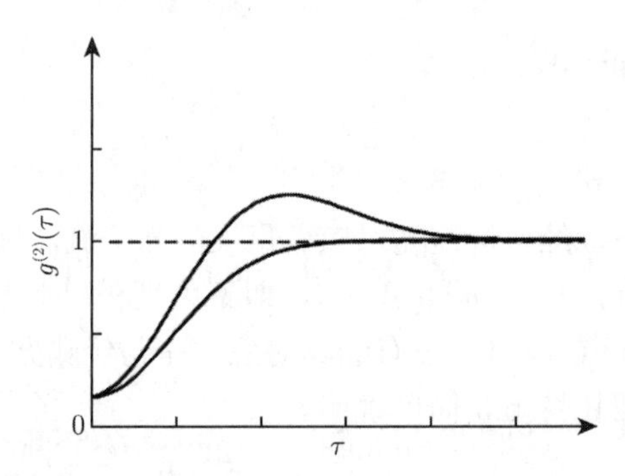

图 6.7　反聚束光的两种可能形式的二阶关联函数变化曲线

光子反聚束效应通过二阶关联函数来体现光场的非经典特征，是量子光场的非经典现象之一。在第 5 章中，我们研究了亚泊松光的性质，结论是亚泊松分布是光量子性的显著标志。现在的问题是：光子的反聚束和亚泊松统计是否为相同量子光学现象的不同描述方式？理论研究表明：仅在单模情况下，亚泊松统计与光子反聚束效应是等价的。虽然，两种现象并不完全等同，但大部分情况下非经典光会同时展示出光子反聚束效应和亚泊松统计特征。

6.3.3　光子反聚束的实验说明

第一个成功的光子反聚束实验是由美国物理学家金布尔（Kimble）等人于 1977 年利用纳原子的辐射光完成的。实验的基本原理是隔离一个独立的发光单元（如单个原子、分子、量子点等），利用激光激发发光单元而辐射出光子，通过荧光调制光子发射率。一旦一个光子辐射出来，需要等待一个相当于跃迁辐射寿命的时间 $\tau_{\rm R}$（激发态的辐射寿命）后，再辐射出另一个光子。这样在两个光子之间有比较大的时间间隔，由此得到反聚束光，如图 6.8 所示。

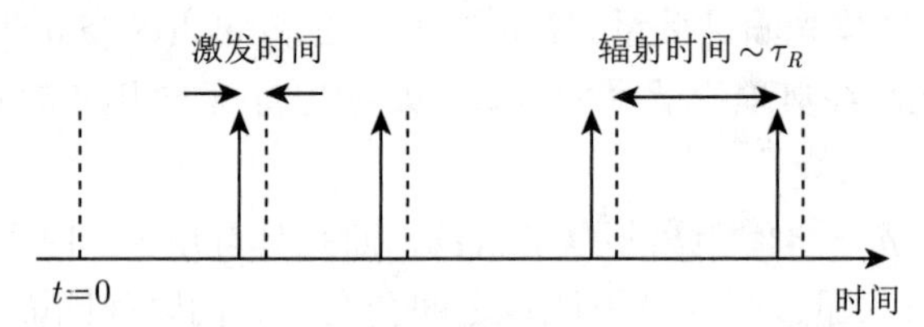

图 6.8　激光激发单原子辐射光子的次序示意图（虚线指将原子激发到激发态上的时间，而箭头指光子辐射的时间）

假设原子在 $t=0$ 时刻被激发到上能级，跃迁概率给出辐射一个光子的平均时间为 $\tau_{\rm R}$。一旦辐射出一个光子，原子会再次被激发到上能级，且用高功率激光进行再激发的时间会非常短。那么，原子再次辐射一个光子的时间约为 $\tau_{\rm R}$，然后反复依次激发辐射。由于自发辐射是概率性过程，那么每个激发辐射的循环过程所用时间可能会不同，那就意味着光子流不是完全规则的。然而，两个连续光子的时间间隔 Δt 远小于 $\tau_{\rm R}$ 的概率显然也是很小的，也就是 HBT 实验的触发和截止脉冲同时发生的概率非常低，因此可以得到 $g^{(2)}(0) \approx 0$。

此实验的关键点在于辐射光来自一个独立的发光单元 (如单原子)，发光单元进行有规律的激发和辐射，从而能够观察到反聚束效应。而对普通光源来说，光从成千上万的随机、独立的原子发出，因此观察不到反聚束效应。

金布尔等观察光子反聚束的实验装置示意图如图 6.9 (a) 所示。通过弱化控制原子束，使激光同一时间能激发的原子数目为一个或两个，辐射出来自 $3^2\mathrm{p}_{3/2} \to 3^2\mathrm{s}_{1/2}$ 的波长为 589.0 nm 的荧光，通过微观物镜收集，然后输入 HBT 实验装置。实验的结果如图 6.9 (b) 所示。可以看到，在 $\tau = 0$ 附近发生的事件很少，然后在辐射寿命的时间尺度（≈ 16 ns）内，$g^{(2)}(\tau)$ 增大。在更大的时间尺度内，$g^{(2)}(\tau)$ 逐渐减小并趋近于 1。测量得到 $g^{(2)}(0) = 0.4$，明确显示光是反聚束的。

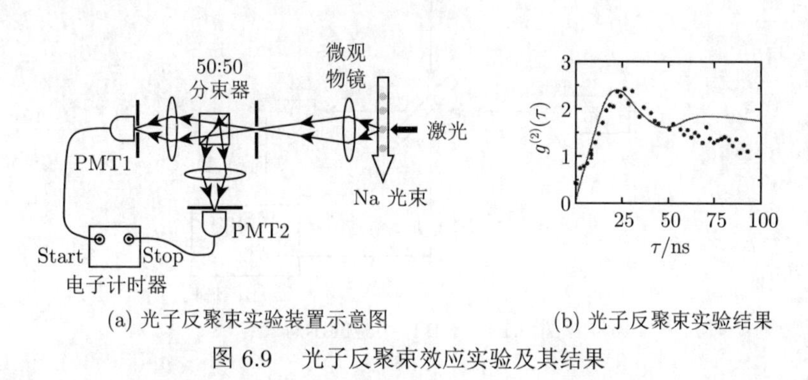

(a) 光子反聚束实验装置示意图　　(b) 光子反聚束实验结果

图 6.9　光子反聚束效应实验及其结果

理论上来说，如果只有一个原子被激发，则 $g^{(2)}(0)$ 应该为零。实验数值比较大的原因在于使物镜视场中每次只有一个原子的实验难度较大。实际上，可能会有两个或更多个原子几乎同时被激发，因此不同原子的光子同时进入分束器的可能性增大，而只要有两个光子进入不同的探测器，在 $\tau = 0$ 时就会出现一个事件。

在随后的几年里，金布尔等人在反聚束实验上取得了更多进展。比如，利用腔量子电动力学强耦合区域的单原子激光观测到反聚束效应。此外，利用其他一些类型的光源，包括固态光源等，也观测到了反聚束效应。

6.3.4 HBT 实验的量子理论

前面对 HBT 实验的分析，可以看出对实验的不同解释在于把入射光看作经典光还是量子光。在经典解释中，实验测量的是入射光经典强度涨落对应的二阶关联函数 $g^{(2)}(\tau)$。而在量子理论解释中，实验测量的是两个光子探测器上光子计数的涨落对应的 $g^{(2)}(\tau)$。对比这两种解释，显示出 $g^{(2)}(\tau)$ 取值的重要性，因为 $g^{(2)}(\tau) < 1$ 只对反聚束的光子才有可能成立。本节用光量子理论重新分析 HBT 实验。

图 6.10 给出了 HBT 实验的示意图。其中，50 : 50 分束器有 4 个端口，2 个输入

端标记为 1 和 2，2 个输出端标记为 3 和 4，其中第 i 个端口对应的光场标记为 ε_i。单光子计数器 $D3$ 和 $D4$ 用来探测输出的光子，$D3$ 探测到一个光子则触发电子计时器开始计时，$D4$ 探测到一个光子则终止计时，以此记录两个探测器先后各探测到一个光子的时间间隔。因此，实验记录的是 $D3$ 在 t 时刻和 $D4$ 在 $t+\tau$ 时刻各探测到一个光子的符合计数的次数。多次重复实验，则可以得到每个间隔 τ 上测得的符合计数次数的分布图。对分布归一化后，可以得到二阶关联函数:

$$g^{(2)}(\tau)=\frac{\Big\langle n_3(t)n_4(t+\tau)\Big\rangle}{\Big\langle n_3(t)\Big\rangle\Big\langle n_4(t+\tau)\Big\rangle} \tag{6.37}$$

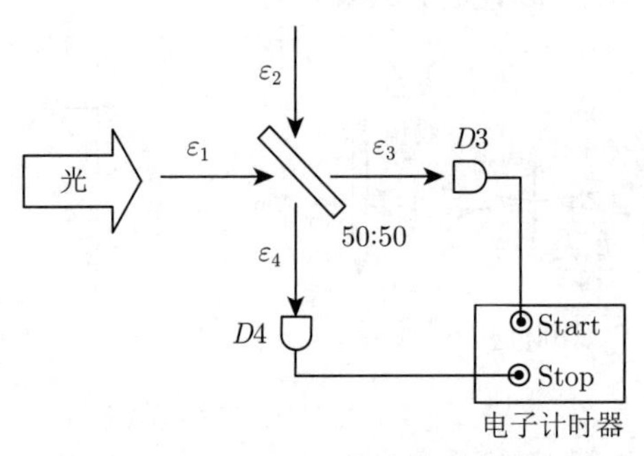

图 6.10　HBT 实验的示意图

其中，$n_3(t)$ 和 $n_4(t+\tau)$ 是 $D3$ 和 $D4$ 分别探测到的光子数。量子光场中的光子数可以用光子数算符 $\hat{n}=\hat{a}^{\dagger}\hat{a}$ 表示，因此，二阶关联函数最终表示为光子的产生算符 ($\hat{a}^{\dagger}$) 和湮灭算符 ($\hat{a}$) 的形式:

$$g^{(2)}(\tau)=\frac{\Big\langle \hat{a}_3^{\dagger}(t)\hat{a}_4^{\dagger}(t+\tau)\hat{a}_4(t+\tau)\hat{a}_3(t)\Big\rangle}{\Big\langle \hat{a}_3^{\dagger}(t)\hat{a}_3(t)\Big\rangle\Big\langle \hat{a}_4^{\dagger}(t+\tau)\hat{a}_4(t+\tau)\Big\rangle} \tag{6.38}$$

其中，产生算符 $\hat{a}^{\dagger}$ 在左、湮灭算符 $\hat{a}$ 在右的排序方式，称为**正则排序**。算符的正则排序是光电子探测过程的结果。

由于 $g^{(2)}(0)$ 的取值是区分量子和经典的显著标志，因此我们只关注 $g^{(2)}(0)$ 的性质。可得

$$g^{(2)}(0)=\frac{\langle \hat{a}_3^{\dagger}\hat{a}_4^{\dagger}\hat{a}_4\hat{a}_3\rangle}{\langle \hat{a}_3^{\dagger}\hat{a}_3\rangle\langle \hat{a}_4^{\dagger}\hat{a}_4\rangle} \tag{6.39}$$

在经典理论中，经过分束器的经典光场，输入与输出之间的关系为

$$\mathcal{E}_3=(\mathcal{E}_1-\mathcal{E}_2)/\sqrt{2},\quad \mathcal{E}_4=(\mathcal{E}_1+\mathcal{E}_2)/\sqrt{2}$$

其中，负号来自光在分束器上反射引入的大小为 π 的相移，是分束器能量守恒的结果。对于量子光场，同样可写出输出光子的湮灭算符：

$$\hat{a}_3 = (\hat{a}_1 - \hat{a}_2)/\sqrt{2}, \quad \hat{a}_4 = (\hat{a}_1 + \hat{a}_2)/\sqrt{2}$$

只要对上面两式取厄米共轭，即可得到对应的产生算符。

HBT 实验中，光子只在端口 1 输入，这意味着输入端 2 为真空，可写出输入态形式为

$$|\boldsymbol{\Psi}\rangle = |\psi_1, 0_2\rangle \tag{6.40}$$

其中，$|\psi_1\rangle$ 是输入端 1 的任意输入态，而 $|0_2\rangle$ 表示输入端 2 的真空态。由此可以分别计算出式 (6.39) 的分母和分子：

$$\begin{aligned}\langle\hat{a}_3^\dagger\hat{a}_3\rangle &= \langle\psi_1, 0_2|(\hat{a}_1^\dagger\hat{a}_1 - \hat{a}_1^\dagger\hat{a}_2 - \hat{a}_2^\dagger\hat{a}_1 + \hat{a}_2^\dagger\hat{a}_2)|\psi_1, 0_2\rangle/2 \\ &= \langle\psi_1|\hat{a}_1^\dagger\hat{a}_1|\psi_1\rangle/2 = \langle\psi_1|\hat{n}_1|\psi_1\rangle/2\end{aligned} \tag{6.41}$$

$$\begin{aligned}\langle\hat{a}_4^\dagger\hat{a}_4\rangle &= \langle\psi_1, 0_2|(\hat{a}_1^\dagger\hat{a}_1 + \hat{a}_1^\dagger\hat{a}_2 + \hat{a}_2^\dagger\hat{a}_1 + \hat{a}_2^\dagger\hat{a}_2)|\psi_1, 0_2\rangle/2 \\ &= \langle\psi_1|\hat{a}_1^\dagger\hat{a}_1|\psi_1\rangle/2 = \langle\psi_1|\hat{n}_1|\psi_1\rangle/2\end{aligned} \tag{6.42}$$

$$\langle\hat{a}_3^\dagger\hat{a}_4^\dagger\hat{a}_4\hat{a}_3\rangle = \langle\boldsymbol{\Psi}|(\hat{a}_1^\dagger - \hat{a}_2^\dagger)(\hat{a}_1^\dagger + \hat{a}_2^\dagger)(\hat{a}_1 + \hat{a}_2)(\hat{a}_1 - \hat{a}_2)|\boldsymbol{\Psi}\rangle/4 \tag{6.43}$$

式 (6.43) 具有 16 项，由于输入端 2 为真空态，$\hat{a}_2|\psi_1, 0_2\rangle = \langle\psi_1, 0_2|\hat{a}_2^\dagger = 0$，因此可以简化为

$$\begin{aligned}\langle\hat{a}_3^\dagger\hat{a}_4^\dagger\hat{a}_4\hat{a}_3\rangle &= \langle\psi_1, 0_2|\hat{a}_1^\dagger(\hat{a}_1^\dagger + \hat{a}_2^\dagger)(\hat{a}_1 + \hat{a}_2)\hat{a}_1|\psi_1, 0_2\rangle/4 \\ &= \langle\psi_1|\hat{a}_1^\dagger\hat{a}_1^\dagger\hat{a}_1\hat{a}_1|\psi_1\rangle/4\end{aligned} \tag{6.44}$$

利用关系式：

$$\hat{a}_1^\dagger\hat{a}_1^\dagger\hat{a}_1\hat{a}_1 = \hat{a}_1^\dagger(\hat{a}_1\hat{a}_1^\dagger - 1)\hat{a}_1 = \hat{a}_1^\dagger\hat{a}_1\hat{a}_1^\dagger\hat{a}_1 - \hat{a}_1^\dagger\hat{a}_1 = \hat{n}_1(\hat{n}_1 - 1) \tag{6.45}$$

综合上述结果，可以得到

$$g^{(2)}(0) = \frac{\langle\psi_1|\hat{n}_1(\hat{n}_1 - 1)|\psi_1\rangle/4}{\langle\psi_1|\hat{n}_1|\psi_1\rangle^2/4} = \frac{\langle\hat{n}(\hat{n} - 1)\rangle}{\langle n\rangle^2} \tag{6.46}$$

其中，最后一步是对输入端 1 的所有量子态求平均。

上述结果可用于估算任意输入态的关联函数。例如：输入的是光子数态 $|n\rangle$，可以得到

$$g^{(2)}(0) = \frac{n(n-1)}{n^2} \tag{6.47}$$

这意味对于单光子源（每次只辐射出一个光子，$n=1$），可以得到高度非经典值 $g^{(2)}(0)=0$。

6.4 习　题

1. 利用柯西不等式 $x^2(t_1)+x^2(t_2)\geqslant 2x(t_1)x(t_2)$，证明：

(1) $\left(\sum\limits_{i=1}^{N} I(t_i)\right)^2 \leqslant N\sum\limits_{i=1}^{N} I(t_i)^2$；

(2) $\langle I(t)\rangle^2 \leqslant \langle I(t)^2\rangle$。并利用关联函数定义式进一步证明,对于经典光有 $g^{(2)}(0)\geqslant 1$。

2. 定义强度涨落 $\Delta I(t)=I(t)-\langle I(t)\rangle$，证明：二级关联函数可以表示为

$$g^{(2)}(\tau)=1+\frac{\langle \Delta I(t)\Delta I(t+\tau)\rangle}{\langle I(t)\rangle\langle I(t+\tau)\rangle}$$

并由此证明，对于经典光有 $g^{(2)}(0)\geqslant 1$。

3. 辐射场量子态为真空态和单光子态的线性叠加态 $|\psi\rangle=a_0|0\rangle+a_1|1\rangle$，其中 a_0 和 a_1 为复系数。试证明，这个辐射场量子态为非经典态。

第7章

光与原子相互作用的基本概念

7.1 原子模型的近似

在二十世纪上半叶，人们对光与原子相互作用问题的理解和处理对量子理论的发展起到非常关键的作用。1913 年，波尔假设原子在两个量子化能级 E_1 和 E_2 之间跃迁时会吸收或辐射出一个角频率为 ω 的光量子，能量关系式表示为

$$E_2 - E_1 = \hbar\omega \tag{7.1}$$

假设原子开始处于低能级 E_1，角频率为 ω 的光束作用于原子一段时间后，光束中的一个光子被吸收，原子跃迁到激发态能级 E_2，这是一个吸收过程，如图 7.1 (a) 所示。图 7.1 (b) 描述了一个辐射过程，即：初始时刻原子处于激发态能级 E_2，经过一段等于原子辐射寿命的时间后，原子从 E_2 跃迁到低能级 E_1，同时一个角频率为 ω 的光子被激发出来。1916—1917 年爱因斯坦发展了该理论，并引入了表征能量子吸收和辐射的爱因斯坦系数；同时，他还发现了受激辐射过程，这为后来的激光理论奠定了基础。

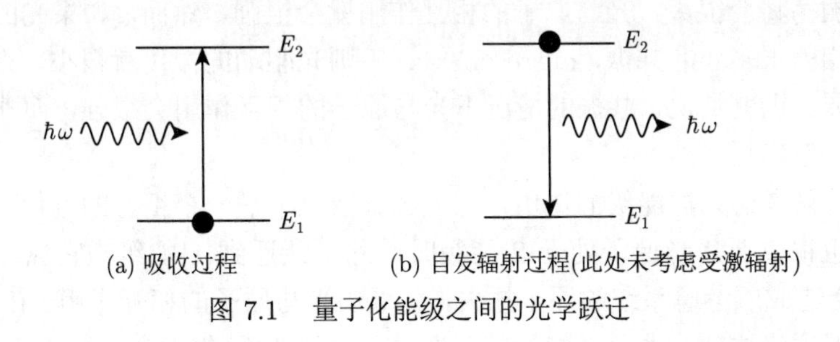

图 7.1 量子化能级之间的光学跃迁

7.1.1 二能级原子近似

实际原子的能谱结构都是比较复杂的，例如自然界最简单的氢原子，它的本征谱线就由一组束缚分立谱和一个连续谱组成，且大部分能级都是简并的。所以，精确讨论多

原子系统与光场的相互作用是不可能的，即使只讨论一个原子与光场的相互作用，也难以给出精确的解释。通常，需要借助一些基本假设和近似。

在原子与光场相互作用中，一个最为简单却又不平凡的问题是一个二能级原子与单模电磁场的耦合问题，这里经常要用到二能级原子近似。原子会有许多量子能级和本征态，因此电磁场能诱导原子不同本征态之间的多种跃迁，然而最可能发生的跃迁是原子本征频率与光场频率近似相等的跃迁。当单模驱动光场的频率与原子的某一个光学跃迁一致时，也就是当原子的某两个能级与驱动光场共振或近共振而与其他能级高度失谐时，则研究原子与单模光场的相互作用可以只考虑这两个能级，该原子可以看作二能级原子，即为二能级原子近似，如图 7.2 所示。在二能级近似下，只考虑满足上述辐射关系的某两个能级之间的特定跃迁，而忽略其他能级。通常，我们标记低能级和高能级分别为 1 和 2。

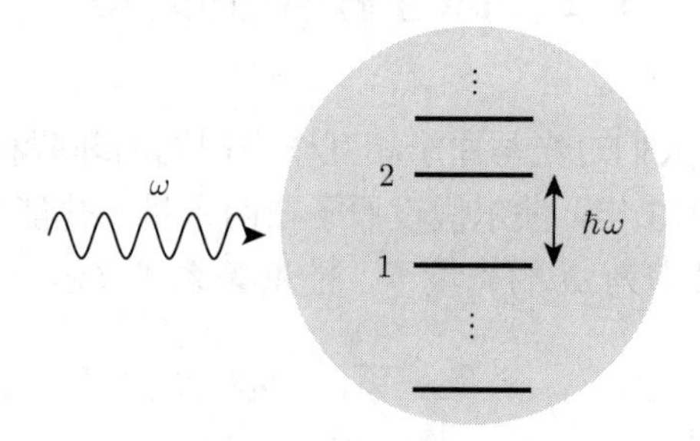

图 7.2　二能级原子近似

显然，二能级原子是一个实际原子的理想模型，如同质点在经典力学中具有的重要性一样，它在研究光与物质相互作用的理论中起到很重要的作用。二能级原子近似的物理基础是共振（resonance）现象。在光与原子相互作用的经典图像中，光束引起了原子的偶极振荡，原子发出了同频率的光。如果光的频率对应于原子的固有频率（共振），则原子的偶极振荡将会很大，光与原子的相互作用就会很强。然而，如果光的频率与原子的固有频率相差很多（非共振，off-resonance），则光驱动的振荡就很小，光与原子的相互作用就很弱。也就是说，共振的情况下光与原子的相互作用会很强，而非共振时则很弱，因此可以忽略后者。

很明显，只考虑共振能级的作用，在大部分情况下是一个很好的近似。然而，非共振能级有时也很重要。当原子处于 2 能级时，除了跃迁到 1 能级，它也可能跃迁到其他能级，这会造成所考虑系统的原子损失，会减弱光与原子的相互作用。在近似分析中，一般通过衰减项将这部分非共振能级的跃迁纳入二能级系统模型。

人们还经常将二能级原子与磁场中自旋 1/2 的粒子类比。图 7.3 说明了强度为 B 的磁场中自旋 1/2 的粒子由于塞曼效应劈裂成一个二重态。在偶极近似中，当驱动光场的波长远远大于原子尺寸时，原子–场的相互作用问题在数学上等价于自旋 1/2 粒子与含时磁场的耦合。自旋 1/2 粒子在振荡磁场作用下，会产生自旋向上和自旋向下的量子态之间的拉比振荡（Rabi oscillation）。同样，二能级原子在驱动光场作用下也会产生光学拉比振荡。从概念上说，二能级原子与磁场中自旋 1/2 的粒子属于同一类粒子，所以有时也称二能级原子为自旋 1/2 的赝自旋粒子。在量子信息科学中，二能级原子和自旋 1/2 粒子作为典型的二态系统都成为量子比特（quantum bit, qubit）的重要模型。

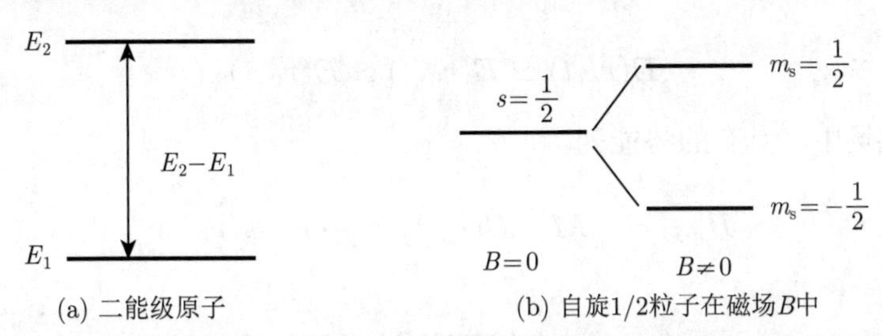

图 7.3　自旋 1/2 粒子在强度为 B 的磁场中沿磁场方向的二重态与二能级原子是等价的

7.1.2　偶极近似

电磁学中，一个由带有等量、异号电荷 ($\pm q$) 的粒子对组成的偶极子，若其正、负电荷之间的相对位置矢量为 $\boldsymbol{r}$，则该偶极子的电偶极矩为 $\boldsymbol{M}_{\rm e}=q\boldsymbol{r}$。讨论原子与电磁场的相互作用时，经常将原子看作一个偶极子，即采用**偶极近似**（dipole approximation）。

考虑原子由一个电子（$\boldsymbol{r}_{\rm e}$，$-e$）和一个原子核（$\boldsymbol{r}_{\rm n}$，$+e$）组成，原子处于由矢势 $\boldsymbol{A}(\boldsymbol{r},t)$ 描述的电磁场中。电子和原子核的相对位置矢量为

$$\boldsymbol{r}=\boldsymbol{r}_{\rm e}-\boldsymbol{r}_{\rm n} \tag{7.2}$$

电偶极子的质心位置为

$$\boldsymbol{r}_0=\frac{m_{\rm e}\boldsymbol{r}_{\rm e}+m_{\rm n}\boldsymbol{r}_{\rm n}}{m_{\rm e}+m_{\rm n}}=\frac{m_{\rm e}}{M}\boldsymbol{r}_{\rm e}+\frac{m_{\rm n}}{M}\boldsymbol{r}_{\rm n} \tag{7.3}$$

其中，$m_{\rm e}$ 为电子质量。组成电偶极子的正电部分应该是原子核，包含带正电的质子和不带电的中子。在电偶极子的电动力学中，中子只贡献与质子近似相等的质量。因此，(7.3) 式中的 $m_{\rm n}$ 应该是质子和中子的质量之和。此外，原子核要占到原子质量的 99% 以上，故此处求得电偶极子的质心位置基本就在原子核处（$\boldsymbol{r}_0\simeq\boldsymbol{r}_{\rm n}$）。按照经典电磁学，在电磁场中原子的正、负电荷受到的电场作用力大小相等、方向相反，由于电子和原子核的质量差别，故一般只考虑电子相对原子核的运动。

当满足条件 $\boldsymbol{k}\cdot\boldsymbol{r}\ll 1$ 时，以质心为参考点，周围电场的矢势可以写为

$$\boldsymbol{A}(\boldsymbol{r}_0+\boldsymbol{r},t)=\boldsymbol{A}(t){\rm e}^{{\rm i}\boldsymbol{k}\cdot(\boldsymbol{r}_0+\boldsymbol{r})}=\boldsymbol{A}(t){\rm e}^{{\rm i}\boldsymbol{k}\cdot\boldsymbol{r}_0}(1+{\rm i}\boldsymbol{k}\cdot\boldsymbol{r}+\cdots)\simeq\boldsymbol{A}(t){\rm e}^{{\rm i}\boldsymbol{k}\cdot\boldsymbol{r}_0} \tag{7.4}$$

在可见光范围内，光波波长 $\lambda\sim 10^3$ Å，而原子的线度 $r\sim 1$ Å，满足条件 $\boldsymbol{k}\cdot\boldsymbol{r}\ll 1$，可以认为在整个原子尺度内，电场保持不变，称为偶极近似。偶极近似下，位置为 $\boldsymbol{r}_{\rm e}$ 的

电子所处的电场、位置为 $\boldsymbol{r}_\mathrm{n}$ 的核所处的电场，以及质心 $\boldsymbol{r}_0$ 处的电场是相同的，也就是

$$\boldsymbol{A}(\boldsymbol{r}_\mathrm{e},t)\simeq\boldsymbol{A}(\boldsymbol{r}_\mathrm{n},t)\simeq\boldsymbol{A}(\boldsymbol{r}_0,t) \tag{7.5}$$

以及

$$\boldsymbol{E}(\boldsymbol{r}_\mathrm{e},t)\simeq\boldsymbol{E}(\boldsymbol{r}_\mathrm{n},t)\simeq\boldsymbol{E}(\boldsymbol{r}_0,t) \tag{7.6}$$

偶极子处于电场中，具有的势能为

$$H_{\boldsymbol{r}\cdot\boldsymbol{E}}=-\boldsymbol{M}_\mathrm{e}\cdot\boldsymbol{E}(\boldsymbol{r}_0,t)=-e\boldsymbol{r}\cdot\boldsymbol{E}(\boldsymbol{r}_0,t) \tag{7.7}$$

7.2 辐射理论的基本概念

7.2.1 辐射和吸收的爱因斯坦系数

1917 年，爱因斯坦提出一个简单的唯象理论，用于讨论辐射场与原子的相互作用。此理论未用到量子理论，只有一些物理上的合理假设。后来，随着量子理论的发展，人们对辐射理论有了更深入的认识。

考虑物质的原子或分子为具有能量 E_1 和 E_2 两个能级（$E_1<E_2$）的二能级原子模型。这里所说的两个能级可以是原子所具有的能级中的任意两个能级，占据两个能级的原子数目分别为 N_1 和 N_2，称为该能级上的**布居**。

根据辐射的量子理论，原子在两个能级间跃迁，将辐射或吸收光子，对应的能量改变为

$$\Delta E=E_2-E_1=\hbar\omega_0 \tag{7.8}$$

如图 7.4 所示，原子在两个能级间的跃迁可以有 3 种不同的方式：自发辐射（spontaneous emission）、吸收（absorption）、受激辐射（stimulated emission）。3 种方式分别对应着不同的爱因斯坦系数。

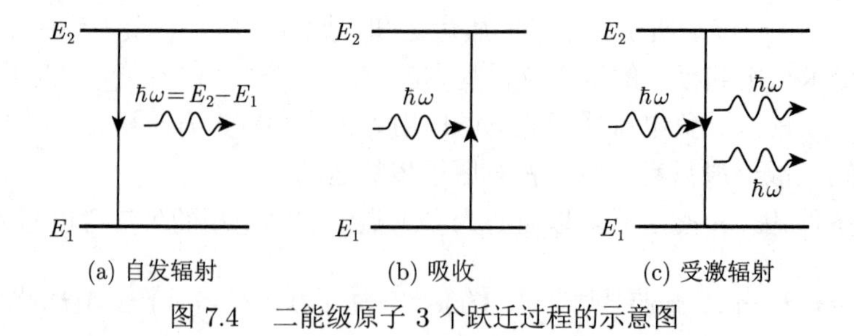

(a) 自发辐射　　(b) 吸收　　(c) 受激辐射

图 7.4　二能级原子 3 个跃迁过程的示意图

(1) 自发辐射过程

如果原子在初始时刻处于高能级 E_2 的激发态上，状态不稳定，会以一定概率“自发”地（以后会明白其自发的原因）跃迁至低能级 E_1 上，对应的能量差 ΔE 必定被释放。当能量以频率为 ω_0 的电磁波形式释放时，这个过程就是自发辐射过程。每种原子由于不同的能级结构，都具有自己的自发辐射特征谱。当然，原子也可以以非辐射的形式从高能级跃迁到低能级，比如能量差 ΔE 转化为原子的动能或内能。

自发辐射发生的概率用爱因斯坦系数 A 描述，定义为单位时间内自发辐射的原子占高能级原子数的比率，也可以表示为高能级布居的衰减率 $(\mathrm{d}N_2/\mathrm{d}t)_{\mathrm{sp}}$ 与布居 N_2 的比值，也就是

$$A_{21}=-\frac{1}{N_2}\left(\frac{\mathrm{d}N_2}{\mathrm{d}t}\right)_{\mathrm{sp}} \tag{7.9}$$

其中，下标“21”表示从高能级 E_2 到低能级 E_1 的跃迁。式 (7.9) 中的负号是考虑到原子发生自发辐射的概率应为正值，而原子从高能级跃迁到低能级，高能级布居会随时间减少，因而其关于时间的微分应该是负的。

由式 (7.9) 可得

$$N_2(t)=N_2(0)\mathrm{e}^{-A_{21}t} \tag{7.10}$$

式 (7.10) 说明，处于激发态的原子数目由于自发辐射会随时间呈指数衰减，或者原子处于高能级态的概率是随时间呈指数衰减的。可用 A_{21} 定义激发态的**辐射寿命**：$\tau_{\mathrm{sp}}=1/A_{21}$。在不同的辐射过程中，光学频率范围内的 τ_{sp} 取值在纳秒到毫秒之间。作为有限长寿命 τ_{sp} 的结果，处于高能级态的原子具有一定的能级宽度，表示为

$$\frac{\hbar}{\tau_{\mathrm{sp}}}=\hbar\Gamma \tag{7.11}$$

其中，Γ（单位同角频率）为能级 E_2 的自然宽度，故自发辐射谱线具有一定的自然宽度。

同样，原子的非辐射衰减也可以表示为

$$\left(\frac{\mathrm{d}N_2}{\mathrm{d}t}\right)_{\mathrm{nr}}=-\frac{N_2}{\tau_{\mathrm{nr}}} \tag{7.12}$$

其中，τ_{nr} 用来表示原子的非辐射衰减的寿命。需要注意的是，对于自发辐射，A_{21}（或 τ_{sp}）的数值仅仅依赖于所考虑的确定能级之间的跃迁过程；而非辐射衰减的寿命 τ_{nr} 不仅依赖于跃迁，还与原子周围的环境有关。

(2) 吸收过程

如果原子在初始时刻处于低能级 E_1，在二能级系统中，E_1 相当于原子的基态能级。如果原子没有受到外界激励，则保持在这个能级上。如果一束频率为 ω_0 的电磁波照射到原子上，则原子会有一定概率吸收电磁波的能量而跃迁到高能级 E_2 上，这个过程为吸收过程，对应图 7.4(b) 所示的跃迁方式。显然，和自发辐射不同，吸收过程不是“自发”的，而是必须有输入电磁波的能量激发。

同样，可以定义爱因斯坦系数 B 来描述吸收跃迁率，即吸收系数 B_{12}：

$$B_{12}W(\omega_0) = -\frac{1}{N_1}\left(\frac{\mathrm{d}N_1}{\mathrm{d}t}\right)_{\mathrm{a}} \tag{7.13}$$

显然，$\mathrm{d}N_1/\mathrm{d}t$ 为由于吸收而发生的由 E_1 到 E_2 的单位时间跃迁率，$W(\omega_0)$ 为电磁场谱能量密度，并且强调了只有角频率为 ω_0 的电磁场才能引起吸收跃迁。

(3) 受激辐射过程

辐射场施加到原子上，不但能引起吸收过程，也可能激发原子从高能级向低能级的跃迁过程。如果原子在初始时刻处于高能级 E_2，有频率为 ω_0 的电磁波施加到原子上，如图 7.4(c) 所示。由于外加电磁波的频率与原子在两个能级之间的跃迁频率相同，原子在电磁波的驱动下会有一定概率实现从 E_2 到 E_1 的跃迁。在这个过程中，原子跃迁释放的能量 $E_2 - E_1$ 会以电磁波的形式合并到入射电磁波中，这就是受激辐射。

对于受激辐射过程，受激辐射发生的概率可以表示为

$$B_{21}W(\omega_0) = -\frac{1}{N_2}\left(\frac{\mathrm{d}N_2}{\mathrm{d}t}\right)_{\mathrm{st}} \tag{7.14}$$

其中，$(\mathrm{d}N_2/\mathrm{d}t)_{\mathrm{st}}$ 是受激辐射过程中原子从 E_2 到 E_1 的跃迁率，爱因斯坦系数 B_{21} 为受激辐射率。B_{21} 与 A 一样，具有 时间$^{-1}$ 的量纲。

在前面的章节中，光采用的都是用经典电磁波的表述。随着量子理论的发展，自发辐射、受激辐射和吸收过程也可以用辐射、吸收光子的方式描述：①在自发辐射过程中，原子从高能级 E_2 自发跃迁到低能级 E_1 上，并辐射出一个光子；②在吸收过程中，入射光子被原子吸收，原子从 E_1 跃迁到 E_2；③在受激辐射过程中，入射的光子激发原子从 E_2 到 E_1 的跃迁，同时辐射出一个与入射光子状态完全相同的光子。因此，也可以说每个辐射过程产生一个光子，而每个吸收过程湮灭一个光子。

自发辐射和吸收过程都可以有比较直观的半经典解释，而受激辐射则是一种相干的量子力学效应。辐射出的光子与引起辐射的入射光子除了频率一样外，还具有相同的相位、传播方向、偏振状态。可以说，在受激辐射过程中，输入一个光子，可以得到两个状态完全相同的光子，这样的两个光子可再次作用于其他原子，从而获得大量特征完全相同的光子，这便是**受激辐射光放大**（Light Amplification by Stimulated Emission of Radiation，LASER），即激光。爱因斯坦在其 1917 年发表的论文《光与辐射的量子理论中》首次提出受激辐射的概念，大约 10 年后，物理学家狄拉克首次在实验上证明了受激辐射的存在。

应该指出，比例系数 A、B_{12} 和 B_{21} 都是由原子能级的结构和性质所决定的，和外加电磁场的能量密度 $W(\omega)$ 没有关系。此外，3 个爱因斯坦系数是相互关联的，如果知道了其中一个系数，也就可以得到另外两个系数。按照爱因斯坦的分析，在上述 3 种过程之后，高、低能级的原子数 N_2、N_1 的变化率可以表示为

$$\frac{\mathrm{d}}{\mathrm{d}t}N_1 = -\frac{\mathrm{d}}{\mathrm{d}t}N_2 = N_2A - N_1B_{12}W(\omega) + N_2B_{21}W(\omega) \tag{7.15}$$

考虑原子在绝对黑体腔内，只和黑体腔内辐射场耦合，则吸收、自发辐射和受激辐射各以一定的概率发生。当系统达到热平衡状态，稳定在温度 T 时，高、低能级的原子数不再发生变化，于是有

$$N_2A+N_2B_{21}W(\omega_0)=N_1B_{12}W(\omega_0) \tag{7.16}$$

由此可以解出辐射场的能量密度：

$$W(\omega_0)=\frac{A}{\dfrac{N_1}{N_2}B_{12}-B_{21}} \tag{7.17}$$

根据玻尔兹曼分布律，热平衡时 N_1 和 N_2 的关系为

$$\frac{N_1}{N_2}=\frac{g_1\exp(-E_1/k_{\mathrm{B}}T)}{g_2\exp(-E_2/k_{\mathrm{B}}T)}=\frac{g_1}{g_2}\exp(\hbar\omega_0/k_{\mathrm{B}}T) \tag{7.18}$$

其中，g_1、g_2 分别是两个能级的简并度。因此，有

$$W(\omega_0)=\frac{A}{\dfrac{g_1}{g_2}B_{12}\exp(\hbar\omega_0/k_{\mathrm{B}}T)-B_{21}} \tag{7.19}$$

普朗克公式描述了绝对黑体内的能量密度分布：

$$W(\omega)=\frac{\hbar\omega^3}{\pi^2c^3}\frac{1}{\exp(\hbar\omega/k_{\mathrm{B}}T)-1} \tag{7.20}$$

式 (7.19) 和式 (7.20) 在任意温度 T 时，对应于同一频率 ω_0 的值应该一致，因此可得

$$g_1B_{12}=g_2B_{21} \tag{7.21}$$

$$A=\frac{\hbar\omega_0^3}{\pi^2c^3}B_{21} \tag{7.22}$$

这就是爱因斯坦系数之间的关系。可以看到，辐射场中的原子发生吸收的概率高时，也会以较高的概率发生自发辐射和受激辐射。在无简并的情况下，吸收和受激辐射发生的概率相同。

7.2.2　辐射跃迁率

量子力学中，可以利用含时微扰论计算原子的辐射跃迁率。而讨论光与原子相互作用的跃迁概率时，对于自发辐射可以直接利用**费米黄金定则** (Fermi's golden rule)，得出跃迁概率：

$$W_{12}=\frac{2\pi}{\hbar}|M_{12}|^2g(\hbar\omega) \tag{7.23}$$

其中，M_{12} 为跃迁矩阵元；$g(\hbar\omega)$ 为态密度，这里为末态的态密度。

首先考虑出现在费米黄金规则中的态密度。态密度定义为在能量 $E \to E + \mathrm{d}E$ 范围内单位体积的末态数量为 $g(\hbar\omega)\mathrm{d}E$，此处 $E = \hbar\omega$。在原子的量子化能级之间的标准跃迁情况下，初态和末态是离散的，这时末态的态密度表示为光子的态密度。

在考虑一个原子的自发辐射时，我们往往比较感兴趣的是频率为 ω 的光子被辐射进自由空间的连续模式的情况，如图 7.5 所示。自由空间中，光子的模式密度为 $g(\omega) = \dfrac{\omega^2 V_0}{\pi^2 c^3}$，正比于 ω^2，以及每个光子的能量 $\hbar\omega$，因此自发辐射系数 A 与 ω^3 成正比，且其与受激辐射系数 B_{21} 的关系式中会出现系数 ω^3。这个光子态密度也可以通过一些手段进行调控，比如原子辐射的光子进入光学腔或光子晶体，从而可以极大地影响辐射率。

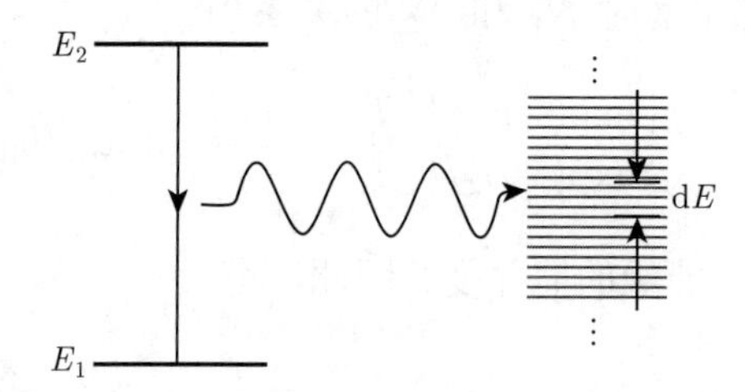

图 7.5　离散原子态之间进行光学跃迁时，光子被辐射进入自由空间的连续模式

在费米黄金定则中出现的矩阵元，表示为

$$M_{12} = \int \psi_2^*(\boldsymbol{r}) H'(\boldsymbol{r}) \psi_1(\boldsymbol{r}) \mathrm{d}^3\boldsymbol{r} \tag{7.24}$$

其中，H' 为由光引起的微扰，$\boldsymbol{r}$ 为电子的位置矢量，$\psi_1(\boldsymbol{r})$ 和 $\psi_2(\boldsymbol{r})$ 为初态和末态的波函数。

考虑用半经典理论处理光与原子相互作用，电偶极相互作用的微扰哈密顿量为

$$H' = -\boldsymbol{M}_\mathrm{e} \cdot \boldsymbol{E} \tag{7.25}$$

在光学频率范围内，我们假定只有原子中的自由电子受到光的影响，即

$$\boldsymbol{M}_\mathrm{e} = -e\boldsymbol{r} \tag{7.26}$$

因此，微扰哈密顿量表示为

$$H' = e\left(x\mathcal{E}_x + y\mathcal{E}_y + z\mathcal{E}_z\right) \tag{7.27}$$

其中，$\mathcal{E}_x\,(\mathcal{E}_y, \mathcal{E}_z)$ 表示沿 $x\,(y, z)$ 轴的电场分量振幅。由于原子尺度小于光的波长，因此在原子的尺度范围内，可以认为电场的大小变化不大。因此在上述积分中，可以认为 $\mathcal{E}_x, \mathcal{E}_y$ 和 $\mathcal{E}_z$ 是常数，可得

$$M_{12}^x = e\mathcal{E}_x \int \psi_2^* x \psi_1 \mathrm{d}^3\boldsymbol{r}$$

$$M_{12}^y = e\mathcal{E}_y \int \psi_2^* y \psi_1 \mathrm{d}^3\boldsymbol{r} \tag{7.28}$$

$$M_{12}^z = e\mathcal{E}_z \int \psi_2^* z \psi_1 \mathrm{d}^3\boldsymbol{r}$$

这些矩阵元也可以表示为更简洁的形式：

$$M_{12} = -\boldsymbol{\mu}_{12} \cdot \boldsymbol{E} \tag{7.29}$$

其中

$$\boldsymbol{\mu}_{12} = -e\left(\langle\psi_2|x|\psi_1\rangle\hat{\boldsymbol{i}} + \langle\psi_2|y|\psi_1\rangle\hat{\boldsymbol{j}} + \langle\psi_2|z|\psi_1\rangle\hat{\boldsymbol{k}}\right) \tag{7.30}$$

为跃迁的电偶极矩。对于沿 x 轴的线偏振光（同样适用于 y 和 z 方向的偏振），偶极矩简化为

$$\mu_{12} = -e\langle\psi_2|x|\psi_1\rangle \equiv -e\int \psi_2^* x \psi_1 \mathrm{d}^3\boldsymbol{r} \tag{7.31}$$

因此，偶极矩是决定电偶极过程中跃迁概率的关键参量。

由式 (7.31)，如果初态和末态的波函数已知，就可以计算出特定跃迁过程的矩阵元，然后根据费米黄金定则计算出每个原子的跃迁概率，也就等同于得出跃迁概率 $B_{12}W(\omega_0)$。由于能量密度正比于 $\mathcal{E}^2$，因此我们可以消掉跃迁概率中的电场振幅项，进而得出爱因斯坦系数。对于非简并离散原子能级之间由于吸收或辐射频率为 ω_0 的非偏振光所导致的跃迁，爱因斯坦系数表示为

$$B_{12} = \frac{\pi}{3\varepsilon_0\hbar^2}|\boldsymbol{\mu}_{12}|^2 \tag{7.32}$$

$$A_{21} = \frac{\omega_0^3}{3\pi\varepsilon_0\hbar c^3}|\boldsymbol{\mu}_{12}|^2 \tag{7.33}$$

7.2.3　线宽和线型

原子跃迁辐射的电磁波不是完全单色的，辐射谱的线型由**线型函数** (lineshape function)$g(\omega)$ 描述，该函数在谱线中心的峰值对应着 $\omega_0 = (E_2 - E_1)/\hbar$，且满足归一化条件：

$$\int_0^\infty g(\omega)\mathrm{d}\omega = 1 \tag{7.34}$$

线型函数的一个最重要的参量为**半高全宽**（Full Width at Half Maximum, FWHM）$\Delta\omega_{\mathrm{FWHM}}$，为线型函数中在峰值前后的两个函数值等于峰值一半的点之间的距离。半高全宽量化了谱线的宽度，因此也简称为线宽。

如前所述，处于激发态的原子由于自发辐射跃迁到低能级上而辐射出光子，该过程的辐射率取决于爱因斯坦系数 A，而爱因斯坦系数又决定了辐射寿命 τ。按照能量-时间

的不确定关系 $\Delta E\Delta t \geqslant \hbar$，原子处于激发态的有限寿命会导致谱线的展宽。令 $\Delta t = \tau$，则可以得出谱线展宽的量级（以角频率为单位）

$$\Delta\omega = \frac{\Delta E}{\hbar} \geqslant \frac{1}{\tau} \tag{7.35}$$

由于这个展宽的机制来源于原子自发辐射，因此称为**自然展宽**（natural broadening)。

由能级寿命带来谱线展宽的辐射谱线型函数形式可以通过对一束以指数衰减、寿命为 τ 的系列光的线型函数进行傅里叶变换得出。这种由于大量原子展现出同样辐射性质而引发的均匀展宽对应着如下的**洛伦兹线型** (Lorentzian lineshape) 函数：

$$g_\omega(\omega) = \frac{\Delta\omega_{\rm FWHM}}{2\pi}\frac{1}{(\omega-\omega_0)^2+(\Delta\omega_{\rm FWHM}/2)^2} \tag{7.36}$$

其半高全宽为

$$\Delta\omega_{\rm FWHM} = \frac{1}{\tau} \tag{7.37}$$

可以看到，洛伦兹线型函数的最大值和半高全宽都与中心频率无关, 如图 7.6 所示。

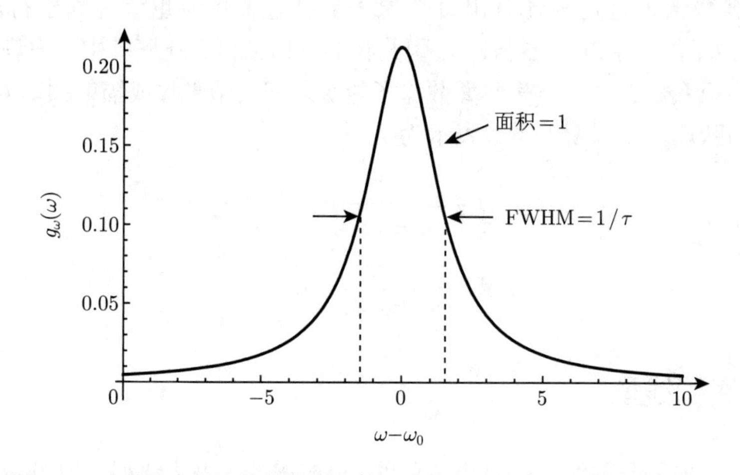

图 7.6　自然展宽的洛伦兹线型函数（曲线下面积为 1，峰值在 ω_0 处）

气体中的原子常常发生相互碰撞以及与器壁之间的碰撞。这种概率相同的相互碰撞会打断原子辐射光的过程，缩短激发态的有效寿命。如果碰撞的平均时间间隔 $\tau_{\rm collision}$ 比辐射寿命短，那么式 (7.37) 中的 τ 需要用 $\tau_{\rm collision}$ 替代，这就给出了另外一种符合洛伦兹线型函数的均匀展宽——**碰撞展宽**（collisional broadening）

由气体动理论的简单分析，可以得出

$$\tau_{\rm collision} \sim \frac{1}{\sigma_{\rm s}P}\left(\frac{\pi m k_{\rm B}T}{8}\right)^2 \tag{7.38}$$

其中，$\sigma_{\rm s}$ 是碰撞截面面积，P 为压强。显然，$\tau_{\rm collision}^{-1}$ 和 $\Delta\omega$ 正比于 P。因此，碰撞展宽又叫**压强展宽**（pressure broadening）。在标准温度和压强（Standard Temperature and Pressure, STP）下，$\tau_{\rm collision}\sim 10^{-10}$ s，比特征辐射寿命短的多，因此对应线宽 $\Delta\omega\sim 10^{10}$ rad/s。

多普勒展宽（Doppler broadening）来自气体中发光原子的随机热运动。光源的随机热运动引发了观测频率的多普勒频移，导致了谱线的展宽。

考虑一个以速度分量 v_x 朝向观测者运动的原子辐射的光。在静止参考系中原子的跃迁频率为 ω_0，则在多普勒频移下的观测频率为

$$\omega=\omega_0\left(1+\frac{v_x}{c}\right) \tag{7.39}$$

由麦克斯韦-玻尔兹曼分布，可以得出速度分量 $v_x\to v_x+{\rm d}v_x$ 内的原子数量:

$$N(v_x){\rm d}v_x=N_0\left(\frac{2k_{\rm B}T}{\pi m}\right)^{1/2}\exp\left(-\frac{mv_x^2}{2k_{\rm B}T}\right) \tag{7.40}$$

此处，N_0 为总的原子数量，m 为原子质量。由于发光原子具有一定的速度分布，沿不同的速度方向会产生不同的多普勒效应，因而导致了非均匀的多普勒展宽。联合式 (7.39) 和式 (7.40)，可以得出归一化的**高斯线型** (Gaussian lineshape) 函数:

$$g_\omega(\omega)=\frac{c}{\omega_0}\sqrt{\frac{m}{2\pi k_{\rm B}T}}\exp\left(-\frac{mc^2(\omega-\omega_0)^2}{2k_{\rm B}T\omega_0^2}\right) \tag{7.41}$$

半高全宽为

$$\Delta\omega_{\rm FWHM}=2\omega_0\left(\frac{(2\ln 2)k_{\rm B}T}{mc^2}\right)^{1/2}=\frac{4\pi}{\lambda}\left(\frac{(2\ln 2)k_{\rm B}T}{m}\right)^{1/2} \tag{7.42}$$

可以看到，高斯线型函数的最大值和半宽全高都是中心频率的函数, 如图 7.7 所示。气体在标准温度和压强下的多普勒线宽一般比自然线宽大得多，在低压情况下主要的展宽机制是多普勒展宽，因此气体光谱的线型更趋近于高斯线型。

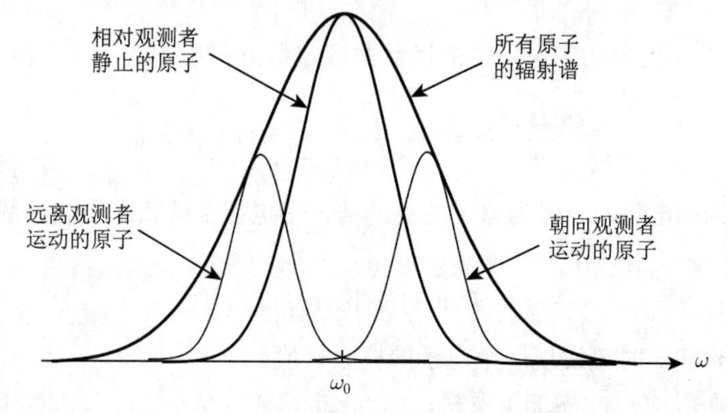

图 7.7　多普勒展宽的高斯线型函数

第 8 章

光与原子相互作用的半经典理论

根据现代物理学的基本观点，自然界展现的物理性质主要源于物质之间的相互作用。但物质世界以及相互作用都极其复杂，人们只能通过抽象出的理想模型和近似方法去描述自然界的主要特性。在量子光学中，正是利用这样的理想模型和近似方法研究光与物质的相互作用，并结出丰硕的成果。所有量子光学实验都涉及光与物质的相互作用，这些物质一般都包含有限的电荷量，如带少数几个电子的原子等。接下来，我们将讨论光与物质，主要是光与带电的单原子的相互作用，尤其关注量子化范畴的量子效应。本章考虑半经典理论，即原子或者带电粒子以标准的量子化方式处理，而光场是经典的电磁场。第 9 章则考虑将物质和场都进行量子化处理的量子理论。

8.1 原子-场相互作用哈密顿量

为研究原子与光场相互作用所引起的量子效应，首先需要找到光与物质之间相互作用的耦合形式。这里我们沿用外尔（Weyl Hermann，1885—1955）的规范不变性给出电磁场与原子的最小耦合哈密顿量。

8.1.1 局域规范不变性与最小耦合哈密顿量

一个质量为 m 的自由带电粒子的运动由薛定谔方程描述：

$$i\hbar\frac{\partial\psi(\boldsymbol{r},t)}{\partial t}=\Big[-\frac{\hbar^2}{2m}\nabla^2+V(\boldsymbol{r})\Big]\psi(\boldsymbol{r},t) \tag{8.1}$$

其中，$V(\boldsymbol{r},t)$ 为静电势，一般为原子的束缚势。带电粒子的状态由波函数 $\psi(\boldsymbol{r},t)$ 描述，并且

$$P(\boldsymbol{r},t)=|\psi(\boldsymbol{r},t)|^2 \tag{8.2}$$

给出了在位置 $\boldsymbol{r}$ 和 t 时刻发现一个电子的概率密度。

如果对波函数 $\psi(\boldsymbol{r},t)$ 做如下变换：

$$\boldsymbol{\Psi}(\boldsymbol{r},t)=\mathrm{e}^{\mathrm{i}\alpha}\psi(\boldsymbol{r},t) \tag{8.3}$$

这里，相位 α 是与空间、时间无关的任意常数，即对波函数的变换与空间、时间无关，此变换称为**整体变换**（global transformation）。可以发现，波函数经过整体变换后，仍然满足薛定谔方程:

$$\mathrm{i}\hbar\frac{\partial\boldsymbol{\Psi}(\boldsymbol{r},t)}{\partial t}=\Big[-\frac{\hbar^2}{2m}\nabla^2+V(\boldsymbol{r})\Big]\boldsymbol{\Psi}(\boldsymbol{r},t) \tag{8.4}$$

即薛定谔方程具有整体变换不变性。显然，在整体变换下，对于任意 α，概率密度 $P(\boldsymbol{r},t)$ 保持不变。因此，相位 α 的选择是完全任意的，两个仅仅常数相位因子不同的波函数代表相同的物理态，这是量子力学中波函数的基本性质。

然而，如果相位是空间和时间的函数，则情况会不同。设变换的形式为

$$\widetilde{\psi}(\boldsymbol{r},t)\equiv\exp\Big[\frac{\mathrm{i}}{\hbar}e\Lambda(\boldsymbol{r},t)\Big]\psi(\boldsymbol{r},t) \tag{8.5}$$

此处为方便，已经引入了约化普朗克常数 $\hbar$ 和电荷量 e。该变换中的相位依赖于空间和时间，称为**局域变换**。局域变换后概率密度 $P(\boldsymbol{r},t)$ 不变，但式 (8.1) 所示的薛定谔方程不再成立。

外尔从规范变换不变性出发，为使描述系统状态演化的薛定谔方程保持局域规范变换不变性，便给周围的场引入系统哈密顿量，由此导出了**最小耦合哈密顿量**（the minimal-coupling Hamiltonian）。具体导出过程如下：

□ 由上述局域变换，可以得出逆变换：

$$\psi(\boldsymbol{r},t)=\exp\Big[-\frac{\mathrm{i}}{\hbar}e\Lambda(\boldsymbol{r},t)\Big]\widetilde{\psi}(\boldsymbol{r},t) \tag{8.6}$$

对波函数 $\psi(\boldsymbol{r},t)$ 求微分，由逆变换可得关系式：

$$-\mathrm{i}\hbar\boldsymbol{\nabla}\psi=\exp\Big(-\frac{\mathrm{i}}{\hbar}e\Lambda\Big)\Big(-\mathrm{i}\hbar\boldsymbol{\nabla}-e\boldsymbol{\nabla}\Lambda\Big)\widetilde{\psi} \tag{8.7}$$

$$(-\mathrm{i}\hbar\boldsymbol{\nabla})^2\psi=\exp\Big(-\frac{\mathrm{i}}{\hbar}e\Lambda\Big)\Big(-\mathrm{i}\hbar\boldsymbol{\nabla}-e\boldsymbol{\nabla}\Lambda\Big)^2\widetilde{\psi} \tag{8.8}$$

$$\mathrm{i}\hbar\frac{\partial\psi}{\partial t}=\exp\Big(-\frac{\mathrm{i}}{\hbar}e\Lambda\Big)\Big[e\frac{\partial\Lambda}{\partial t}\widetilde{\psi}+\mathrm{i}\hbar\frac{\partial\widetilde{\psi}}{\partial t}\Big] \tag{8.9}$$

将式 (8.8) 和式 (8.9) 代入式 (8.1)，可以得到波函数 $\widetilde{\psi}(\boldsymbol{r},t)$ 满足的方程：

$$\mathrm{i}\hbar\frac{\partial\widetilde{\psi}(\boldsymbol{r},t)}{\partial t}=\frac{1}{2m}\Big[-\mathrm{i}\hbar\boldsymbol{\nabla}-e\boldsymbol{\nabla}\Lambda(\boldsymbol{r},t)\Big]^2\widetilde{\psi}(\boldsymbol{r},t)+\Big[V(\boldsymbol{r})-e\frac{\partial\Lambda(\boldsymbol{r},t)}{\partial t}\Big]\widetilde{\psi}(\boldsymbol{r},t) \tag{8.10}$$

薛定谔方程在局域变换下保持不变，即局域变换后的波函数 $\widetilde{\psi}$ 与原波函数 ψ 满足相同形式的薛定谔方程。因此，需要从薛定谔方程变换后的形式出发，将在局域变换中引入的项 Λ 和 $\boldsymbol{\nabla}\Lambda$ 吸收进哈密顿量。

对系统的哈密顿量做如下替代、修正：

$$\begin{cases} \boldsymbol{p} = -\mathrm{i}\hbar\boldsymbol{\nabla} & \Rightarrow \boldsymbol{p} - e\boldsymbol{A}(\boldsymbol{r},t) \\ \quad V(\boldsymbol{r}) & \Rightarrow V(\boldsymbol{r}) + e\varphi(\boldsymbol{r},t) \end{cases} \tag{8.11}$$

则任意波函数的薛定谔方程将被修正为如下形式：

$$\mathrm{i}\hbar\frac{\partial\boldsymbol{\Psi}(\boldsymbol{r},t)}{\partial t} = \frac{1}{2m}\Big[-\mathrm{i}\hbar\boldsymbol{\nabla} - e\boldsymbol{A}(\boldsymbol{r},t)\Big]^2\boldsymbol{\Psi}(\boldsymbol{r},t) + \Big[V(\boldsymbol{r}) + e\varphi(\boldsymbol{r},t)\Big]\boldsymbol{\Psi}(\boldsymbol{r},t) \tag{8.12}$$

再对波函数做局域变换，则哈密顿量中各项将出现如下变换：

$$\begin{cases} -\mathrm{i}\hbar\boldsymbol{\nabla} - e\boldsymbol{A}(\boldsymbol{r},t) & \Rightarrow -\mathrm{i}\hbar\boldsymbol{\nabla} - e\boldsymbol{A}(\boldsymbol{r},t) - e\nabla\Lambda \\ V(\boldsymbol{r}) + e\varphi(\boldsymbol{r},t) & \Rightarrow V(\boldsymbol{r}) + e\varphi(\boldsymbol{r},t) - e\dfrac{\partial\Lambda}{\partial t} \end{cases} \tag{8.13}$$

回想在第 3 章中求解麦克斯韦方程时，定义了矢势和标势函数，即 $\boldsymbol{B} = \boldsymbol{\nabla}\times\boldsymbol{A}$ 和 $\boldsymbol{E} = -\nabla\varphi - \dfrac{\partial\boldsymbol{A}}{\partial t}$，且麦克斯韦方程在规范变换下保持不变。规范变换表示为

$$\begin{cases} \boldsymbol{A}' = \boldsymbol{A} + \nabla\Lambda \\ \varphi' = \varphi - \dfrac{\partial\Lambda}{\partial t} \end{cases} \tag{8.14}$$

显然，式 (8.13) 可以看作对势函数进行了式 (8.14) 所示的规范变换，即 $\boldsymbol{A}\to\boldsymbol{A}'$，$\varphi\to\varphi'$，利用电动力学的规范自由度将与 Λ 有关的几项吸收进与哈密顿量的相关项中。在经过局域变换后，新波函数仍满足具有同样形式的薛定谔方程：

$$\mathrm{i}\hbar\frac{\partial\widetilde{\boldsymbol{\Psi}}(\boldsymbol{r},t)}{\partial t} = \frac{1}{2m}\Big[-\mathrm{i}\hbar\boldsymbol{\nabla} - e\boldsymbol{A}'(\boldsymbol{r},t)\Big]^2\widetilde{\boldsymbol{\Psi}}(\boldsymbol{r},t) + \Big[V(\boldsymbol{r}) + e\varphi'(\boldsymbol{r},t)\Big]\widetilde{\boldsymbol{\Psi}}(\boldsymbol{r},t) \tag{8.15}$$

因此，为满足局域规范（相位）不变性，需将系统哈密顿量修正为最小耦合哈密顿量形式：

$$\hat{H} = \frac{1}{2m}\Big[\boldsymbol{p} - e\boldsymbol{A}(\boldsymbol{r},t)\Big]^2 + V(\boldsymbol{r},t) + e\varphi(\boldsymbol{r},t) \tag{8.16}$$

由最小耦合哈密顿量定义的薛定谔方程〔式 (8.12)〕满足局域规范（相位）变换不变性。

■

最小耦合哈密顿量表征了一个电子与电磁场的相互作用，电子的状态由波函数 $\psi(\boldsymbol{r},t)$ 描述，电磁场由矢势 $\boldsymbol{A}(\boldsymbol{r},t)$ 和标势 $\varphi(\boldsymbol{r},t)$ 描述。矢势和标势是依赖规范的势函数，而对应的电场 $\boldsymbol{E} = -\nabla\varphi - \dfrac{\partial\boldsymbol{A}}{\partial t}$ 和磁场 $\boldsymbol{B} = \nabla\times\boldsymbol{A}$ 则具有规范变换不变性。

8.1.2　$\vec{r}\cdot\vec{E}$ 形式的相互作用哈密顿量

电子与电磁场的最小耦合哈密顿量可以利用偶极近似进行简化。在偶极近似下，$\boldsymbol{A}(\boldsymbol{r},t)\equiv\boldsymbol{A}(\boldsymbol{r}_0,t)$，薛定谔方程表示为

$$\mathrm{i}\hbar\frac{\partial\psi(\boldsymbol{r},t)}{\partial t}=\left\{\frac{1}{2m}\Big[\boldsymbol{p}-e\boldsymbol{A}(\boldsymbol{r}_0,t)\Big]^2+V(r)\right\}\psi(\boldsymbol{r},t)\tag{8.17}$$

此处，应用了库仑规范：$\varphi(\boldsymbol{r},t)=0,\boldsymbol{\nabla}\cdot\boldsymbol{A}=0$。

为进一步简化薛定谔方程，我们定义新波函数：

$$\psi(\boldsymbol{r},t)=\exp\left[\frac{\mathrm{i}e}{\hbar}\boldsymbol{A}(\boldsymbol{r}_0,t)\cdot\boldsymbol{r}\right]\phi(\boldsymbol{r},t)\tag{8.18}$$

将式 (8.18) 代入式 (8.17)，可得

$$\mathrm{i}\hbar\Big[\frac{\mathrm{i}e}{\hbar}\dot{\boldsymbol{A}}\cdot\boldsymbol{r}\phi(\boldsymbol{r},t)+\dot{\phi}(\boldsymbol{r},t)\Big]\exp\left(\frac{\mathrm{i}e}{\hbar}\boldsymbol{A}\cdot\boldsymbol{r}\right)=\exp\left(\frac{\mathrm{i}e}{\hbar}\boldsymbol{A}\cdot\boldsymbol{r}\right)\Big[\frac{p^2}{2m}+V(r)\Big]\phi(\boldsymbol{r},t)\tag{8.19}$$

消去指数函数项，并整理方程可得

$$\mathrm{i}\hbar\frac{\partial\phi(\boldsymbol{r},t)}{\partial t}=\big[H_0-e\boldsymbol{r}\cdot\boldsymbol{E}(\boldsymbol{r}_0,t)\big]\phi(\boldsymbol{r},t)\tag{8.20}$$

其中

$$H_0=\frac{p^2}{2m}+V(r)\tag{8.21}$$

为电子的无微扰哈密顿量；$\boldsymbol{E}=-\dot{\boldsymbol{A}}$。令 $H_1=-e\boldsymbol{r}\cdot\boldsymbol{E}(\boldsymbol{r}_0,t)$ 表示原子在电场中的电偶极相互作用哈密顿量。严格来说，电磁场与运动电荷的相互作用还有磁偶极、电四极作用等，但与电偶极相互作用相比，二者都是可以忽略的高阶小量。因此，系统哈密顿量表示为

$$H=H_0+H_1\tag{8.22}$$

后面我们在讨论原子-场相互作用时，都会用到这个哈密顿量表示。需要指出，此哈密顿量是在库仑规范中得到的。

8.1.3　$\vec{p}\cdot\vec{A}$ 形式的相互作用哈密顿量

原子与场的相互作用除了表示成简单的电偶极哈密顿量形式外，在许多教材和文献中还经常表示为正则动量 $\boldsymbol{p}$ 和矢势 $\boldsymbol{A}$ 的形式。本小节我们给出这种形式的具体表达式。

在库仑规范中，$\boldsymbol{\nabla}\cdot\boldsymbol{A}=\boldsymbol{p}\cdot\boldsymbol{A}=0$。对于任意空间坐标的波函数 $\psi(\boldsymbol{r})$，都有

$$\boldsymbol{p}\cdot\Big[\boldsymbol{A}(\boldsymbol{r})\psi(\boldsymbol{r})\Big]=-\mathrm{i}\hbar\boldsymbol{\nabla}\cdot\Big[\boldsymbol{A}(\boldsymbol{r})\psi(\boldsymbol{r})\Big]=-\mathrm{i}\hbar\Big[\psi(\boldsymbol{r})\boldsymbol{\nabla}\cdot\boldsymbol{A}(\boldsymbol{r})+\boldsymbol{A}(\boldsymbol{r})\cdot\boldsymbol{\nabla}\psi(\boldsymbol{r})\Big]\tag{8.23}$$

因此，可得

$$\boldsymbol{p}\cdot\boldsymbol{A}=\boldsymbol{A}\cdot\boldsymbol{p} \tag{8.24}$$

电子处于电磁场中，系统哈密顿量可以表示为

$$H\equiv\frac{1}{2m}\left(\boldsymbol{p}-e\boldsymbol{A}\right)^2+V(\boldsymbol{r})+\mathcal{H} \tag{8.25}$$

此处，已经包含了真空经典电磁场的哈密顿量：

$$\mathcal{H}\equiv\int \mathrm{d}\boldsymbol{r}\left[\frac{1}{2}\varepsilon_0\boldsymbol{E}^2(\boldsymbol{r},t)+\frac{1}{2}\mu_0\boldsymbol{H}^2(\boldsymbol{r},t)\right] \tag{8.26}$$

将哈密顿量 H 动能部分展开，可得

$$H\equiv\frac{p^2}{2m}-\frac{e}{m}\boldsymbol{p}\cdot\boldsymbol{A}(\boldsymbol{r},t)+\frac{e^2}{2m}A^2(\boldsymbol{r},t)+V(\boldsymbol{r})+\mathcal{H} \tag{8.27}$$

其中，电子的自由哈密顿量 H_0 由 (8.21) 式表示。偶极近似下，电子与电磁场的相互作用哈密顿量为

$$H_2=-\frac{e}{m}\boldsymbol{p}\cdot\boldsymbol{A}(\boldsymbol{r}_0,t)+\frac{e^2}{2m}A^2(\boldsymbol{r}_0,t) \tag{8.28}$$

通常，上述方程中的 A^2 项非常小，可以忽略不计，因此

$$H_2=-\frac{e}{m}\boldsymbol{p}\cdot\boldsymbol{A}(\boldsymbol{r}_0,t) \tag{8.29}$$

电子波函数 $\psi(\boldsymbol{r},t)$ 的运动方程为

$$\mathrm{i}\hbar\frac{\partial}{\partial t}\psi(\boldsymbol{r},t)=\left[H_0-\frac{e}{m}\boldsymbol{p}\cdot\boldsymbol{A}(\boldsymbol{r}_0,t)\right]\psi(\boldsymbol{r},t) \tag{8.30}$$

8.1.4 两种形式的相互作用哈密顿量的区别

前面给出了两种形式的相互作用哈密顿量：第一种为位置矢量与电场强度矢量的耦合，第二种为电子动量与电磁场矢势之间的耦合。这两种形式的耦合哈密顿量是否会导致同样的结果，下面进行简单的讨论。

考虑空间 $\boldsymbol{r}_0$ 处的原子与线偏振单色平面波场的相互作用。电场形式为

$$\boldsymbol{E}(0,t)=\mathcal{E}\cos\omega t \tag{8.31}$$

其中，ω 是电场的频率。在库仑规范下，对应的矢势为

$$\boldsymbol{A}(0,t)=-\frac{1}{\omega}\mathcal{E}\sin\omega t \tag{8.32}$$

很容易得出 H_1 和 H_2 的振幅：

$$W_1=-e\boldsymbol{r}\cdot\mathcal{E},\quad W_2=\frac{e}{m\omega}\boldsymbol{p}\cdot\mathcal{E} \tag{8.33}$$

其中，$\boldsymbol{p}$ 和 $\boldsymbol{r}$ 满足关系式：

$$\boldsymbol{p}=m\boldsymbol{v}=-m\frac{\mathrm{i}}{\hbar}[\boldsymbol{r},H_0]=-m\frac{\mathrm{i}}{\hbar}(\boldsymbol{r}H_0-H_0\boldsymbol{r}) \tag{8.34}$$

设系统的初始态 $|i\rangle$ 满足本征方程 $H_0|0\rangle=\hbar\omega_i|i\rangle$，末态 $|f\rangle$ 满足本征方程 $H_0|f\rangle=\hbar\omega_f|f\rangle$。可以计算出 W_1 和 W_2 的矩阵元比值：

$$\left|\frac{\langle f|W_2|i\rangle}{\langle f|W_1|i\rangle}\right|=\left|-\frac{(e/m\omega)\langle f|\boldsymbol{p}|i\rangle\cdot\mathcal{E}}{e\langle f|\boldsymbol{r}|i\rangle\cdot\mathcal{E}}\right|=\frac{\omega_0}{\omega} \tag{8.35}$$

其中，$\omega_0=\omega_f-\omega_i$ 为跃迁频率。因此，两个相互作用哈密顿量 H_1 和 H_2 的矩阵元的区别可表示为跃迁频率与场频率的比值。拉姆首先指出，矩阵元的差别会导致跃迁率等可观测量的不同。同样，也可以证明两种形式的相互作用哈密顿量在物理上是等价的①。

8.1.5　原子与场的相互作用

由于电子的质量远小于原子核质量，一般在讨论原子在电场中的电动力学时，往往只考虑处于原子核束缚势中电子的行为。本小节，我们给出整个原子在场中的哈密顿量。

考虑一个氢原子处于场中的简单情况：氢原子的质子（原子核）质量为 m_p，坐标为 $\boldsymbol{r}_\mathrm{p}$；一个电子质量为 m_e，位于空间 $\boldsymbol{r}_\mathrm{e}$ 处。电子与质子之间的库仑相互作用能为

$$V(\boldsymbol{r})\equiv-\frac{e^2}{4\pi\varepsilon_0|\boldsymbol{r}|} \tag{8.36}$$

氢原子处于电磁场中，总的哈密顿量表示为

$$H=H_\mathrm{e}+H_\mathrm{p}-V(\boldsymbol{r}_\mathrm{e}-\boldsymbol{r}_\mathrm{p}) \tag{8.37}$$

其中，外场中电子的哈密顿量为

$$H_\mathrm{e}\equiv\frac{p_\mathrm{e}^2}{2m_\mathrm{e}}-\frac{e}{m_\mathrm{e}}\boldsymbol{p}_\mathrm{e}\cdot\boldsymbol{A}(\boldsymbol{r}_\mathrm{e},t)+\frac{e^2}{2m_\mathrm{e}}A^2(\boldsymbol{r}_\mathrm{e},t) \tag{8.38}$$

质子的哈密顿量为

$$H_\mathrm{p}\equiv\frac{p_\mathrm{p}^2}{2m_\mathrm{p}}+\frac{e}{m_\mathrm{p}}\boldsymbol{p}_\mathrm{p}\cdot\boldsymbol{A}(\boldsymbol{r}_\mathrm{p},t)+\frac{e^2}{2m_\mathrm{p}}A^2(\boldsymbol{r}_\mathrm{p},t) \tag{8.39}$$

① SCULLY M O，ZUBAIRY M S. Quantum Optics. 广东：世界图书出版公司. 2000.

对于氢原子，采用偶极近似，哈密顿量相应地变为

$$H_{\mathrm{e}} \equiv \frac{p_{\mathrm{e}}^2}{2m_{\mathrm{e}}} - \frac{e}{m_{\mathrm{e}}}\boldsymbol{p}_{\mathrm{e}} \cdot \boldsymbol{A}(\boldsymbol{r}_0, t) + \frac{e^2}{2m_{\mathrm{e}}}A^2(\boldsymbol{r}_0, t)$$

$$H_{\mathrm{p}} \equiv \frac{p_{\mathrm{p}}^2}{2m_{\mathrm{p}}} + \frac{e}{m_{\mathrm{p}}}\boldsymbol{p}_{\mathrm{p}} \cdot \boldsymbol{A}(\boldsymbol{r}_0, t) + \frac{e^2}{2m_{\mathrm{p}}}A^2(\boldsymbol{r}_0, t)$$

8.2 含时薛定谔方程

当用量子光学处理光与原子的相互作用问题时，首先考虑采用半经典理论，即：将原子简化为二能级原子，考虑二能级原子与单模经典光场的共振及近共振相互作用。求解单模光场与二能级原子的相互作用问题，也就是求解一个二能级原子与单模光场的含时薛定谔方程：

$$H\boldsymbol{\Psi}(\boldsymbol{r}, t) = \mathrm{i}\hbar\frac{\partial}{\partial t}\boldsymbol{\Psi}(\boldsymbol{r}, t) \tag{8.40}$$

其中，系统哈密顿量可以分成两部分：

$$H = H_0 + H_{\mathrm{I}}(t) \tag{8.41}$$

H_0 为描述原子自身不显含时间的哈密顿量，$H_{\mathrm{I}}(t)$ 为描述原子与光相互作用的微扰项。

考虑角频率为 ω 的光场和能级为 E_1 和 E_2 的二能级原子的相互作用。假设光与原子的跃迁近共振，即

$$\omega = \omega_0 + \delta\omega \tag{8.42}$$

其中，$\omega_0 = (E_2 - E_1)/\hbar$，且 $\delta\omega \ll \omega_0$。完全共振对应着 $\delta\omega = 0$。

令 $\boldsymbol{\Psi}_1(\boldsymbol{r}, t)$ 和 $\boldsymbol{\Psi}_2(\boldsymbol{r}, t)$ 表示原子的低能级态和高能级态，它们分别是对应于本征值 $E_1 = \hbar\omega_1$ 和 $E_2 = \hbar\omega_2$ 的 H_0 本征态。即：

$$H_0\boldsymbol{\Psi}_i(\boldsymbol{r}, t) = E_i\boldsymbol{\Psi}_i(\boldsymbol{r}, t), \quad i = 1, 2 \tag{8.43}$$

$$\boldsymbol{\Psi}_i(\boldsymbol{r}, t) = \psi_i(\boldsymbol{r})\mathrm{e}^{-\mathrm{i}E_i t/\hbar}, \quad i = 1, 2 \tag{8.44}$$

那么，二能级原子的任意量子态波函数可以表示为

$$\boldsymbol{\Psi}(\boldsymbol{r}, t) = c_1(t)\psi_1(\boldsymbol{r})\mathrm{e}^{-\mathrm{i}E_1 t/\hbar} + c_2(t)\psi_2(\boldsymbol{r})\mathrm{e}^{-\mathrm{i}E_2 t/\hbar} \tag{8.45}$$

其中，c_1 和 c_2 分别为原子处于量子态 $\boldsymbol{\Psi}_1(\boldsymbol{r}, t)$ 和 $\boldsymbol{\Psi}_2(\boldsymbol{r}, t)$ 的概率幅。将式 (8.45) 代入式 (8.40)，并用式 (8.41) 表示系统哈密顿量，可以得到

$$\begin{aligned}&(H_0 + H_{\mathrm{I}})\big(c_1\psi_1\mathrm{e}^{-\mathrm{i}E_1 t/\hbar} + c_2\psi_2\mathrm{e}^{-\mathrm{i}E_2 t/\hbar}\big)\\ =&\mathrm{i}\hbar\big[(\dot{c}_1 - \frac{\mathrm{i}E_1}{\hbar}c_1)\psi_1\mathrm{e}^{-\mathrm{i}E_1/\hbar} + (\dot{c}_2 - \frac{\mathrm{i}E_2}{\hbar}c_2)\psi_2\mathrm{e}^{-\mathrm{i}E_2/\hbar}\big]\end{aligned} \tag{8.46}$$

由式 (8.43)，可得

$$H_0\Big(c_1\psi_1\mathrm{e}^{-\mathrm{i}E_1t/\hbar}+c_2\psi_2\mathrm{e}^{-\mathrm{i}E_2t/\hbar}\Big)=c_1E_1\psi_1\mathrm{e}^{-\mathrm{i}E_1/\hbar}+c_2E_2\psi_2\mathrm{e}^{-\mathrm{i}E_2/\hbar} \tag{8.47}$$

可以消掉式 (8.46) 中的几项，得到

$$c_1H_\mathrm{I}\psi_1\mathrm{e}^{-\mathrm{i}E_1t/\hbar}+c_2H_\mathrm{I}\psi_2\mathrm{e}^{-\mathrm{i}E_2t/\hbar}=\mathrm{i}\hbar\dot{c}_1\psi_1\mathrm{e}^{-\mathrm{i}E_1t/\hbar}+\mathrm{i}\hbar\dot{c}_2\psi_2\mathrm{e}^{-\mathrm{i}E_2t/\hbar} \tag{8.48}$$

式 (8.48) 两边同时乘以 ψ_1^*，再对整个空间积分，并利用本征函数的正交性，即

$$\int\psi_i^*\psi_j\mathrm{d}^3\boldsymbol{r}=\delta_{ij} \tag{8.49}$$

可以得到

$$\dot{c}_1(t)=-\frac{\mathrm{i}}{\hbar}\Big[c_1(t)H_{11}^\mathrm{I}+c_2(t)H_{12}^\mathrm{I}\mathrm{e}^{-\mathrm{i}\omega_0t}\Big] \tag{8.50}$$

其中

$$H_{ij}^\mathrm{I}\equiv\int\psi_i^*H_\mathrm{I}\psi_j\mathrm{d}^3\boldsymbol{r} \tag{8.51}$$

同样，两边同时乘以 ψ_2^*，并积分，可以得到

$$\dot{c}_2(t)=-\frac{\mathrm{i}}{\hbar}\Big[c_1(t)H_{21}^\mathrm{I}e^{\mathrm{i}\omega_0t}+c_2(t)H_{22}^\mathrm{I}\Big] \tag{8.52}$$

为进一步求解方程，需要考虑微扰项 H_I 的具体形式。在半经典理论的处理方式中，可以利用 8.1 节中式 (8.20) 给出的电偶极哈密顿量，即

$$H_\mathrm{I}=-e\boldsymbol{r}\cdot\boldsymbol{E}(t) \tag{8.53}$$

令电场极化沿 x 轴方向，即 $\boldsymbol{E}=(\mathcal{E}_0,0,0)\cos\omega t$，其中 $\mathcal{E}_0$ 为光波电场 x 方向分量的振幅。则微扰项可以简化为

$$\begin{aligned}H_\mathrm{I}&=-ex\mathcal{E}_0\cos\omega t\\&=-\frac{ex\mathcal{E}_0}{2}\left(\mathrm{e}^{\mathrm{i}\omega t}+\mathrm{e}^{-\mathrm{i}\omega t}\right)\end{aligned} \tag{8.54}$$

那么，微扰矩阵元为

$$H_{ij}^\mathrm{I}(t)=-\frac{e\mathcal{E}_0}{2}\Big(\mathrm{e}^{\mathrm{i}\omega t}+\mathrm{e}^{-\mathrm{i}\omega t}\Big)\int\psi_i^*x\psi_j\mathrm{d}^3\boldsymbol{r} \tag{8.55}$$

由此可以定义偶极矩的矩阵元：

$$\mu_{ij}=e\int\psi_i^*x\psi_j\mathrm{d}^3\boldsymbol{r}\equiv e\langle\psi_i|x|\psi_j\rangle \tag{8.56}$$

由于 x 是奇宇称算符，而原子态有确定的宇称（奇或偶），根据宇称守恒可以得到 $\mu_{11}=\mu_{22}=0$，$\mu_{21}=\mu_{12}^*$。根据这些简化，式 (8.50) 和式 (8.52) 可以约化为

$$\begin{cases} \dot{c}_1(t)=\mathrm{i}\dfrac{\mu_{12}\mathcal{E}_0}{2\hbar}\left(\mathrm{e}^{\mathrm{i}(\omega-\omega_0)t}+\mathrm{e}^{-\mathrm{i}(\omega+\omega_0)t}\right)c_2(t) \\ \dot{c}_2(t)=\mathrm{i}\dfrac{\mu_{12}\mathcal{E}_0}{2\hbar}\left(\mathrm{e}^{-\mathrm{i}(\omega-\omega_0)t}+\mathrm{e}^{\mathrm{i}(\omega+\omega_0)t}\right)c_1(t) \end{cases} \tag{8.57}$$

定义**拉比频率**：

$$\Omega_{\mathrm{R}}=\frac{|\mu_{12}|\mathcal{E}_0}{\hbar} \tag{8.58}$$

这里，拉比频率被定义为角频率。为保证频率为正实数，将拉比频率表示为偶极矩阵元模的形式。则式 (8.57) 最后表示为

$$\begin{cases} \dot{c}_1(t)=\dfrac{\mathrm{i}}{2}\Omega_{\mathrm{R}}\mathrm{e}^{-\mathrm{i}\phi}\left(\mathrm{e}^{\mathrm{i}(\omega-\omega_0)t}+\mathrm{e}^{-\mathrm{i}(\omega+\omega_0)t}\right)c_2(t) \\ \dot{c}_2(t)=\dfrac{\mathrm{i}}{2}\Omega_{\mathrm{R}}\mathrm{e}^{-\mathrm{i}\phi}\left(\mathrm{e}^{-\mathrm{i}(\omega-\omega_0)t}+\mathrm{e}^{\mathrm{i}(\omega+\omega_0)t}\right)c_1(t) \end{cases} \tag{8.59}$$

其中，ϕ 为偶极矩阵元的相位，满足 $\mu_{12}=|\mu_{12}|\mathrm{e}^{\mathrm{i}\phi}$，作为整体相位在微分方程式中可以省略不写。

为了解光场中原子的行为，必须求解式 (8.59)。已经证明，式 (8.59) 存在两类典型的解，分别对应着**弱场极限**和**强场极限**。

8.3 弱场极限：爱因斯坦系数 B

弱场极限适用于低强度光源情况，此时偶极相互作用对应的能量远小于原子的能级差，也就是 $|\mu_{12}|\mathcal{E}_0\ll\hbar\omega_0$。因此，弱场极限的条件为 $\Omega_n\ll\omega_0$。

假设原子最初处于低能级上，在 $t=0$ 时刻打开光源，对应着 $c_1(0)=1$，$c_2(0)=0$。光源强度低时，电场振幅比较小，对原子能量的扰动较弱，因此发生跃迁的原子数量比较少，$c_1(t)\gg c_2(t)$ 恒成立。在此条件下，我们可以假设 $c_1(t)=1$，则式 (8.59) 简化为

$$\begin{cases} \dot{c}_1(t)=0 \\ \dot{c}_2(t)=\dfrac{\mathrm{i}}{2}\Omega_{\mathrm{R}}\left(\mathrm{e}^{-\mathrm{i}(\omega-\omega_0)t}+\mathrm{e}^{\mathrm{i}(\omega+\omega_0)t}\right) \end{cases} \tag{8.60}$$

在近共振区域，$\omega+\omega_0\gg\omega-\omega_0$，则 $\dot{c}_2(t)$ 中第二项代表频率远大于第一项的高频振荡项，按照**旋波近似**（rotating-wave approximation），第二项可以忽略。则当 $c_2(0)=0$ 时，$c_2(t)$ 的解为

$$c_2(t)=\frac{\mathrm{i}}{2}\Omega_{\mathrm{R}}\left(\frac{\mathrm{e}^{-\mathrm{i}\delta\omega t}-1}{-\mathrm{i}\delta\omega}\right) \tag{8.61}$$

经过计算，可以得到

$$|c_2(t)|^2 = \left(\frac{\Omega_{\mathrm{R}}}{2}\right)^2\left(\frac{\sin\delta\omega t/2}{\delta\omega/2}\right)^2 \tag{8.62}$$

当光束调制到与原子处于共振状态时，$\delta\omega = 0$, 可以得到

$$|c_2(t)|^2 = \left(\frac{\Omega_{\mathrm{R}}}{2}\right)^2 t^2 \tag{8.63}$$

这也就是说，原子处于高能级的概率随时间平方 t^2 增大而增大。而在爱因斯坦的理论中，跃迁概率是与时间无关的，所以 $|c_2(t)|^2$ 应该随时间线性增加。

要解决这个明显的矛盾，需要重新考虑前面的假设：原子的跃迁谱线是完全单色的。然而，我们知道实际上所有谱线都具有线宽 $\Delta\omega$。此外，还应该考虑与原子相互作用的光来自非单色的宽带光源。这样的宽带光源可以用谱能量密度 $u(\omega)$ 描述，且满足

$$\frac{1}{2}\varepsilon_0\mathcal{E}_0^2 = \int u(\omega)\mathrm{d}\omega \tag{8.64}$$

对式 (8.62) 关于谱线积分，可以得到

$$|c_2(t)|^2 = \frac{\mu_{12}^2}{2\varepsilon_0\hbar^2}\int_{\omega_0-\Delta\omega/2}^{\omega_0+\Delta\omega/2} u(\omega)\left[\frac{\sin(\omega-\omega_0)t/2}{(\omega-\omega_0)/2}\right]^2\mathrm{d}\omega \tag{8.65}$$

现在,我们可以近似认为原子谱线与光场谱宽相比足够尖锐,以至于在积分范围内 $u(\omega)$ 不会显著变化，可以用恒量 $u(\omega_0)$ 替代 $u(\omega)$ 以估算出积分值。对于 $t\Delta\omega\to\infty$，积分的极限为 $u(\omega_0)2\pi t$ ，最后得到

$$|c_2(t)|^2 = \frac{\pi}{\varepsilon_0\hbar^2}\mu_{12}^2 u(\omega_0)t \tag{8.66}$$

这是一个更令人满意的结果，原子处于高能级的概率随时间线性增大。

爱因斯坦理论中，处于高能级的原子随时间的变化满足

$$\frac{\mathrm{d}N_2}{\mathrm{d}t} = B_{12}^{\omega}u(\omega_0)N_1 \tag{8.67}$$

即单位时间内每个原子的跃迁概率为 $B_{12}^{\omega}u(\omega_0)$。在得出 (8.59) 式的分析过程中，我们假设原子的偶极矩平行于光的偏振方向。然而，在原子气中原子偶极矩的方向是随机的。如果光的偏振方向与某个偶极矩的夹角为 θ，那么 $(\mu_{12}\cos\theta)^2$ 需要对原子气中所有原子取平均。利用 $\langle\cos^2\theta\rangle = 1/3$, 然后用 $\mu_{12}^2/3$ 替代式 (8.66) 中 μ_{12}^2，则可以得到跃迁概率 W_{12}:

$$W_{12} \equiv B_{12}^{\omega}u(\omega_0) = \frac{|c_2|^2}{t} = \frac{\pi}{3\varepsilon_0\hbar^2}\mu_{12}^2 u(\omega_0) \tag{8.68}$$

最后，可以得到

$$B_{12}^{\omega} = \frac{\pi}{3\varepsilon_0\hbar^2}\mu_{12}^2 \tag{8.69}$$

结果说明弱场极限与爱因斯坦的分析是等价的。基于此，我们可以利用原子的波函数计算出爱因斯坦系数 B 的具体形式。

8.4 强场极限：拉比振荡

在 8.3 中，光场较弱，以至于激发态的布居总是很小，对所有的时间 t，$c_1(t) \approx 1$ 总是成立。在此假设下，可以求得式 (8.59) 的简单解。本书讨论更一般的情况：光与原子之间存在强相互作用。很显然，这时高能级的布居数是不可忽略的。比如，用高功率的激光光束照射原子时，要处理强电场与原子的相互作用。

为了求出式 (8.59) 在强场极限下的解，我们先做两个简化：首先，和 8.3 节一样应用旋波近似忽略频率为 $\pm(\omega+\omega_0)$ 的振荡项；其次，只考虑完全共振的情况 $\delta\omega = 0$ 。在这些条件下，式 (8.59) 简化为

$$\begin{cases} \dot{c}_1(t) = \dfrac{\mathrm{i}}{2}\varOmega_{\mathrm{R}} c_2(t) \\ \dot{c}_2(t) = \dfrac{\mathrm{i}}{2}\varOmega_{\mathrm{R}} c_1(t) \end{cases} \tag{8.70}$$

对第一式取微分，并将第二式代入，可得

$$\ddot{c}_1 = \frac{\mathrm{i}}{2}\varOmega_{\mathrm{R}}\dot{c}_2 = \left(\frac{\mathrm{i}}{2}\varOmega_{\mathrm{R}}\right)^2 c_1 \tag{8.71}$$

因此可得

$$\ddot{c}_1 + \left(\frac{\varOmega_{\mathrm{R}}}{2}\right)^2 c_1 = 0 \tag{8.72}$$

式 (8.72) 描述了角频率为 $\varOmega_{\mathrm{R}}/2$ 的振动。如果在 $t=0$ 时刻，粒子处于低能级 E_1 上，则有 $c_1(0)=1$，$c_2(0)=0$，可得式 (8.72) 的解：

$$\begin{aligned} c_1(t) &= \cos(\varOmega_{\mathrm{R}} t/2) \\ c_2(t) &= \mathrm{i}\sin(\varOmega_{\mathrm{R}} t/2) \end{aligned} \tag{8.73}$$

那么，发现原子处在二能级的高能级和低能级的概率分别为

$$\begin{aligned} |c_1(t)|^2 &= \cos^2(\varOmega_{\mathrm{R}} t/2) = [1+\cos(\varOmega_{\mathrm{R}} t)]/2 \\ |c_2(t)|^2 &= \sin^2(\varOmega_{\mathrm{R}} t/2) = [1-\cos(\varOmega_{\mathrm{R}} t)]/2 \end{aligned} \tag{8.74}$$

概率随时间的变化关系如图 8.1 所示。在 $t=\pi/\varOmega_{\mathrm{R}}$ 时刻，电子处于 E_2 能级，而 $t=2\pi/\varOmega_{\mathrm{R}}$ 时刻电子返回 E_1 能级，这个过程以 $2\pi/\varOmega_{\mathrm{R}}$ 为周期重复出现。电子在两个能级之间以频率 $\varOmega_{\mathrm{R}}$ 反复振荡，强场的这种振荡行为称为**拉比振荡**（Rabi oscillation）。黑

体辐射中，处于低能级态和高能级态的原子会最终达到平衡，即 $|c_1(t)|^2$ 和 $|c_2(t)|^2$ 将变为恒定概率，原子与场的相位平均为零。而与单模强场耦合的二能级原子，处在两个能级的概率会往复振荡，并且原子与驱动场的相位关系保持恒定不变。

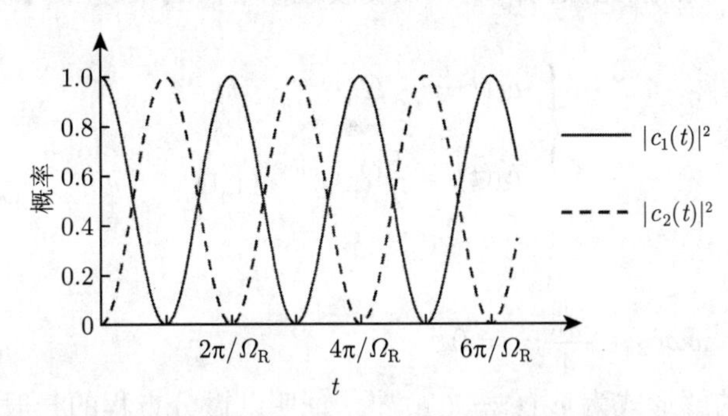

图 8.1　强场条件下原子不存在衰减时处于上下两个能级的概率随时间的变化关系

1937 年，美国物理学家拉比（Rabi，1898—1988）在研究磁场中自旋 1/2 粒子的自旋状态操作时，将自旋 1/2 的原子打到施特恩-格拉赫装置中，并用射频磁场操作，发现会产生自旋状态 $|\uparrow\rangle$ 和 $|\downarrow\rangle$ 之间的周期性翻转，称为拉比振荡或**拉比翻转**（Rabi flop）。正是由于其发现在核磁共振领域的重大贡献，拉比获得了 1944 年的诺贝尔奖。在目前的问题中，强电场中的原子在上下能级之间出现了拉比翻转，这与自旋 1/2 的粒子在磁场中的翻转是类似的。正是由于这样的相似性质，量子光学中经常将二者作为等效的物理体系。并且，在基于量子光学的量子信息、量子计算科学中，二能级原子与自旋 1/2 粒子都成为量子比特（qubit）的实现体系。

如果光与跃迁不是完全共振的，则 $\delta\omega \neq 0$。可以证明，式 (8.74) 的第二式可以改为

$$|c_2(t)|^2 = \frac{\Omega_R^2}{\Omega^2}\sin^2(\Omega t/2) \tag{8.75}$$

其中，$\Omega^2 = \Omega_R^2 + \delta\omega^2$ 。即，光场偏离共振时，拉比振荡的振幅减小而频率会增大。

对于可见光范围的跃迁，为在实验上观察到拉比振荡需要用高功率的激光束。大部分情况下，这些激光是脉冲式的，因此电场的振幅 $\mathcal{E}_0$ 随时间变化，则拉比频率也是随时间变化的。可以定义**脉冲面积** Θ：

$$\Theta = \left|\frac{\mu_{12}}{\hbar}\int_{-\infty}^{+\infty}\mathcal{E}_0(t)\mathrm{d}t\right| \tag{8.76}$$

脉冲面积是一个无量纲参量，由脉冲能量决定，在上面的讨论中它和 $\Omega_R t$ 的作用相同。一个面积为 π 的脉冲称为 **π-脉冲**。初始时刻（$t=0$）处于基态的原子（$c_1=1$）可以用一个 π-脉冲激发到激发态（$c_2=1$），如果基态用一个 2π-脉冲激发，则原子还会回到基态。随着激光技术的发展，已经在许多系统中观察到拉比振荡。

拉比振荡现象不但要求高功率强场作用到二能级原子上，同时还要求原子处于的激发态寿命大于激光脉冲的作用时间。

8.5 习　题

1. 考虑光与原子的拉比振荡情况。在旋波近似下，式 (8.59) 可以写成如下形式：

$$\begin{cases} \dot{c}_1(t) = \dfrac{\mathrm{i}}{2}\Omega_{\mathrm{R}}\mathrm{e}^{\mathrm{i}\delta\omega t}c_2(t) \\ \dot{c}_2(t) = \dfrac{\mathrm{i}}{2}\Omega_{\mathrm{R}}\mathrm{e}^{-\mathrm{i}\delta\omega t}c_1(t) \end{cases}$$

其中，$\delta\omega = \omega - \omega_0$。

(a) 证明：$\ddot{c}_2 + \mathrm{i}\delta\omega\dot{c}_2 + \dfrac{\Omega_{\mathrm{R}}^2}{4}c_2 = 0$。

(b) 假设方程的解形式为 $c_2(t) = C\mathrm{e}^{-\mathrm{i}\xi t}$，证明：微分方程的一般解为

$$c_2(t) = C_+\mathrm{e}^{-\mathrm{i}\xi_+ t} + C_-\mathrm{e}^{-\mathrm{i}\xi_- t}$$

其中，$\xi_{\mathrm{pm}} = \dfrac{1}{2}(\delta\omega \pm \Omega)$，$\Omega^2 = \delta\omega^2 + \Omega_{\mathrm{R}}^2$，且 $C_\pm$ 为常数。

(c) 证明：在初始条件为 $c_1(0) = 1$，$c_2(0) = 0$ 的情况下，有

$$|c_2(t)|^2 = \frac{\Omega_{\mathrm{R}}^2}{\Omega^2}\sin^2(\frac{\Omega t}{2})$$

2. 对于原子能级的有限寿命问题，可以在概率幅微分方程中加上一个衰减项来分析，即

$$\begin{cases} \dot{c}_1(t) = -\dfrac{\gamma}{2}c_1 + \dfrac{\mathrm{i}}{2}\Omega_{\mathrm{R}}\mathrm{e}^{-\mathrm{i}\phi}c_2(t) \\ \dot{c}_2(t) = -\dfrac{\gamma}{2}c_2 + \dfrac{\mathrm{i}}{2}\Omega_{\mathrm{R}}\mathrm{e}^{\mathrm{i}\phi}c_1(t) \end{cases}$$

这里，γ 为衰减系数，且考虑共振情况，$\omega = \omega_0$。如果假设原子初始状态为 $|1\rangle$，则 $c_1(0) = 1$，$c_2(0) = 0$。试证明，在 t 时刻系统处于两个能级态的概率之差为

$$W(t) = |c_1(t)|^2 - |c_2(t)|^2 = \mathrm{e}^{-\gamma t}\cos(\Omega_{\mathrm{R}}t)$$

第 9 章

光与原子相互作用的量子理论

第 8 章讨论了光与原子相互作用的半经典理论，即：假设原子是量子化的二能级原子，而场是经典的电场。许多理论结果与实验验证的一致性，证明了这种处理方式是有效的。然而，还有许多观测现象无法用经典电磁场理论给出合理解释，因此对场的量子化描述是必需的。比如，在单模场与二能级原子相互作用的简单模型中，半经典理论与量子理论对原子动力学的预测完全不同。在不出现衰变的情况下，半经典理论预测了原子布居的拉比振荡，而量子理论中由于场的量子性导致原子布居振荡出现塌缩和再生现象，该量子现象已经被实验证实。本章将讨论量子化光场与二能级原子系统的相互作用。

9.1 光与原子相互作用的系统哈密顿量

偶极近似下，光场 $\boldsymbol{E}$ 与单电子原子相互作用系统可用如下哈密顿量描述：

$$H = H_{\mathrm{A}} + H_{\mathrm{F}} - e\boldsymbol{r}\cdot\boldsymbol{E} \tag{9.1}$$

其中，H_{A} 和 H_{F} 分别为自由原子和自由光场的哈密顿量，$\boldsymbol{r}$ 为电子的位置矢量。在偶极近似下，整个原子所处的光场是均匀的。

自由光场的哈密顿量 H_{F} 可以表示成产生算符、湮灭算符的形式：

$$H_{\mathrm{F}} = \sum_{\boldsymbol{k}} \hbar\omega_k\left(\hat{a}_{\boldsymbol{k}}^{\dagger}\hat{a}_{\boldsymbol{k}} + \frac{1}{2}\right) \tag{9.2}$$

对于原子，用 $\{|i\rangle\}$ 表示原子能量本征态的完备集，满足能量本征方程 $H_{\mathrm{A}}|i\rangle = E_i|i\rangle$ 和完备性关系 $\sum\limits_i |i\rangle\langle i| = 1$。则原子能级之间的跃迁算符表示为

$$\sigma_{ij} = |i\rangle\langle j| \tag{9.3}$$

用跃迁算符表示 H_{A} 和 $e\boldsymbol{r}$：

$$H_{\mathrm{A}} = \sum_i E_i|i\rangle\langle i| = \sum_i E_i\sigma_{ii} \tag{9.4}$$

$$e\boldsymbol{r}=\sum_{i,j}e|i\rangle\langle i|\boldsymbol{r}|j\rangle\langle j|=\sum_{i,j}\mu_{ij}\sigma_{ij} \tag{9.5}$$

其中，$\mu_{ij}=e\langle i|\boldsymbol{r}|j\rangle$ 为电偶极矩的矩阵元。在偶极近似下，电场算符主要是对应着原子所在位点的电场，如设定原子在原点处，则量子化电场表示为

$$\boldsymbol{E}=\sum_{\boldsymbol{k}}\hat{e}_{\boldsymbol{k}}\mathscr{E}_{\boldsymbol{k}}(\hat{a}_{\boldsymbol{k}}+\hat{a}_{\boldsymbol{k}}^{\dagger}) \tag{9.6}$$

其中，$\mathscr{E}_{\boldsymbol{k}}=(\hbar\omega_k/2\varepsilon_0V)^{1/2}$。为了简单，我们采用了线偏振基矢，并且令极化单位矢量为实数。

现在，把前面得出的各个表达式代入式 (9.1)，得到

$$H=\sum_{\boldsymbol{k}}\hbar\omega_k\hat{a}_{\boldsymbol{k}}^{\dagger}\hat{a}_{\boldsymbol{k}}+\sum_i E_i\sigma_{ii}+\hbar\sum_{ij}\sum_{\boldsymbol{k}}g_{\boldsymbol{k}}^{ij}\sigma_{ij}(\hat{a}_{\boldsymbol{k}}+\hat{a}_{\boldsymbol{k}}^{\dagger}) \tag{9.7}$$

其中

$$g_{\boldsymbol{k}}^{ij}=-\frac{\mu_{ij}\cdot\hat{e}_{\boldsymbol{k}}\mathscr{E}_{\boldsymbol{k}}}{\hbar} \tag{9.8}$$

式 (9.8) 中省略了光场哈密顿量中的零点能。为了简化计算，后面都设定 μ_{ij} 为实数。

现在处理二能级原子的情况。由 $\mu_{11}=\mu_{22}=0$，$\mu_{12}=\mu_{21}$，可以得到

$$g_{\boldsymbol{k}}=g_{\boldsymbol{k}}^{12}=g_{\boldsymbol{k}}^{21} \tag{9.9}$$

则系统哈密顿量可以表示为

$$H=\sum_{\boldsymbol{k}}\hbar\omega_k\hat{a}_{\boldsymbol{k}}^{\dagger}\hat{a}_{\boldsymbol{k}}+\left(E_1\sigma_{11}+E_2\sigma_{22}\right)+\hbar\sum_{\boldsymbol{k}}g_{\boldsymbol{k}}\left(\sigma_{12}+\sigma_{21}\right)\left(\hat{a}_{\boldsymbol{k}}+\hat{a}_{\boldsymbol{k}}^{\dagger}\right) \tag{9.10}$$

利用关系式 $(E_2-E_1)=\hbar\omega_0$ 和 $\sigma_{11}+\sigma_{22}=1$，(9.10) 式中第二项可以表示为如下形式：

$$E_1\sigma_{11}+E_2\sigma_{22}=\frac{1}{2}\hbar\omega_0(\sigma_{22}-\sigma_{11})+\frac{1}{2}(E_1+E_2) \tag{9.11}$$

其中，常数能量项 $(E_1+E_2)/2$ 只引起整体相位，可以忽略掉。将算符用左矢、右矢表示出来：

$$\sigma_z=\sigma_{22}-\sigma_{11}=|2\rangle\langle 2|-|1\rangle\langle 1| \tag{9.12}$$

$$\sigma_+=\sigma_{21}=|2\rangle\langle 1| \tag{9.13}$$

$$\sigma_-=\sigma_{12}=|1\rangle\langle 2| \tag{9.14}$$

原子跃迁算符满足的关系式：

$$[\sigma_{ij},\sigma_{kl}]=\sigma_{il}\delta_{jk}-\sigma_{kj}\delta_{il} \tag{9.15}$$

利用二能级原子与自旋 1/2 粒子在磁场中的相似性质，用泡利自旋算符代替原子能级的费米算符是比较方便的。泡利算符为

$$\sigma_x = \begin{bmatrix} 0 & 1 \\ 1 & 0 \end{bmatrix}, \quad \sigma_y = \begin{bmatrix} 0 & -\mathrm{i} \\ \mathrm{i} & 0 \end{bmatrix}, \quad \sigma_z = \begin{bmatrix} 1 & 0 \\ 0 & -1 \end{bmatrix} \tag{9.16}$$

定义上升算符与下降算符：

$$\sigma_+ = \sigma_x + \mathrm{i}\sigma_y, \quad \sigma_- = \sigma_x - \mathrm{i}\sigma_y \tag{9.17}$$

其中，σ_- 表示处于高能级态的原子跃迁到低能级态，而 σ_+ 表示从低能级态跃迁到高能级态。可以证明 σ_+、σ_- 和 σ_z 满足自旋 1/2 的 Pauli 矩阵代数式：

$$[\sigma_-, \sigma_+] = -\sigma_z, \quad [\sigma_-, \sigma_z] = 2\sigma_-, \quad [\sigma_+, \sigma_z] = -2\sigma_+ \tag{9.18}$$

最后，系统哈密顿量可以表示成如下形式：

$$H = \sum_{\boldsymbol{k}} \hbar\omega_k \hat{a}_{\boldsymbol{k}}^\dagger \hat{a}_{\boldsymbol{k}} + \frac{1}{2}\hbar\omega_0\sigma_z + \hbar\sum_{\boldsymbol{k}} g_{\boldsymbol{k}}(\sigma_+ + \sigma_-)(\hat{a}_{\boldsymbol{k}} + \hat{a}_{\boldsymbol{k}}^\dagger) \tag{9.19}$$

系统哈密顿量的相互作用项由 4 部分组成：

(1) $\hat{a}_{\boldsymbol{k}}\sigma_+$ 描述原子吸收一个 $\boldsymbol{k}$ 模光子 (湮灭一个光子)，并从低能级跃迁到高能级；

(2) $\hat{a}_{\boldsymbol{k}}^\dagger\sigma_-$ 描述原子从高能级跃迁到低能级，并产生一个 $\boldsymbol{k}$ 模光子；

(3) $\hat{a}_{\boldsymbol{k}}\sigma_-$ 描述原子从高能级跃迁到低能级，并湮灭一个光子，系统能量损失（$\approx 2\hbar\omega$）；

(4) $\hat{a}_{\boldsymbol{k}}^\dagger\sigma_+$ 描述原子从低能级跃迁到高能级，并产生一个光子，系统能量增加（$\approx 2\hbar\omega$）。

在上述 4 个部分对应的过程中，前两个过程能量是守恒的，后两个过程系统能量不守恒。消去这两个能量不守恒过程对应着旋波近似情况。简单说明如下。

□ 在海森堡绘景中, 产生算符、湮灭算符以及自旋翻转算符都包含时间因子：

$$\hat{a}(t) = \hat{a}(0)\mathrm{e}^{-\mathrm{i}\omega t}, \quad \hat{a}^\dagger(t) = \hat{a}^\dagger(0)\mathrm{e}^{\mathrm{i}\omega t}, \quad \sigma_\pm(t) = \sigma_\pm(0)\mathrm{e}^{\pm\omega_0 t}$$

这些算符的乘积为

$$\hat{a}(t)\sigma_+(t) = \hat{a}(0)\sigma_+(0)\mathrm{e}^{-\mathrm{i}(\omega-\omega_0)t} \tag{9.20}$$

$$\hat{a}^\dagger(t)\sigma_-(t) = \hat{a}^\dagger(0)\sigma_-(0)\mathrm{e}^{\mathrm{i}(\omega-\omega_0)t} \tag{9.21}$$

可以看到，这两个算符在近共振时进行缓慢演化。与之对反，另外一组算符

$$\hat{a}(t)\sigma_-(t) = \hat{a}(0)\sigma_-(0)\mathrm{e}^{-\mathrm{i}(\omega+\omega_0)t} \tag{9.22}$$

$$\hat{a}^\dagger(t)\sigma_+(t) = \hat{a}^\dagger(0)\sigma_+(0)\mathrm{e}^{\mathrm{i}(\omega+\omega_0)t} \tag{9.23}$$

则按照频率 $\omega+\omega_0$ 快速演化。因此，在几个光学周期的时间尺度内，式 (9.22) 和式 (9.23) 描述的两个过程平均贡献趋于零, 可以忽略不计，这与前面旋波近似的物理和数学意义一致。■

最后，得到系统哈密顿量的简化形式:

$$H=\sum_{\boldsymbol{k}}\hbar\omega_k\hat{a}_{\boldsymbol{k}}^{\dagger}\hat{a}_{\boldsymbol{k}}+\frac{1}{2}\hbar\omega_0\sigma_z+\hbar\sum_{\boldsymbol{k}}g_{\boldsymbol{k}}(\hat{\sigma}_+\hat{a}_{\boldsymbol{k}}+\hat{\sigma}_-\hat{a}_{\boldsymbol{k}}^{\dagger}) \tag{9.24}$$

相互作用的二能级原子与多模场系统哈密顿量，是量子光学领域中许多计算的出发点。

9.2 二能级原子与单模场的相互作用

由式 (9.24) 可以得到频率为 ω 的单模场与一个二能级原子相互作用的系统哈密顿量:

$$H=H_0+H_1 \tag{9.25}$$

右边两项分别表示为

$$H_0=\hbar\omega\hat{a}^{\dagger}\hat{a}+\frac{1}{2}\hbar\omega_0\sigma_z \tag{9.26}$$

$$H_1=\hbar g(\sigma_+\hat{a}+\sigma_-\hat{a}^{\dagger}) \tag{9.27}$$

此处，已经去掉表示场模式的下标 $\boldsymbol{k}$ 以及关于模式的求和，且已包含偶极近似和旋波近似。该简单形式的原子-场相互作用又称为 **Jaynes-Cummings** 模型，简称 J-C 模型（详见 10.4 节）。形式简单的 J-C 模型为量子光学提供了一个非常重要的可解范例。

H_0 的本征态可记为 $|i,n\rangle$ 。其中，$|i\rangle$ 表示原子处于二能级中的高能级态（$|2\rangle$）或低能级态（$|1\rangle$），$|n\rangle$ 表示光场中包含 n 个光子。满足本征方程:

$$H_0|2,n\rangle=\hbar\Big(n\omega+\frac{1}{2}\omega_0\Big)|2,n\rangle \tag{9.28}$$

$$H_0|1,n\rangle=\hbar\Big(n\omega-\frac{1}{2}\omega_0\Big)|1,n\rangle \tag{9.29}$$

相互作用哈密顿量 H_1 只将原子-场系统中对应于 n 的量子态 $|2,n\rangle$ 和 $|1,n+1\rangle$ 耦合起来，而 $|1,n\rangle$ 和 $|2,n+1\rangle$ 等量子态则不能耦合。因此，量子态 $|2,n\rangle$ 和 $|1,n+1\rangle$ 可以作为正交基矢，构成一个在 H_{I} 作用下保持不变的二维子空间（对应于量子数 n）。

一般情况下，系统哈密顿量 H 的薛定谔方程难以精确求解，往往会利用相互作用项 H_1 的弱耦合微扰性质进行近似求解。为此，将高能的 H_0 导致的快速演化与弱耦合 H_1 导致的缓慢演化分开，并在相互作用绘景中处理相互作用问题会非常方便。相互作用绘景中的哈密顿量表示为

$$\widetilde{H}_1=\mathrm{e}^{\mathrm{i}H_0t/\hbar}H_1\mathrm{e}^{-\mathrm{i}H_0t/\hbar} \tag{9.30}$$

利用关系式

$$\mathrm{e}^{\alpha A}B\mathrm{e}^{-\alpha A}=B+\alpha[A,B]+\frac{\alpha^2}{2!}[A,[A,B]]+\cdots \tag{9.31}$$

可以得到

$$\mathrm{e}^{\mathrm{i}\omega\hat{a}^\dagger\hat{a}t}a\mathrm{e}^{-\mathrm{i}\omega\hat{a}^\dagger\hat{a}t}=a\mathrm{e}^{-\mathrm{i}\omega t} \tag{9.32}$$

$$\mathrm{e}^{\mathrm{i}\omega_0\sigma_z t/2}\sigma_+\mathrm{e}^{-\mathrm{i}\omega_0\sigma_z t/2}=\sigma_+\mathrm{e}^{\mathrm{i}\omega_0 t} \tag{9.33}$$

从而，相互作用绘景中的哈密顿量表示为

$$\widetilde{H}_1=\hbar g\left(\sigma_+\hat{a}\mathrm{e}^{\mathrm{i}\delta t}+\sigma_-\hat{a}^\dagger\mathrm{e}^{-\mathrm{i}\delta t}\right) \tag{9.34}$$

其中，$\delta=\omega_0-\omega$，为二能级原子（固有频率 ω_0） 与光场（ω）之间的失谐。

在相互作用绘景中，系统的性质可以通过求解波函数的运动方程来描述：

$$\mathrm{i}\hbar\frac{\partial|\psi\rangle}{\partial t}=\widetilde{H}_1|\psi\rangle \tag{9.35}$$

在任何时刻，态矢量 $|\psi(t)\rangle$ 都可以表示为 $|2,n\rangle$ 和 $|1,n\rangle$ 的线性叠加：

$$|\psi(t)\rangle=\sum_n\Big[C_{2,n}(t)|2,n\rangle+C_{1,n}(t)|1,n\rangle\Big] \tag{9.36}$$

这里，$C_{2,n}$ 和 $C_{1,n}$ 为相互作用绘景中的慢变概率幅。由于原子与场的相互作用只引起 $|2,n\rangle$ 和 $|1,n+1\rangle$ 之间的跃迁，因此我们先考虑概率幅 $C_{2,n}$ 和 $C_{1,n+1}$ 的演化。很容易解出这两个概率幅的运动方程，即拉比方程：

$$\dot{C}_{2,n}=-\mathrm{i}g\sqrt{n+1}\mathrm{e}^{\mathrm{i}\delta t}C_{1,n+1} \tag{9.37}$$

$$\dot{C}_{1,n+1}=-\mathrm{i}g\sqrt{n+1}\mathrm{e}^{-\mathrm{i}\delta t}C_{2,n} \tag{9.38}$$

这两个相互耦合的方程与第 8 章中半经典理论得出的式 (8.59) 类似。由式 (9.38) 可知，量子态 $|1,0\rangle$ 意味着 $n=-1$，因此其不包含在系统的耦合动力学中。

在一定初始条件下，方程的一般解可以表示为

$$\begin{aligned}C_{2,n}=\Bigg\{&C_{2,n}(0)\left[\cos\left(\frac{\Omega_n t}{2}\right)-\frac{\mathrm{i}\delta}{\Omega_n}\sin\left(\frac{\Omega_n t}{2}\right)\right]-\\&\frac{2\mathrm{i}g\sqrt{n+1}}{\Omega_n}C_{1,n+1}(0)\sin\left(\frac{\Omega_n t}{2}\right)\Bigg\}\mathrm{e}^{\mathrm{i}\delta t/2}\end{aligned} \tag{9.39}$$

$$C_{1,n+1}=\Bigg\{C_{1,n+1}(0)\left[\cos\left(\frac{\Omega_n t}{2}\right)+\frac{\mathrm{i}\delta}{\Omega_n}\sin\left(\frac{\Omega_n t}{2}\right)\right]-$$

$$\frac{2\mathrm{i}g\sqrt{n+1}}{\Omega_n}C_{2,n}(0)\sin\left(\frac{\Omega_n t}{2}\right)\Bigg\}\,\mathrm{e}^{-\mathrm{i}\delta t/2} \tag{9.40}$$

其中

$$\Omega_n^2=\delta^2+4g^2(n+1) \tag{9.41}$$

为了简化讨论，下面主要分析共振情况：$\delta=0$，$\Omega_n=2g\sqrt{n+1}$。则上面的一般解变为

$$C_{2,n}(t)=C_{2,n}(0)\cos\left(\frac{\Omega_n t}{2}\right)-\mathrm{i}C_{1,n+1}(0)\sin\left(\frac{\Omega_n t}{2}\right) \tag{9.42}$$

$$C_{1,n+1}(t)=C_{1,n+1}(0)\cos\left(\frac{\Omega_n t}{2}\right)-\mathrm{i}C_{2,n}(0)\sin\left(\frac{\Omega_n t}{2}\right) \tag{9.43}$$

对于系统的初始状态，考虑两种情况：

(1) 原子初始状态为 $|2\rangle$，则 $C_{2,n}(0)=C_n(0)$，$C_{1,n+1}(0)=0$。这里，$C_n(0)$ 表示光场处于 $|n\rangle$ 光子态的概率幅。可以得到

$$C_{2,n}(t)=C_n(0)\cos\left(\frac{\Omega_n t}{2}\right) \tag{9.44}$$

$$C_{1,n+1}(t)=-\mathrm{i}C_n(0)\sin\left(\frac{\Omega_n t}{2}\right) \tag{9.45}$$

(2) 原子初始状态为 $|1\rangle$, 则 $C_{1,n+1}(0)=C_{n+1}(0)$，$C_{2,n}(0)=0$。可以得到

$$C_{2,n}(t)=-\mathrm{i}C_{n+1}(0)\sin\left(\frac{\Omega_n t}{2}\right) \tag{9.46}$$

$$C_{1,n+1}(t)=C_{n+1}(0)\cos\left(\frac{\Omega_n t}{2}\right) \tag{9.47}$$

可以看到，对于原子与场的 J-C 相互作用系统，在两种初始条件下原子处于高能级态和低能级态的概率都会出现拉比振荡。且当 $n=0$ 时，也会出现拉比振荡。

对于原子的状态演化，通常也涉及另一个物理量——**反转**（inversion），表示为

$$W(t)=P_2(t)-P_1(t) \tag{9.48}$$

其中，$P_i(t)=\sum\limits_{n=0}^{\infty}|C_{i,n}(t)|^2,(i=1,2)$，$P_1(t)$ 和 $P_2(t)$ 分别为 t 时刻原子处于基态（低能级态）和激发态（高能级态）的概率。反转函数 $W(t)$ 度量了原子在两个能级上布居的差，又称为布居反转。$W(t)$ 为正值时，表示原子处于激发态的概率高于处于基态的概率。对原子系综来说，$W(t)$ 为正值意味着处于激发态的原子比基态的原子多，这正是实现产生激光的条件，即粒子数反转（当然，后来人们又发明了无反转激光）。因此，

反转在激光理论中有非常重要的意义，且由于实验上的易测量性，讨论原子态演化时往往会分析反转函数的性质。在共振情况下，可以得到

$$W(t)=\sum_{n=0}^{\infty}\rho_n(0)\cos(\varOmega_n t) \tag{9.49}$$

其中，$\rho_n(0)$ 为初始时刻光场包含 n 个光子的概率。显然，与上述两种初始条件下的结果一致，反转函数的结构也显示出原子的拉比振荡特征。有趣的是，当初始态为真空态〔$\rho_n(0)=\delta_{n0}$〕时

$$W(t)=\cos(2gt) \tag{9.50}$$

即同样会发生拉比振荡，称为真空拉比振荡。

需要指出的是，原子与光场的耦合，量子理论与半经典理论给出的结果会有所不同。在半经典理论中，二能级原子与驱动电场的相互作用会产生拉比振荡，但电场为真空时意味着没有驱动，即使原子处在激发态也不会跃迁到基态，更不会出现拉比振荡。在量子理论中，光场的真空态 $n=0$ 对应着半经典理论的无驱动场，激发态原子也会产生真空拉比振荡；半经典理论与量子理论的这种区别可以从两个方面理解。第一，从光场的经典理论与量子理论出发，经典电磁理论中的真空场意味着电场矢量为零，谈不上原子与场的耦合；而量子光场的真空态也是一种量子状态，并存在真空涨落，真空态的光场可以有效激发处于激发态原子的自发辐射，仅仅由于自发辐射即可导致 $n=0$ 的弱拉比振荡。当然，如果原子初始时刻处于基态（$C_{1,0}=1$），光场处于真空态，由于能量守恒原子不能自发吸收，因此就不会发生拉比振荡，这种情况在自然界和实验室都是很少见的。第二，从拉比振荡频率的定义：量子拉比振荡频率为 $\varOmega_n=2g\sqrt{n+1}$，无驱动场即真空场（$n=0$），存在频率为 $\varOmega_n=2g$ 的拉比振荡；半经典拉比振荡频率为 $\varOmega_{\mathrm{R}}=\dfrac{|\mu_{12}|\mathcal{E}_0}{\hbar}$，无驱动场对应着 $\mathcal{E}_0=0$，则振荡频率为零，也就是不存在拉比振荡。

9.3　量子崩塌与再生现象

在 9.2 节中，原子与包含 n 个光子的场耦合，甚至与真空场耦合，都可能出现拉比振荡。本节将讨论光场是相干态时的量子行为。

由 5.3 节可知，相干态中光子数的概率分布为泊松分布：

$$\rho_n(0)=\frac{\bar{n}^n\mathrm{e}^{-\bar{n}}}{n!} \tag{9.51}$$

把相干态的光子数概率分布代入式 (9.49)，可以得出二能级原子与相干态光场耦合的量子行为：

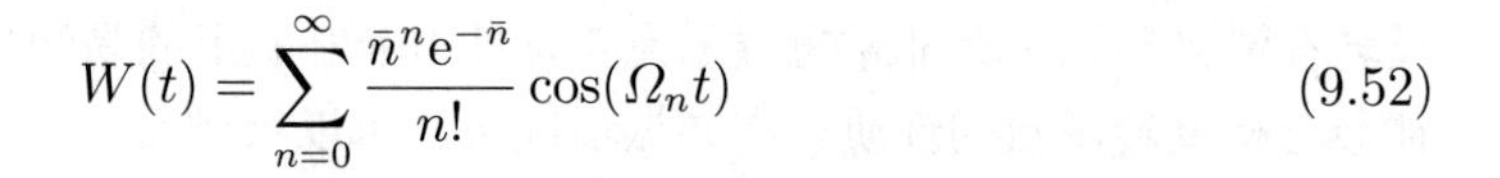

$$W(t)=\sum_{n=0}^{\infty}\frac{\bar{n}^{n}\mathrm{e}^{-\bar{n}}}{n!}\cos(\Omega_{n}t) \tag{9.52}$$

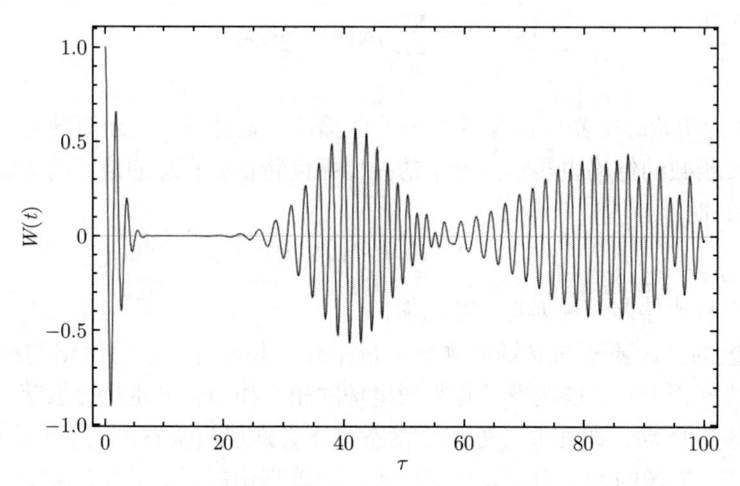

图 9.1　光场初始态为相干态时 $W(t)$ 随时间 τ 的变化情况

图 9.1给出了光场初始态为相干态时 $W(t)$ 随时间 $\tau(\tau=gt)$ 的变化情况。可以看到，$W(t)$ 对应的拉比振荡并不稳定，拉比振荡的振幅形成一个高斯包络。经过一定时间，振荡的包络会“崩塌”趋于零，这与经典理论中的一些现象类似。比较奇特的是，系统再演化一段时间后，拉比振荡会再次出现，也就是“再生”现象，并且这种“崩塌”与“再生”的行为会反复出现。同时，每次崩塌和再生的持续时间会越来越长，振幅会越来越小，最后再生和崩塌逐渐重合。

由于相干态的光子服从泊松分布，拉比频率 $\Omega_n=2g\sqrt{n+1}$ 会因光子涨落 $\Delta n\sim\sqrt{\bar{n}}$ 而展宽。拉比振荡发生在高斯包络内。当 $\bar{n}\ll 1$ 时，振荡崩塌的特征时间为

$$t_{\text{collapse}}\sim\frac{1}{g} \tag{9.53}$$

在崩塌之前可以观测到的振荡次数约为 $\sqrt{\bar{n}}$。初始的振荡崩塌后还能够再生，再生时间可以通过计算得出：

$$t_{\text{revival}}\sim\frac{2\pi}{g}\sqrt{\bar{n}} \tag{9.54}$$

量子崩塌与再生现象首次由 Rempe 等人在微波实验中利用单模微波场与原子的两个里德堡能级的相互作用观测到。这种振荡的崩塌和再生可由式 (9.49) 解释。拉比振荡的周期性崩塌和再生是由相干态光子数态叠加的离散性导致的。求和项中的每一项都对应了一个确定 n 值的拉比振荡，相干态中的光子分布决定了每个 n 的相对权重。在 $t=0$ 时，求和项中所有项都是相互关联的。随着时间增长，与不同激发对应的拉比振荡具有不同的频率，它们不再相干，从而导致了崩塌。经过有限的时间后，振荡项全

部重新达到同相，形成相干振荡，从而振荡再生。这个现象的重要之处在于：振荡再生是由光子统计分布导致的纯粹量子效应。一个连续的光子分布会和经典随机场一样出现崩塌，但不会发生再生现象。

9.4　自由空间原子的自发辐射

前面看到，激发态原子和单模真空场耦合，会由于自发辐射而跃迁到基态，同时辐射出一个光子。实际上，真正的单模场只存在于一些特殊条件下，如高品质因子的单模腔中，这时才会纯粹因真空涨落引起原子的自发辐射，进而产生低频的真空拉比振荡。在自由空间中，光场是以连续模形式存在的，原子与连续模光场相互作用，会导致原子处于激发态概率的呈指数衰减。

在偶极近似和旋波近似下，二能级原子与多模光场耦合的系统哈密顿量表示为

$$H = H_{\mathrm{A}} + H_{\mathrm{F}} + H_{\mathrm{I}} \tag{9.55}$$

其中，自由原子和自由光场的哈密顿量，以及二者之和分别为

$$H_{\mathrm{A}} = \frac{1}{2}\hbar\omega_0\sigma_z, \quad H_{\mathrm{F}} = \sum_k \hbar\omega_k \hat{a}_k^\dagger \hat{a}_k, \quad H_0 = H_{\mathrm{A}} + H_{\mathrm{F}} \tag{9.56}$$

相互作用哈密顿量为

$$H_{\mathrm{I}} = \hbar(\sigma_+\hat{\Gamma} + \sigma_-\hat{\Gamma}^\dagger), \quad \Gamma = \sum_k g_k a_k \tag{9.57}$$

由于原子辐射的单光子进入多模光场后，对光场的影响非常小，光场可以看作热库，因此可以用主方程方法求解。在相互作用绘景中，用 $\rho(t)$ 表示原子与场的总密度矩阵，则总密度矩阵的运动方程为

$$\frac{\mathrm{d}\rho(t)}{\mathrm{d}t} = \frac{1}{\mathrm{i}\hbar}\left[H_{\mathrm{I}}(t), \rho(t)\right] \tag{9.58}$$

其中，$H_{\mathrm{I}}(t) = \mathrm{e}^{\mathrm{i}H_0 t/\hbar} H_{\mathrm{I}} \mathrm{e}^{-\mathrm{i}H_0 t/\hbar}$。对光场态求迹，可以得到原子的约化密度矩阵主方程:

$$\begin{aligned}\frac{\mathrm{d}\rho_a(t)}{\mathrm{d}t} =& \frac{\gamma}{2}(1+\bar{n})\big(2\sigma_-\rho_a\sigma_+ - \sigma_+\sigma_-\rho_{\mathrm{I}} - \rho_a\sigma_+\sigma_-\big) \\ &+ \frac{\gamma\bar{n}}{2}\big(2\sigma_+\rho_a\sigma_- - \sigma_-\sigma_+\rho_a - \rho_a\sigma_-\sigma_+\big)\end{aligned} \tag{9.59}$$

其中，$\bar{n}$ 为光场中与原子共振的平均光子数。此处，已经忽略了引起兰姆位移（Lamb shift）的微小频率变化 $\delta\omega$ 。

在原子处于激发态而发生自发辐射时，$\bar{n}=0$。原子处于激发态的概率表示为 $P_2(t)=\langle 2|\rho_a(t)|2\rangle$，满足方程：

$$\frac{\mathrm{d}P_2(t)}{\mathrm{d}t}=-\gamma P_2(t) \tag{9.60}$$

可以解出原子布居的变化（Weisskopf 公式）：

$$P_2(t)=\mathrm{e}^{-\gamma t}P_2(0) \tag{9.61}$$

表明真空中原子处于激发态的概率随时间呈指数衰减，或者说处于真空激发态的原子会随时间衰变，寿命为 $\tau=1/\gamma$，即发生自发辐射。其中，衰变系数的典型值 $\gamma\sim 10^{-9}$ s，对于亚稳态，$\gamma\sim 10^{-3}$ s。

9.5 习　题

1. 在 Jaynes-Cummings 模型中，如果原子开始处于基态，而光场处于 $|\psi\rangle=\sum f_n|n\rangle$。试证明，$t>0$ 时, 发现原子处于激发态的概率为

$$p_{\mathrm{e}}(t)=\sum_{n=1}^{\infty}|f_n|^2\sin^2(\varOmega_{n-1}t)$$

2. 在 Jaynes-Cummings 模型中，如果原子开始处于基态，而光场处于 $|\psi\rangle=\sum f_n|n\rangle$。试证明，$t>0$ 时, 系统处于纠缠态：

$$|\boldsymbol{\varPsi}(t)\rangle=|\phi_g(t)\rangle|g\rangle+|\phi_e(t)\rangle|e\rangle$$

其中

$$|\psi_g(t)\rangle=\sum_n f_n\cos(\varOmega_{n-1}t)$$

$$|\psi_e(t)\rangle=\mathrm{i}\sum_n f_n\sin(\varOmega_{n-1}t)$$

3. 二能级原子与单模光场发生双光子共振相互作用，相互作用哈密顿量为 $H=\hbar\omega\left[\sigma_-(a^\dagger)^2+\sigma_+a^2\right]$。假设原子初态为激发态 $|e\rangle$，光场初态为 $|n\rangle$，求系统任意时刻的量子态。

4. 一个二能级原子与量子化电磁场的相互作用哈密顿量为

$$H=\hbar\omega\hat{a}^\dagger\hat{a}+\hbar\lambda\hat{a}^\dagger\hat{a}\sigma_x$$

其中，σ_x 为泡利算符。

(a) 证明：任意态 $|\Phi_0\rangle$ 随时间的演化为

$$|\Phi(t)\rangle = \mathrm{e}^{-\mathrm{i}\omega t\hat{a}^\dagger\hat{a}}\left[\cos\left(\lambda t\hat{a}^\dagger\hat{a}\right) - \mathrm{i}\sigma_x\sin\left(\lambda t\hat{a}^\dagger\hat{a}\right)\right]|\Phi_0\rangle$$

(b) 设 $t=0$ 时，光场初始处于 $|n\rangle$，而原子处于低能级态 $|1\rangle$，试求 $|\Phi(t)\rangle$

(c) 如果 $t=0$ 时，光场处于相干态 $|\alpha\rangle$，而原子处于低能级态 $|1\rangle$，求：$t>0$ 时，原子处于 $|1\rangle$ 的概率。

第 10 章

腔量子电动力学

在第 9 章光与原子的相互作用中，处于激发态的原子没有驱动场时，原子也能自发辐射出一个光子进入真空，并可能导致进一步的真空拉比振荡。在这种没有驱动场原子就能发生自发辐射的情况下，是否可以把自发辐射看作原子的一种内禀特性呢？这显然是不行的，上述无驱动场之所以能引起自发辐射，是因为“无驱动场”在量子理论中对应着“有涨落的真空态”。严格来说，自发辐射并不是孤立原子的内禀特性，而是原子与周围场所构成系统的特性。实际上，大部分情况下自发辐射是不可逆的，不会形成真空拉比振荡。原因在于自由空间的真空是多模的，激发态原子与多模真空态耦合，辐射的光子不可逆地随机进入电磁场的各个模式，原子在高能级的布居会呈指数衰减。即处于激发态的原子能自发辐射出一个光子并跃迁到低能级，而低能级原子不能自动吸收一个光子激发至高能级。现实中能否实现理想的单模光场，进而实现自发辐射的调控呢？1948 年，美国物理学家珀塞尔（E. M. Purcell，1912—1997）提出：将原子置于腔中使原子只与某一腔模共振从而实现自发辐射增强。随后，人们发现还可以通过腔实现原子自发辐射的减弱，以及原子与腔中电磁场的周期性能量交换，也就是实现原子与场相互作用的 J-C 模型。腔中光场与原子的相互作用在实验上已经被观测到，并且成为原子物理和量子光学的一个重要领域，称为腔量子电动力学（cavity Quantum ElectroDynamics，简称腔-QED）。

腔量子电动力学主要研究微腔提供的特殊边界条件下的电磁场量子化效应及其对腔中实物粒子（如原子）的影响。从数学形式上讲，电磁场量子化过程就是一种由场方程边界条件决定的本征模展开过程。不同微腔的腔壁提供各种边界条件，使得腔场量子化的研究内容变得十分丰富。从物理上讲，腔壁提供了腔中电磁场与外界交换能量的方式，它能直接影响腔中由电磁相互作用主导的物理过程。腔-QED 的效应除了能使自发辐射发生极大的变化，还能被用来制造出新的微波激射器（MASER），这种 MASER 只由一个原子和几个光子构成。随着冷却原子和半导体微加工技术的不断进步，在超小尺度腔内，可以实现光子与原子质心动量、能量的有效交换，从而导致了原子光学的诞生。近些年，在量子信息的研究中，腔-QED 系统更是起到了其他系统不可替代的作用。腔-QED 的实验为实现光与物质相互作用精准操控提供了重要的有效手段，这使人们能够实现一些原来被认为实验室不可能实现的思想实验，能够加深对特殊条件下光与物质耦合产生的丰富物理现象及其内在本质的理解。

除了腔-QED，还有另外一个系统也可以实现单模电磁场与原子的相互作用。基于超导约瑟夫森结的超导电路可以作为一个二能级原子系统，耦合进超导谐振腔实现量子化单模腔场与原子的相互作用，该领域称为电路量子电动力学（circuit Quantum ElectroDynamics，简称电路-QED ）。相比腔-QED，超导电路与谐振腔之间更容易达到强耦合。腔-QED 和电路-QED 的二能级原子模型作为量子比特的典型系统，通过与腔场和泵浦的强耦合实现量子信息的存储和处理，在量子信息与量子计算科学中都有着很重要的应用。

本章主要介绍腔-QED 的基本概念和方法，首先给出决定光学腔性质以及原子-腔耦合的关键参数，然后揭示原子与光学腔在弱耦合和强耦合极限下的不同物理效应。

10.1 光 学 腔

光学腔在激光技术、光谱分析、通信网络以及量子信息科学等领域都有广泛的应用。本节介绍光学腔的一些基本性质，主要关注最简单的情况——平行平面腔。

10.1.1 平面透明板的多光束干涉

平行平面腔的光学性质主要来源于腔中光在两个腔镜之间往复反射后相遇所产生的多光束干涉现象。为分析平行平面腔的多光束干涉，可以考虑如图 10.1 所示的模型，一块折射率为 n 的平面透明板，平板的周围为空气或真空。平面单色光束斜入射到平板上，在第一个界面光波被分成两部分，一部分被反射，另一部分被折射进板内。这个折射光波又斜入射到第二个界面上，并再次分成两个平面波，一个透射到板外，另一个被反射回板内。留在板内的光波会继续分解。显然，不论是反射到平面透明板外的光，还是透射过去的光，都满足多光束干涉的相干条件。

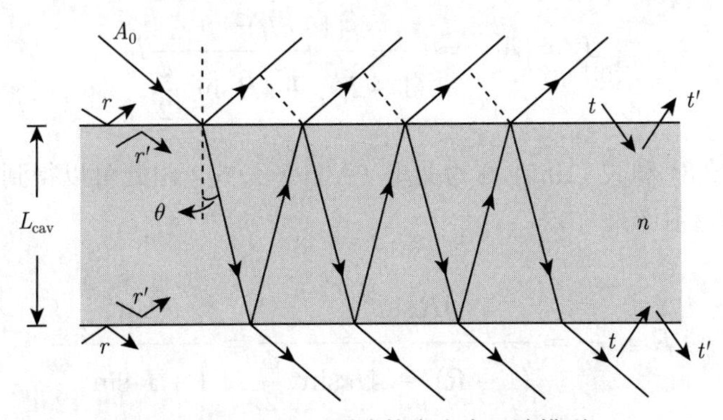

图 10.1 平行平面腔的多光束干涉模型

设入射光波的波长为 λ，电场矢量振幅为 A_0，并取为复数，令其相位等于波函数

相位的常数部分。无论是在反射波还是在透射波中，每个波和它前一个波的相位差都可以表示为

$$\phi = \frac{2\pi}{\lambda} 2nL_{\mathrm{cav}} \cos\theta \tag{10.1}$$

设光波从周围介质进入平面透明板时，反射系数（反射波振幅与入射波振幅之比）为 r，透射系数（透射波振幅与入射波振幅之比）为 t；而当波从平面透明板传播到周围介质中时，相应系数为 r' 和 t'。于是，在第一个界面外系列反射波的复振幅为

$$A_0 r, \quad A_0 t r' t' \mathrm{e}^{\mathrm{i}\phi}, \quad A_0 t r'^3 t' \mathrm{e}^{\mathrm{i}2\phi}, \quad A_0 t r'^5 t' \mathrm{e}^{\mathrm{i}3\phi}, \quad \cdots$$

则第一个界面外反射光波的合振幅为

$$A_{\mathrm{r}} = A_0 \left[r + tt'r'\mathrm{e}^{\mathrm{i}\phi} + tt'r'^3\mathrm{e}^{\mathrm{i}2\phi} + tt'r'^5\mathrm{e}^{\mathrm{i}3\phi} + \cdots \right] = A_0 \left[r + \frac{tt'r'\mathrm{e}^{\mathrm{i}\phi}}{1 - r'^2\mathrm{e}^{\mathrm{i}\phi}} \right] \tag{10.2}$$

对于无损耗的平面，有 $r' = -r$。令 $R = r^2 = r'^2$ 为平面透明板第一个界面的光强反射率，$T = tt'$ 为透射率。由能量守恒定律，二者满足关系：$R + T = 1$。因此，可以得到反射光的强度：

$$I_{\mathrm{r}} = |A_{\mathrm{r}}|^2 = R\left[1 - \frac{(1-R)\mathrm{e}^{\mathrm{i}\phi}}{1 - R\mathrm{e}^{\mathrm{i}\phi}}\right] I_0 = \frac{4R\sin^2\dfrac{\phi}{2}}{(1-R)^2 + 4R\sin^2\dfrac{\phi}{2}} I_0 \tag{10.3}$$

同理，可以得到从第二个界面透射而出的光波合振幅：

$$A_{\mathrm{t}} = A_0 tt' \left(1 + r'^2\mathrm{e}^{\mathrm{i}\phi} + r'^4\mathrm{e}^{\mathrm{i}2\phi} + r'^6\mathrm{e}^{\mathrm{i}3\phi} + \cdots\right) = A_0 \frac{1-R}{1 - R\mathrm{e}^{\mathrm{i}\phi}} \tag{10.4}$$

因此，透明平板的透射光强为

$$I_{\mathrm{t}} = |A_{\mathrm{t}}|^2 = \frac{(1-R)^2}{(1-R)^2 + 4R\sin^2\dfrac{\phi}{2}} I_0 \tag{10.5}$$

其中，式 (10.3) 和式 (10.5) 称为艾里（Airy）公式。由此可以得到整个平面透明板的光强反射率和透射率：

$$\mathcal{R} = \frac{I_{\mathrm{r}}}{I_0} = \frac{4R\sin^2\dfrac{\phi}{2}}{(1-R)^2 + 4R\sin^2\dfrac{\phi}{2}} = \frac{F\sin^2\dfrac{\phi}{2}}{1 + F\sin^2\dfrac{\phi}{2}} \tag{10.6}$$

$$\mathcal{T} = \frac{I_{\mathrm{t}}}{I_0} = \frac{(1-R)^2}{(1-R)^2 + 4R\sin^2\dfrac{\phi}{2}} = \frac{1}{1 + F\sin^2\dfrac{\phi}{2}} \tag{10.7}$$

其中，参量 F 称为腔的**精细度**，定义为

$$F = \frac{4R}{(1-R)^2} \tag{10.8}$$

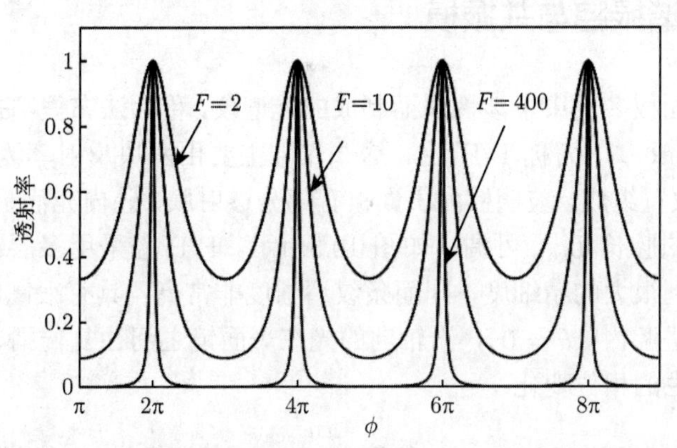

图 10.2　F=2、10、400 时的平面透明板透射率变化曲线 (当往返相移等于 $2m\pi$ (m 为整数) 时产生共振，透射率最大为 1)

光束以一定入射角斜入射到平面透明板上，反射和透射的系列平行光束需要用透镜收集，在透镜焦平面上观察到等倾干涉条纹。图 10.2 给出了 F=2、10、400 时的平面透明板透射率变化曲线。可以看到，透射率是往复相位差 ϕ 的尖峰函数，且在相位差 $\phi = 2m\pi, (m = 0, 1, 2, \cdots)$ 时发生共振达到最大透射率（对应焦平面上的亮条纹中心）。随着反射率 R 增大，精细度 F 增大，透射极小值的强度下降，透射极大值处曲线变得更尖锐，即亮条纹变得更窄。当 $R \to 1$ 而 F 很大时，除紧靠极大值处的区域外，其他区域透射光强很小。这时，透射光的干涉图样由一系列很窄的亮条纹组成，而背景是完全黑暗的。与之互补，反射光的干涉条纹是一系列很窄的暗条纹，背景则几乎是一片均匀的明亮。条纹的锐度可以用透射率和透射强度的半高全宽来度量。即计算透射率为最大值的一半时，可以得出透射峰的峰宽。

$$\mathcal{T} = \frac{1}{2}, \quad \phi = 2m\pi \pm \frac{\Delta\phi_{\mathrm{FWHM}}}{2}$$

因此

$$F \sin^2 \frac{\Delta\phi_{\mathrm{FWHM}}}{4} = 1 \tag{10.9}$$

其中，$\Delta\phi_{\mathrm{FWHM}}$ 为透射峰的峰宽。一般情况下（大 F 的极限），$\Delta\phi_{\mathrm{FWHM}} \ll 1$，可以近似解出

$$\Delta\phi_{\mathrm{FWHM}} \approx \frac{4}{\sqrt{F}} = \frac{2(1-R)}{\sqrt{R}} \tag{10.10}$$

显然，精细度越高，透射峰越尖锐，条纹清晰度越高。因此，当板面反射率增大时，F 增大，透射光强度分布变得更有利于测量条纹的位置；且在透射图样中，不同单色成分的条纹可以完全分开。正是由于这些原因，多光束干涉度量学具有实际的重要意义。

10.1.2 光学谐振腔与共振模

利用平行平面板多光束干涉性质而制成的光谱仪，称为**法布里-泊罗干涉仪**（Fabry-Perot interferometer），简称 F-P 腔。这一光腔主要由两块反射率为 R 的平面玻璃板 M_1 和 M_2 平行放置组成，玻璃板内表面镀有部分透射膜，腔内充满折射率为 n 的介质，平面玻璃板之间的腔长 $L_{\rm cav}$ 可调，如图 10.3所示。F-P 腔采用多层镀膜等手段提高腔镜的反射率，达到很大的精细度，因而条纹清晰度非常高，具有很高的分辨率。光从腔的一端垂直入射进腔内（$\theta=0$），沿轴向的光在平面镜之间往复传播、多次反射。此时，ϕ 为往返一次产生的相位变化：

$$\phi=\frac{4\pi nL_{\rm cav}}{\lambda} \tag{10.11}$$

当 $\phi=2m\pi$（m 是整数）时，透射率等于 1，此时腔是共振的。显然，$L_{\rm cav}=m\lambda/2n$，即当腔长 $L_{\rm cav}$ 等于半波长的整数倍时满足共振条件，在腔内形成驻波。

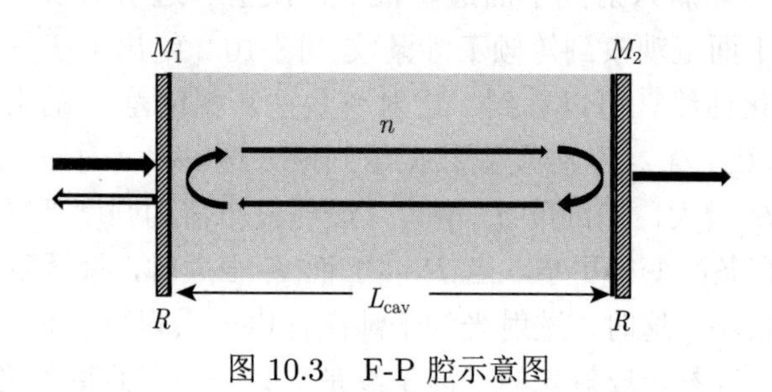

图 10.3　F-P 腔示意图

对于确定腔长的平面腔，相位差与光的频率为正比关系：

$$\phi=\frac{2nL_{\rm cav}}{c}\omega \tag{10.12}$$

因此，透射率的峰值对应着共振频率，即腔的共振条件自然会引出**共振模**的概念：在腔中，满足共振条件被腔所选择的模式称为共振模。这些模式的光在腔中沿轴向往复反射，发生相长干涉的振幅要远远大于非共振模。共振模的强度是输入光强的 $4/(1-R)$ 倍，而非共振模的光强压缩为输入光强的 $1-R$。因此，谐振腔的共振模性质对激光的辐射谱起着决定性作用。

共振模的角频率可由共振条件求出：

$$\omega_m=m\frac{c}{2nL_{\rm cav}}2\pi \tag{10.13}$$

显然，共振模频率可以通过改变 L_{cav} 或 n 来调制。由于模频率正比于相位，可以得到共振模谱宽 $\Delta\omega$ 和腔参数之间的关系：

$$\frac{\Delta\omega}{\omega_m - \omega_{m-1}} = \frac{\Delta\phi_{\mathrm{FWHM}}}{2\pi} = \frac{2}{\pi\sqrt{F}} \tag{10.14}$$

从而得到

$$\Delta\omega = \frac{2c}{nL_{\mathrm{cav}}\sqrt{F}} \tag{10.15}$$

这说明精细度越高，腔的共振模透射峰越尖锐。

10.1.3　光腔的损耗

光腔的损耗大致包含如下几个方面:

(1) 几何偏折损耗，即光线在腔内往返传播时，可能偏离轴线从腔的侧面偏折出去造成的损耗。这类损耗取决于腔的类型和几何尺寸，也与不同的模式有关。

(2) 衍射损耗，即由于腔反射镜的孔径有限，光在镜面上发生衍射而造成的能量损失。

(3) 腔镜反射不完全造成的损耗，这部分损耗包括镜面的吸收、散射以及透射损耗。

(4) 材料中的非激活吸收、散射，腔内介质所引起的损耗，等等。

不论损耗的起源如何，都会使腔内的光场能量逐渐减少，即光强和光子数都是衰减的，可引入**损耗因子** 或**衰减率** κ 来定量地描述光腔的损耗，定义为：若初始光强为 I_0 (或光子密度为 N_0，光强与光子密度关系为 $I = N_0\hbar\omega c/n$)，在腔内往返一次后，光强衰减为 I_1 (或光子密度 N_1)，则

$$I_1 = I_0\mathrm{e}^{-2\kappa} \quad 或 \quad N_1 = N_0\mathrm{e}^{-2\kappa} \tag{10.16}$$

考虑由反射率为 R_1 和 R_2 的两个镜面组成的 F-P 腔。初始场强为 I_0 的光，在腔内经两个镜面反射往返一周后，其强度 I_1 应为

$$I_1 = I_0R_1R_2 = I_0\mathrm{e}^{-2\kappa_{\mathrm{r}}} \tag{10.17}$$

按照损耗因子的定义，由镜面反射不完全所引入的损耗因子 κ_{r} 应满足

$$\kappa_{\mathrm{r}} = -\frac{1}{2}\ln R_1R_2 \tag{10.18}$$

当 $R_1 \approx 1$，$R_2 \approx 1$ 时，有

$$\kappa_{\mathrm{r}} \approx \frac{1}{2}\left[(1-R_1) + (1-R_2)\right] \tag{10.19}$$

显然，如果 $R_1 = R_2 = R \approx 1$，则 $\kappa_{\mathrm{r}} = 1 - R$。

如果损耗是由多种因素引起的，则每一种因素引起的损耗以相应因子 κ_i 描述，则有

$$\kappa = \kappa_1 + \kappa_2 + \kappa_3 + \cdots \tag{10.20}$$

10.1.4 光子在腔内的平均寿命

由式 (10.16) 不难求出，在 $t=0$ 时刻，初始光强为 I_0 的光束在腔内往返 m 次后，光强变为

$$I_m = I_0(\mathrm{e}^{-2\kappa})^m = I_0\mathrm{e}^{-2\kappa m} \tag{10.21}$$

到 $t(t>0)$ 时刻为止，光在光腔内往返的次数 m 应为

$$m = \frac{t}{2nL_{\mathrm{cav}}/c} \tag{10.22}$$

因此，可得出 t 时刻的光强为

$$I(t) = I_0\mathrm{e}^{-\frac{t}{\tau_{\mathrm{cav}}}} \tag{10.23}$$

其中

$$\tau_{\mathrm{cav}} = \frac{nL_{\mathrm{cav}}}{\kappa c} \propto \frac{1}{\kappa} \tag{10.24}$$

称为腔的时间常数，是描述光腔性质的一个重要参数。可以看出，当 $t=\tau_{\mathrm{cav}}$ 时，

$$I(t) = I_0\mathrm{e}^{-1} \tag{10.25}$$

这表明了时间常数 τ_{cav} 的物理意义：经过时间 τ_{cav}，光腔内光强衰减为初始值的 1/e。可见，κ 越大，τ_{cav} 越小，说明光腔损耗越大，腔内光强衰减越快。

可以将 τ_{cav} 解释为“光子在腔内的平均寿命”。设 t 时刻腔内光子密度为 N，$N=N_0\mathrm{e}^{-\frac{t}{\tau_{\mathrm{cav}}}}$，即腔内光子密度随时间按指数规律衰减。到 $t=\tau_{\mathrm{cav}}$ 时刻，衰减为 N_0 的 1/e。在 $t\sim t+\mathrm{d}t$ 时间内减小的光子密度为

$$-\mathrm{d}N = \frac{N_0}{\tau_{\mathrm{cav}}}\mathrm{e}^{-\frac{t}{\tau_{\mathrm{cav}}}}\mathrm{d}t \tag{10.26}$$

这 $\mathrm{d}N$ 个光子的寿命为 t, 即在 $0\sim t$ 这段时间内他们存在于腔内，而再经过无限小时间间隔 $\mathrm{d}t$ 后，它们就不在腔内了。由此可以计算出 N_0 个光子的平均寿命为

$$\bar{t} = \frac{1}{N_0}\int(-\mathrm{d}N)t = \frac{1}{N_0}\int_0^\infty t\left(\frac{N_0}{\tau_{\mathrm{cav}}}\right)\mathrm{e}^{-\frac{t}{\tau_{\mathrm{cav}}}}\mathrm{d}t = \tau_{\mathrm{cav}} \tag{10.27}$$

考虑到 $R\approx 1$，可以得到共振谱宽与光子寿命、耗散因子之间的关系：

$$\Delta\omega = (\tau_{\mathrm{cav}})^{-1} \propto \kappa \tag{10.28}$$

即共振模谱宽可由腔的耗散因子来控制，这与原子辐射的谱宽可由自发辐射率控制一样。

无论是 LC 振荡回路、微波谐振腔，还是光学谐振腔，往往都采用**品质因子**（quanlity factor）标志腔的特性，定义为

$$Q = \omega\frac{\mathscr{E}}{P} \tag{10.29}$$

其中，$\mathscr{E}=NV\hbar\omega$ 为腔中储存的总能量；P 为单位时间内损耗的能量（能量损耗率），表示为

$$P=-\frac{\mathrm{d}\mathscr{E}}{\mathrm{d}t}=-\hbar\omega V\frac{\mathrm{d}N}{\mathrm{d}t} \tag{10.30}$$

因此，可得

$$Q=\omega\tau_{\mathrm{cav}}=\frac{\omega}{\Delta\omega} \tag{10.31}$$

可以看到，高 Q 值意味着相对小的光子损耗率，即腔能更好地储存能量，光子的平均寿命更长。品质因子与精细度等价地表征腔的特性，往往平面腔用精细度表征，而其他腔用品质因子来表征。

10.2　原子-腔耦合

现在考虑如图 10.4 所示的腔中光与原子的相互作用。光腔的反射镜采用凹面镜而不是平面镜，因为使用平面镜时，原子辐射出的偏轴光子由于反射而远离腔轴，甚至从腔中逸出，将永远不可能再和原子相互作用，而使用凹面镜则减少了这种情况的发生。设定原子置于腔中，既能从腔中吸收光子，也能辐射光子到腔中。我们尤其感兴趣的是原子的跃迁频率与腔内某个模相同的情况。结果是激发态原子辐射的光子会被约束在腔内一段时间，从而可能再次被原子吸收。此时，原子与腔能以共振的形式交换光子，这与自由光场时显著不同。更重要的一点是，腔对光-物质相互作用的调制高度依赖于腔的几何尺寸和光学性质，尤其是品质因子的值。

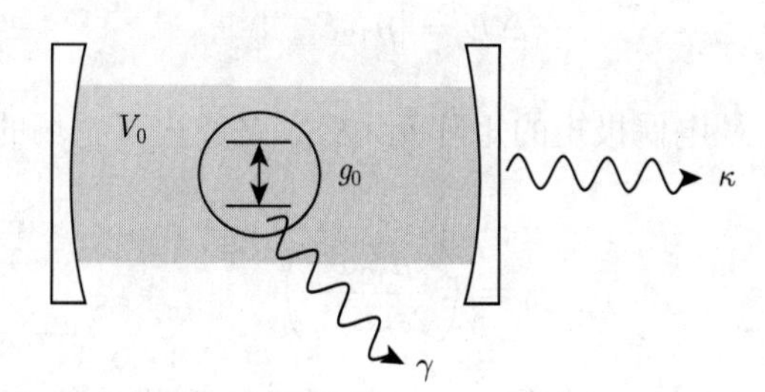

图 10.4　一个二能级原子处于模式体积为 V_0 的谐振腔内实现了腔中光与原子的耦合

原子的跃迁频率由其内部结构决定，一般都是确定不变的。可以通过调制腔的参数使腔模频率与原子的跃迁频率一致。当原子与腔模共振时，原子-腔的相互作用强度由 3 个参量决定：① 腔的耗散因子 κ；② 腔的非共振衰减率 γ；③ 原子-光子耦合系数 g_0。每一个参量都定义了一个原子-光子系统动力学的特征时间尺度。当 $g_0\gg(\kappa,\gamma)$ 时，〔(κ,γ) 表示取 κ 和 γ 中数值较大者〕称为**强耦合极限**。在强耦合极限时，原子-光子相互作用比光子泄露到腔外的不可逆过程快得多。这时，原子辐射出光子，光子在泄露出腔之前可被原子再吸收，从而形成可逆过程。显然，对于 Q 值足够高的腔，原子

与腔场的耦合变得足够强，进入强耦合区域。相反，当 $g_0 \ll (\kappa, \gamma)$ 时称为**弱耦合极限**。显然，如果 Q 值比较小，进入弱耦合区域，此时腔的作用可以仅仅看作对真空的微扰，原子辐射光子是不可逆过程，这和自由空间的自发辐射类似，只不过辐射率受腔影响稍作修正而已。因此，我们需要考虑 κ、γ 和 g_0 的相对大小。

非共振衰减率 γ 取决于如下几方面因素：

(1) 原子辐射出的共振频率的光子，但光子的方向可能不同于腔模方向；

(2) 原子跃迁到其他能级，辐射出非腔模频率的光子，这代表了二能级近似的破坏；

(3) 激发态原子耗散到其他能级态上而没有辐射光子。

对于非共振光子模的辐射衰减，我们可以设定 γ 等于横退相位率：

$$\gamma \equiv \frac{1}{T_2} = \frac{\gamma_{||}}{2} \tag{10.32}$$

其中，$\gamma_{||}$ 是纵向衰减率，由下式给出：

$$\gamma_{||} = A_{21}\left(1 - \frac{\Delta\Omega}{4\pi}\right) \tag{10.33}$$

A_{21} 为自由空间中自发辐射的爱因斯坦系数，$\Delta\Omega$ 为腔模张开的立体角。

至于原子与腔的耦合系数 g_0，和第 9 章不同，由于没有外部光源决定光场的强度，所以这里处理起来要复杂一些。我们必须考虑原子与腔内具有零点涨落的真空场之间的相互作用。

原子与腔真空场之间的相互作用能量 ΔE 可由电偶极相互作用给出：

$$\Delta E = |\mu_{12}\mathcal{E}_{\text{cav}}| \tag{10.34}$$

其中，$\mu_{12} \equiv -e\langle 1|x|2\rangle$ 是电偶极矩的矩阵元，$\mathcal{E}_{\text{cav}}$ 是腔内真空场的大小。令 $\Delta E = \hbar g_0$，可得

$$g_0 = \left(\frac{\mu_{12}^2\omega}{2\varepsilon_0\hbar V_0}\right)^{1/2} \tag{10.35}$$

显然，原子-光子耦合率取决于偶极矩 μ_{12}、角频率 ω 和模体积 V_0。

由式 (10.35) 可以直接比较耗散率和原子-光子的耦合率的大小，以决定是处于强耦合区域还是弱耦合区域。如果腔的衰减率 κ 是主要的耗散机制，则发生强耦合时：

$$g_0 \gg \frac{\omega}{Q} \tag{10.36}$$

因此，从式 (10.35) 和式 (10.36) 可以得到强耦合的条件：

$$Q \gg \left(\frac{2\varepsilon_0\hbar\omega V_0}{\mu_{12}^2}\right)^{1/2} \tag{10.37}$$

强耦合要求腔有非常高的 Q 值，但大部分情况下单原子系统是处于弱耦合区域的，尤其是当非共振模的衰减率非常高时。然而，如果腔内有 N 个原子，则情况会有改观。此时，强耦合的判据为

$$\sqrt{N}g_0 \gg (\kappa, \gamma) \tag{10.38}$$

$\sqrt{N}$ 因子使强耦合的实现变得容易。

10.3 弱　耦　合

当腔中光子衰减率 κ 或光子到非共振模的衰减率 γ 大于原子与腔的耦合系数 g_0 时，称为弱耦合。弱耦合意味着原子-腔耦合系统中光子损失所用时间比原子与腔相互作用的特征时间短。因此，原子辐射光子到腔中的过程是不可逆的，这与辐射到自由空间的原理是类似的。

由于弱耦合中腔的效应非常小，在处理原子与腔相互作用时适合应用微扰理论。首先在 10.3.1 节应用费米黄金定则（Fermi's golden rule）计算自由空间的原子辐射率，然后在 10.3.2 节计算原子和单模的高 Q 腔耦合时的辐射率。计算结果显示，相对于自由空间，当腔模与原子跃迁共振时，可以增强腔中光子密度，进而增强原子自发辐射。当腔模与原子远共振时，则会降低光子密度，进而降低原子辐射率。因此，处于激发态原子的自发辐射率不是一个绝对的数值，可以通过控制共振腔压缩或增强光子密度，进而实现控制自发辐射率。

10.3.1　自由空间自发辐射

考虑单模共振腔中原子的自发辐射，先回顾自由空间的偶极辐射。考虑一个体积为 V_0 的大光腔，这个光腔大到可以忽略其对原子性质的影响，从而可以简化计算过程。

费米黄金定则给出了自发辐射的跃迁率：

$$W = \frac{2\pi}{\hbar^2}|M_{12}|^2 g(\omega) \tag{10.39}$$

其中，M_{12} 是跃迁矩阵元，在此处表示电偶极相互作用矩阵元：

$$M_{12} = \langle \boldsymbol{M}_{\mathrm{e}} \cdot \boldsymbol{E} \rangle \tag{10.40}$$

$g(\omega)$ 是态密度。自由空间光子模型的态密度为

$$g(\omega) = \frac{\omega^2 V_0}{\pi^2 c^3} \tag{10.41}$$

由于腔内无外部场，因此 $\mathcal{E}_{\mathrm{vac}}$ 对应于真空场。由真空场公式 $\mathcal{E}_{\mathrm{vac}} = \left(\dfrac{\hbar\omega}{2\varepsilon_0 V}\right)^{1/2}$，并对

原子偶极相对于电场的各种可能方位求平均，可以得到

$$M_{12}^2 = \frac{1}{3}\mu_{12}^2\mathcal{E}_{\text{vac}}^2 = \frac{\mu_{12}^2\hbar\omega}{6\varepsilon_0 V_0} \tag{10.42}$$

将式 (10.42) 代入式 (10.39)，得出自发辐射的跃变率：

$$W \equiv \frac{1}{\tau_{\text{R}}} = \frac{\mu_{12}^2\omega^3}{3\pi\varepsilon_0\hbar c^3} \tag{10.43}$$

τ_{R} 为辐射寿命。由此可以看出，自发辐射率正比于频率的立方和跃变偶极矩阵元的平方。这个结果可以和爱因斯坦系数联系起来。由爱因斯坦系数给出自发辐射率：

$$W = A_{21} = \frac{\hbar\omega^3}{\pi^2\omega^3}B_{21}^{\omega} \tag{10.44}$$

其中，B_{21}^{ω} 是在半经典理论中得出的〔式 (8.69)〕，代入式 (10.44) 就可以得出和式 (10.43) 一样的结果。

10.3.2 单模腔中的自发辐射

本节将计算二能级原子与单模共振腔在弱耦合极限下的自发辐射。这个问题最早由珀塞尔在 1946 年提出，后来人们把这种原子辐射性质的变化称为 Purcell 效应。

考虑一个处于体积为 V_0 的单模腔中的二能级原子。所谓“单模”指的是腔中只有一个共振模接近原子的辐射频率，腔中当然还有其他模式，但由于这些模式远离与原子的共振所以可以忽略。在弱耦合极限下，可以应用 10.2 节自由空间中微扰的处理方式，因此辐射率也可由费米黄金定则给出。

设腔模的角频率为 ω_{c}，半宽为 $\Delta\omega_{\text{c}}$，由于腔内只有单一共振模，因此态密度函数 $g(\omega)$ 必须满足

$$\int_0^{\infty} g(\omega)\text{d}\omega = 1 \tag{10.45}$$

比如，态密度函数采用归一化洛伦兹函数：

$$g(\omega) = \frac{2}{\pi\Delta\omega_{\text{c}}}\frac{\Delta\omega_{\text{c}}^2}{4(\omega-\omega_{\text{c}})^2+\Delta\omega_{\text{c}}^2} \tag{10.46}$$

如果原子跃变的频率为 ω_0，则由上式可得

$$g(\omega_0) = \frac{2}{\pi\Delta\omega_{\text{c}}}\frac{\Delta\omega_{\text{c}}^2}{4(\omega_0-\omega_{\text{c}})^2+\Delta\omega_{\text{c}}^2} \tag{10.47}$$

当原子与腔之间发生共振时（$\omega_0 = \omega_{\text{c}}$），可以得到

$$g(\omega_0) = \frac{2}{\pi\Delta\omega_{\text{c}}} = \frac{2Q}{\pi\omega_0} \tag{10.48}$$

类似自由空间的原子，可以由式 (10.40) 和式 (10.42) 得到

$$M_{12}^2 = \zeta^2 \mu_{12}^2 \mathcal{E}_{\text{vac}}^2 = \zeta^2 \frac{\mu_{12}^2 \hbar\omega}{2\varepsilon_0 V_0} \tag{10.49}$$

其中，系数 ζ 是归一化偶极方位因子，定义为

$$\zeta = \frac{|\boldsymbol{p} \cdot \mathcal{E}|}{|\boldsymbol{p}||\mathcal{E}|} \tag{10.50}$$

自由空间中随机定位的 ζ^2 平均值为 1/3。

把式 (10.47) 和式 (10.49) 代入费米黄金定则，可以得到

$$W^{\text{cav}} = \frac{2Q\mu_{12}^2}{\hbar\varepsilon_0 V_0} \zeta^2 \frac{\Delta\omega_{\text{c}}^2}{4(\omega_0 - \omega_{\text{c}})^2 + \Delta\omega_{\text{c}}^2} \tag{10.51}$$

这个结果可以和自由空间的结果式 (10.43) 对比。我们引入 **Purcell 因子**F_{P}，定义为

$$F_{\text{P}} = \frac{W^{\text{cav}}}{W^{\text{free}}} \equiv \frac{\tau_{\text{R}}^{\text{cav}}}{\tau_{\text{R}}^{\text{free}}} \tag{10.52}$$

将 W^{cav} 和 W^{free} 的表达式代入式 (10.52)，可得

$$F_{\text{P}} = \frac{3Q(\lambda/n)^3}{4\pi^2 V_0} \zeta^2 \frac{\Delta\omega_{\text{c}}^2}{4(\omega_0 - \omega_{\text{c}})^2 + \Delta\omega_{\text{c}}^2} \tag{10.53}$$

在完全共振且电偶极矩沿着电场方向的情况下，上式简化为

$$F_{\text{P}} = \frac{3Q(\lambda/n)^3}{4\pi^2 V_0} \tag{10.54}$$

Purcell 因子是表述腔效应的重要参量。$F_{\text{P}} > 1$ 意味着腔增强了自发辐射率，$F_{\text{P}} < 1$ 则表示腔压制了自发辐射。式 (10.53) 显示出要获得更大的 Purcell 因子，需要尽可能的匹配腔模和原子跃迁，并尽可能地保证电偶极与腔模场平行；由式 (10.54) 可以看出，更大的 Purcell 因子要求腔有更小的模式体积和更高的 Q 值。另外，共振时腔模中态密度增大也会增强原子的辐射率，而原子与腔模失谐则使光子态密度减小从而压制原子的辐射。

描述腔效应的另外一个有用参数是**自发辐射耦合系数** β，即辐射进入腔模的光子数与光子总数之比。理想的腔中，$\beta = 1$。实际的腔中往往存在进入非共振模的光子，因此 $\beta < 1$。

考虑如图 10.5 所示的原子与平面腔的共振耦合情形。原子辐射进腔模的比率 W^{cav} 由式 (10.51) 给出。由于自发辐射的方向是随机的，因此光子也可以进入自由空间模式。腔只能影响轴向的量子态密度，因此可以假定腔对辐射进入自由空间的模式密度影响微

乎其微。把进入自由空间的模式辐射率记为 W^{free}，则总的辐射率为 $W^{\text{free}}+W^{\text{cav}}$。可以得到

$$\beta=\frac{W^{\text{cav}}}{W^{\text{free}}+W^{\text{cav}}}=\frac{F_{\text{P}}}{1+F_{\text{P}}} \tag{10.55}$$

因此，可以说 Purcell 因子越大，β 系数越接近 1。

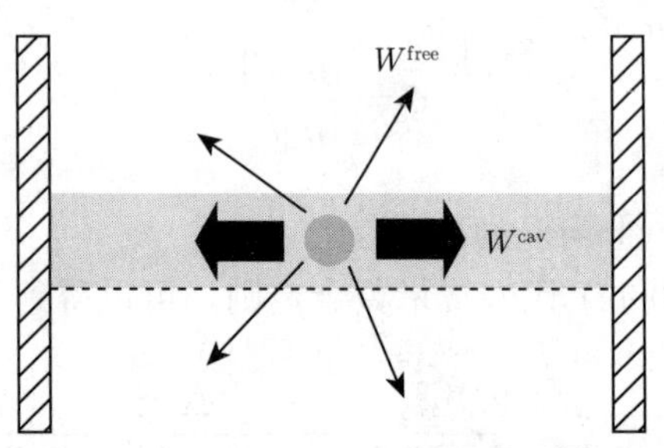

图 10.5　一个原子与平面腔的共振耦合

10.4 强　耦　合

前面已给出强耦合的条件，即原子与腔的耦合系数 g_0 大于腔的损耗率和非共振原子衰减率。满足这些条件时，腔与原子之间的相互作用是可逆的：原子辐射出的光子进入共振模，然后在腔镜间反射，可在泄露出腔之前再次被原子吸收。因此，原子与腔模光子之间的可逆相互作用比光子泄露的不可逆过程快得多，这个范围的光-原子相互作用的动力学过程即为**腔量子电动力学**。

1963 年，杰恩斯 (Jaynes，1922—1998) 和他的学生卡明斯（Cummings，1931—）对原子与共振腔模之间的相互作用做了详细分析，提出了二能级原子与量子化辐射场的相互作用理想模型，因此该模型又称为 **Jaynes-Cummings 模型**（简称 J-C 模型）。

原子两个能级 E_1 和 $E_2\,(E_1<E_2)$ 的本征态分别记为 $|1\rangle$ 和 $|2\rangle$，哈密顿量表示为

$$H_{\text{A}}=\frac{1}{2}\hbar\omega_0\sigma_z \tag{10.56}$$

选择两个能级中间点的能量为零，即

$$E_1=-\frac{1}{2}\hbar\omega_0,\ E_2=\frac{1}{2}\hbar\omega_0 \tag{10.57}$$

对于电磁场，哈密顿量为

$$H_{\text{F}}=\sum_k\hbar\omega_k\hat{a}_k^{\dagger}\hat{a}_k \tag{10.58}$$

在偶极近似和旋波近似下，原子与光场的相互作用哈密顿量形式为

$$H_{\text{I}}=\hbar\sum_k g_k(\sigma_+\hat{a}_k+\sigma_-\hat{a}_k^{\dagger}) \tag{10.59}$$

对于腔中模式，一般选择合适的腔参数，仅使腔的最低频（基频）模式与原子跃迁共振或近共振，而其他高阶谐频与原子跃迁是远共振的，即保证只有最低频模式对相互作用哈密顿量有贡献。称基频为**腔模**，用 $\omega_{\rm c}$ 表示。这样，相互作用哈密顿量中的 a_k 就简化为腔模的湮灭算符 $\hat{a}$。

因此，J-C 模型的总哈密顿量为 $H_{\rm JC}=H_0+H_{\rm I}$，其中

$$H_0=\hbar\omega_{\rm c}\hat{a}^\dagger\hat{a}+\frac{1}{2}\hbar\omega_0\sigma_z \tag{10.60}$$

$$H_{\rm I}=\hbar g(\sigma_+\hat{a}+\sigma_-\hat{a}^\dagger) \tag{10.61}$$

这与 9.2 节讨论的量子理论形式完全一致，因此二者具有同样的动力学行为，包括拉比振荡、振荡的崩塌和再生等。本节我们从能级和本征态的角度讨论 J-C 模型的性质。

原子与腔场无耦合时，$g=0$。原子能级态 $|i\rangle$ 与腔模的光子数态 $|n\rangle$ 处于乘积态，记为

$$|i,n\rangle^{(0)}=|i\rangle|n\rangle,\quad (i=1,2;\ n=0,1,2,\cdots) \tag{10.62}$$

乘积态构成了 J-C 模型在希尔伯特空间的自然基矢，称为**裸态**（bare states），是无耦合哈密顿量的本征态

$$H_0|i,n\rangle^{(0)}=(E_i+n\hbar\omega_{\rm c})|i,n\rangle^{(0)} \tag{10.63}$$

接下来，调制原子与腔模的耦合，令 $g\neq 0$。如果初始系统处于裸态 $|1,0\rangle^{(0)}$，直接可以得到

$$H_{\rm I}|1,0\rangle^{(0)}=0 \tag{10.64}$$

这意味着，在原子与腔场耦合的情况下，真空裸态 $|1,0\rangle^{(0)}$ 的自发吸收是禁止的。我们将这个态看作原子-腔耦合系统的基态，即基态和基态能分别为

$$|\phi_{\rm g}\rangle=|1,0\rangle^{(0)},\quad E_{\rm g}=E_1=-\frac{1}{2}\hbar\omega_0 \tag{10.65}$$

此处，直接省略了作为腔场能量共同因子的零点能。

对应于参数 n 的非真空裸态，裸态 $|2,n\rangle^{(0)}$ 和 $|1,n+1\rangle^{(0)}$，满足

$$H_{\rm I}|2,n\rangle^{(0)}=\hbar g\sqrt{n+1}|1,n+1\rangle^{(0)} \tag{10.66}$$

$$H_{\rm I}|1,n+1\rangle^{(0)}=\hbar g\sqrt{n+1}|2,n\rangle^{(0)} \tag{10.67}$$

即，相互作用哈密顿量将 $|2,n\rangle^{(0)}$ 和 $|1,n+1\rangle^{(0)}$ 耦合在一起，但不能将 $|2,n\rangle^{(0)}$ 和 $|1,n-1\rangle^{(0)}$ 这样的态耦合起来 (已被旋波近似略去)。因此，由两个裸态张开的二维子空间 $\mathcal{H}_n=\left\{|2,n\rangle^{(0)},|1,n+1\rangle^{(0)}\right\}$，$(n=0,1,2,\cdots)$ 在相互作用哈密顿量下保持不变。显然，该子空间中的两个裸态在光场与原子跃迁共振时是简并的，如果光场频率与原子跃迁频率存在差异，那么失谐量 $\delta=\omega_0-\omega_{\rm c}$ 会引起两态的分裂，能级间隙正好等于 δ。

J-C 模型的希尔伯特空间可以分解为

$$\mathcal{H}_{\mathrm{JC}} = \mathcal{H}_{\mathrm{g}} \oplus \mathcal{H}_0 \oplus \mathcal{H}_1 \oplus \cdots \oplus \mathcal{H}_n \oplus \cdots \tag{10.68}$$

其中，$\mathcal{H}_{\mathrm{g}} = \left\{|1,0\rangle^{(0)}\right\}$ 为由系统基态张开的一维空间。

在子空间 $\mathcal{H}_n$ 中，系统哈密顿量可以用 2×2 矩阵表示为

$$H_{\mathrm{JC},n} = \left(n+\frac{1}{2}\right)\hbar\omega_{\mathrm{c}}\begin{bmatrix}1 & 0\\ 0 & 1\end{bmatrix} + \frac{\hbar}{2}\begin{bmatrix}\delta & 2g\sqrt{n+1}\\ 2g\sqrt{n+1} & -\delta\end{bmatrix} \tag{10.69}$$

式 (10.69) 所示的哈密顿量的形式结构可以将薛定谔方程 $H_{\mathrm{JC}}|\boldsymbol{\Phi}\rangle = E|\boldsymbol{\Phi}\rangle$ 简化为对应于 $H_{\mathrm{JC},n}$ 的 2×2 对角化矩阵形式。对应于每个子空间 $\mathcal{H}_n$，能量本征值 $E_{j,n}$ 和本征态 $|\boldsymbol{\Phi}_{j,n}\rangle$ $(j=1,2)$ 分别为

$$E_{1,n} = \left(n+\frac{1}{2}\right)\hbar\omega_{\mathrm{c}} + \frac{\hbar\Omega_n}{2},\quad |\boldsymbol{\Phi}_{1,n}\rangle = \sin\theta_n|2,n\rangle^{(0)} + \cos\theta_n|1,n+1\rangle^{(0)} \tag{10.70}$$

$$E_{2,n} = \left(n+\frac{1}{2}\right)\hbar\omega_{\mathrm{c}} - \frac{\hbar\Omega_n}{2},\quad |\boldsymbol{\Phi}_{2,n}\rangle = \cos\theta_n|2,n\rangle^{(0)} - \sin\theta_n|1,n+1\rangle^{(0)} \tag{10.71}$$

其中

$$\Omega_n = \sqrt{\delta^2 + 4g^2(n+1)} \tag{10.72}$$

为系统在子空间 $\mathcal{H}_n$ 的两个裸态之间振荡的拉比频率。处在裸态上的概率系数为

$$\cos\theta_n = \frac{\Omega_n - \delta}{\sqrt{(\Omega_n-\delta)^2 + 4g^2(n+1)}} \tag{10.73}$$

$$\sin\theta_n = \frac{2g\sqrt{n+1}}{\sqrt{(\Omega_n-\delta)^2 + 4g^2(n+1)}} \tag{10.74}$$

我们将子空间 $\mathcal{H}_n$ 的哈密顿量本征能级和本征态称为激发能级和激发态，$n=0,1,2,\cdots$ 分别代表第一、第二、第三、$\cdots$ 激发能级和激发态。与式 (10.62) 定义的裸态对应，本征态 $|\boldsymbol{\Phi}_{1,n}\rangle, |\boldsymbol{\Phi}_{2,n}\rangle$ 称为缀饰原子态，简称**缀饰态**（dressed states），即把“裸”原子所受到的场的作用混合到原子上，场包围着原子，好像给原子穿上一件“衣服”一样。这是一种原子态与光子数态的纠缠态（entangled states），在量子信息科学中，常把这种纠缠态作为量子资源，实现量子信息的存储和处理。

由上面的讨论可以看到，如果系统初始时刻处于裸态 $|1,n+1\rangle^{(0)}$，原子吸收光子，系统从 $|1,n+1\rangle^{(0)}$ 跃迁至 $|2,n\rangle^{(0)}$ 时，两态在相互作用哈密顿量 H_{I} 的作用下发生耦合，产生一对新的量子态——缀饰态 $|\boldsymbol{\Phi}_{1,n}\rangle$ 和 $|\boldsymbol{\Phi}_{2,n}\rangle$。这两个缀饰态的能级间隔（拉比劈裂）为

$$E_{1,n} - E_{2,n} = \hbar\Omega_n \tag{10.75}$$

同样，也可以得到相邻激发能级之间的能级间隔：

$$E_{2,n} - E_{1,n-1} = \hbar\omega_c - \frac{\hbar}{2}(\Omega_n + \Omega_{n-1}) \tag{10.76}$$

J-C 模型原子-场系统耦合前后的量子本征态如图 10.6 所示。未耦合时，系统处于裸态，原子处于基态或激发态，而腔模中的光子数为 n；耦合后形成缀饰态。也可以从图 10.7来理解缀饰态，图中给出了原子-场系统哈密顿量的本征值随失谐量 $\delta(\delta = \omega_0 - \omega_c)$ 的变化关系。虚线为无相互作用（$g = 0$）时的本征值，在共振点 $(\omega_0 = \omega_c)$ 处，$E_{1,n}^{(0)}$ 与 $E_{2,n}^{(0)}$（$E_{1,n-1}^{(0)}$ 与 $E_{2,n-1}^{(0)}$）交叉重合；实线为缀饰态的本征值，可见在共振点处能级不再重合，且随耦合强度的增大，能级间隙增大，这就是所谓的**回避交叉** (avioded crossing) 或**能级排斥**（level repulsion）的现象。

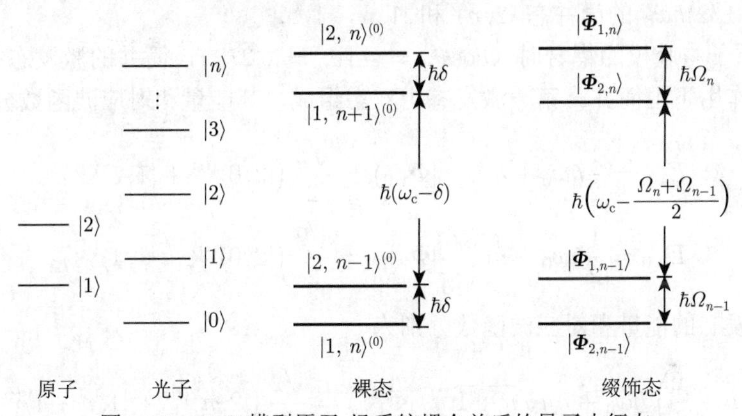

图 10.6　J-C 模型原子-场系统耦合前后的量子本征态

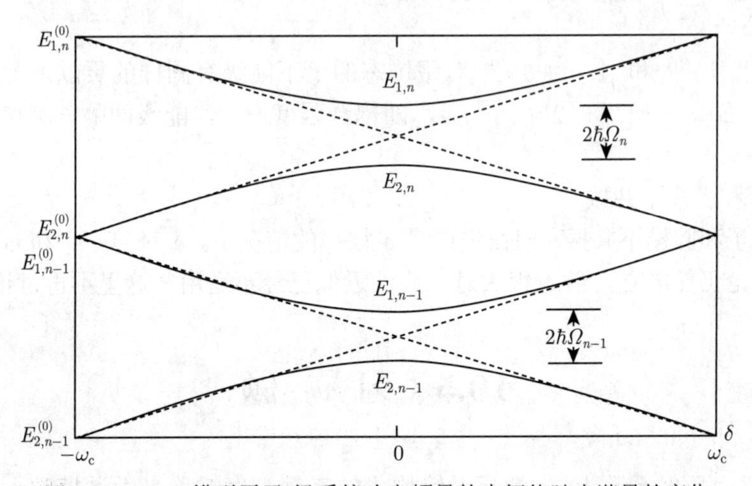

图 10.7　J-C 模型原子-场系统哈密顿量的本征值随失谐量的变化

下面就缀饰态及其能级做简单讨论。

1) 考虑腔模和原子共振的情况，即 $\delta=\omega_0-\omega_c=0$，$\Omega_n=2g\sqrt{n+1}$

(1) 原子与腔模无耦合时，$g=0$，系统回归裸态情况，对应的本征值和本征态分别为

$$E_{1,n}^{(0)}=E_{2,n}^{(0)}=(n+\frac{1}{2})\hbar\omega_0 \tag{10.77}$$

$$|\boldsymbol{\Phi}_{1,n}\rangle=|1,n+1\rangle^{(0)} \tag{10.78}$$

$$|\boldsymbol{\Phi}_{2,n}\rangle=|2,n\rangle^{(0)} \tag{10.79}$$

即图 10.7 中虚线的交叉点。也就是当原子与腔共振但无耦合时，激发态都是二重简并的。即，第一激发态具有能量 $(1/2)\hbar\omega_0$，对应于两种情况：原子处于激发态而腔中无光子 $|2,0\rangle^{(0)}$，或原子处于基态而腔中有一个光子 $|1,1\rangle^{(0)}$。同样，第 $n+1$ 级激发态对应能量为 $(n+1/2)\hbar\omega_0$ 的简并态 $|2,n\rangle$ 和 $|1,n+1\rangle$。

(2) 当原子与腔模的耦合时（$\cos\theta_n=\sin\theta_n=\sqrt{2}/2$），简并的激发态在原子-光子的偶极相互作用下退简并。第一激发态由双态组成，其能量和对应波函数分别为

$$E_{1,0}=\frac{1}{2}\hbar\omega_0+\hbar g,\quad |\boldsymbol{\Phi}_{1,0}\rangle=\frac{\sqrt{2}}{2}\left(|2,0\rangle^{(0)}+|1,1\rangle^{(0)}\right) \tag{10.80}$$

$$E_{2,0}=\frac{1}{2}\hbar\omega_0-\hbar g,\quad |\boldsymbol{\Phi}_{2,0}\rangle=\frac{\sqrt{2}}{2}\left(|2,0\rangle^{(0)}-|1,1\rangle^{(0)}\right) \tag{10.81}$$

第 $n+1$ 激发态的能量和对应波函数分别为

$$E_{1,n}=\left(n+\frac{1}{2}\right)\hbar\omega_0+\hbar g\sqrt{n+1},\quad |\boldsymbol{\Phi}_{1,n}\rangle=\frac{\sqrt{2}}{2}\left(|2,n\rangle^{(0)}+|1,n+1\rangle^{(0)}\right) \tag{10.82}$$

$$E_{2,n}=\left(n+\frac{1}{2}\right)\hbar\omega_0-\hbar g\sqrt{n+1},\quad |\boldsymbol{\Phi}_{2,n}\rangle=\frac{\sqrt{2}}{2}\left(|2,n\rangle^{(0)}-|1,n+1\rangle^{(0)}\right) \tag{10.83}$$

可以看出，$|2,n\rangle^{(0)}$ 和 $|1,n+1\rangle^{(0)}$ 对缀饰态的上下能级有同样的贡献。此时，能级劈裂为 $E_{1,n}-E_{2,n}=\hbar\Omega_n=2\hbar g\sqrt{n+1}$，随耦合强度增大，能级间隔逐渐增大，即能级排斥。

2) 原子和腔模不共振

尽管原子和腔模不共振，但在失谐量 δ 很小的情况下，δ 对 $\sin\theta_n$ 和 $\cos\theta_n$ 影响不大，上述结论仍然成立。当 δ 很大时，旋波近似已经不适用，这里不再讨论。

10.5 习　题

1. 考虑由反射系数为 R 的反射镜构成的高精细度对称光学谐振腔，证明共振模的驻波波腹光强与输入光强的比值为 $4/(1-R)$，以及非共振频率光强的衰减系数为 $(1-R)$。

2. 对于一个充满空气的平行平面对称腔，腔镜反射率 $R = 99\%$，腔长 $L = 1$ mm，计算腔中的光子寿命。

3. 一个充满空气的平行平面对称腔，共振模为 589 nm，腔镜反射率为 99.9%，腔长为 1 cm，计算腔的精细度 F 和品质因子 Q。

附录 A　矢量公式

$$\boldsymbol{A}\cdot(\boldsymbol{B}\times\boldsymbol{C})=\boldsymbol{B}\cdot(\boldsymbol{C}\times\boldsymbol{A})=\boldsymbol{C}\cdot(\boldsymbol{A}\times\boldsymbol{B})$$

$$\boldsymbol{A}\times(\boldsymbol{B}\times\boldsymbol{C})=(\boldsymbol{A}\cdot\boldsymbol{C})\boldsymbol{B}-(\boldsymbol{A}\cdot\boldsymbol{B})\boldsymbol{C}$$

$$(\boldsymbol{A}\times\boldsymbol{B})\cdot(\boldsymbol{C}\times\boldsymbol{D})=(\boldsymbol{A}\cdot\boldsymbol{C})(\boldsymbol{B}\cdot\boldsymbol{D})-(\boldsymbol{A}\cdot\boldsymbol{D})(\boldsymbol{B}\cdot\boldsymbol{C})$$

$$\boldsymbol{\nabla}\times\boldsymbol{\nabla}\psi=0$$

$$\boldsymbol{\nabla}\cdot(\boldsymbol{\nabla}\times\boldsymbol{A})=0$$

$$\boldsymbol{\nabla}\times(\boldsymbol{\nabla}\times\boldsymbol{A})=\boldsymbol{\nabla}(\boldsymbol{\nabla}\cdot\boldsymbol{A})-\nabla^2\boldsymbol{A}$$

$$\boldsymbol{\nabla}\cdot(\psi\boldsymbol{A})=\boldsymbol{A}\cdot\boldsymbol{\nabla}\psi+\psi\boldsymbol{\nabla}\cdot\boldsymbol{A}$$

$$\boldsymbol{\nabla}\times(\psi\boldsymbol{A})=\boldsymbol{\nabla}\psi\times\boldsymbol{A}+\psi\boldsymbol{\nabla}\times\boldsymbol{A}$$

$$\boldsymbol{\nabla}(\boldsymbol{A}\cdot\boldsymbol{B})=(\boldsymbol{A}\cdot\boldsymbol{\nabla})\boldsymbol{B}+(\boldsymbol{B}\cdot\boldsymbol{\nabla})\boldsymbol{A}+\boldsymbol{A}\times(\boldsymbol{\nabla}\times\boldsymbol{B})+\boldsymbol{B}\times(\boldsymbol{\nabla}\times\boldsymbol{A})$$

$$\boldsymbol{\nabla}\cdot(\boldsymbol{A}\times\boldsymbol{B})=\boldsymbol{B}\cdot(\boldsymbol{\nabla}\times\boldsymbol{A})-\boldsymbol{A}\cdot(\boldsymbol{\nabla}\times\boldsymbol{B})$$

$$\boldsymbol{\nabla}\times(\boldsymbol{A}\times\boldsymbol{B})=\boldsymbol{A}(\boldsymbol{\nabla}\cdot\boldsymbol{B})-\boldsymbol{B}(\boldsymbol{\nabla}\cdot\boldsymbol{A})+(\boldsymbol{B}\cdot\boldsymbol{\nabla})\boldsymbol{A}-(\boldsymbol{A}\cdot\boldsymbol{\nabla})\boldsymbol{B}$$

附录 B 库仑规范

当描述由电场变化和磁场变化激发的电磁场时，引入**势**的概念描述电磁场的辐射和传播更为方便。针对磁场为无源场，即 $\boldsymbol{\nabla}\cdot\boldsymbol{B}=0$，可以引入矢势函数 $\boldsymbol{A}(\boldsymbol{r},t)$ 并令 $\boldsymbol{B}=\boldsymbol{\nabla}\times\boldsymbol{A}$。矢势的物理意义可由下式看出：

$$\oint_L \boldsymbol{A}\cdot\mathrm{d}\boldsymbol{l}=\iint_S \boldsymbol{B}\cdot\mathrm{d}\boldsymbol{S}$$

即任意时刻，矢量 $\boldsymbol{A}$ 沿任一闭合回路 L 的线积分等于该时刻通过以 L 为边线的曲面 S 的磁通量。

电磁场中的电场，可由静止电荷激发，也可由变化的磁场激发，是有源有旋场，因此不能像静电场那样直接引入电势。由法拉第电磁感应定律可得

$$\boldsymbol{\nabla}\times\boldsymbol{E}=-\frac{\partial\boldsymbol{B}}{\partial t}=-\boldsymbol{\nabla}\times\frac{\partial\boldsymbol{A}}{\partial t}$$

$$\boldsymbol{\nabla}\times\left(\boldsymbol{E}+\frac{\partial\boldsymbol{A}}{\partial t}\right)=0$$

显然，上式括号中的部分对应着梯度函数。因此，可定义**标势**（scalar potential）函数 $\varphi(\boldsymbol{r},t)$，令 $\boldsymbol{E}+\dfrac{\partial\boldsymbol{A}}{\partial t}=-\nabla\varphi$。则电场可以表示为矢势和标势的形式：$\boldsymbol{E}=-\nabla\varphi-\dfrac{\partial\boldsymbol{A}}{\partial t}$。电磁场的电场不再是保守力场，不存在电势能的概念，因此标势失去了静电场中描述电势能的意义。只有当矢势与时间无关时，$\boldsymbol{E}=-\nabla\varphi$ 才为静电场和静电势。在时变场中，变化电场和变化磁场相互激发，必须由矢势 A 和标势 φ 共同描述电磁场。

至此，电磁场可用两套函数描述——场强函数（$\boldsymbol{B},\boldsymbol{E}$）和势函数（$\boldsymbol{A},\varphi$），即

$$\begin{cases}\boldsymbol{B}=\boldsymbol{\nabla}\times\boldsymbol{A}\\ \boldsymbol{E}=-\nabla\varphi-\dfrac{\partial\boldsymbol{A}}{\partial t}\end{cases}\tag{B.1}$$

显然，由势函数 $\boldsymbol{A}$ 和 φ 表示的 $\boldsymbol{B}$ 和 $\boldsymbol{E}$ 仍然满足麦克斯韦方程，而 $\boldsymbol{A}$ 和 φ 的动力学行为可由麦克斯韦方程组给出。在仅考虑真空中电磁场的简单情况下，引入势函数后麦克斯韦方程组变为如下形式：

$$\nabla^2\varphi+\frac{\partial}{\partial t}(\boldsymbol{\nabla}\cdot\boldsymbol{A})=-\frac{\rho_0}{\varepsilon_0}\tag{B.2}$$

$$\nabla^2\boldsymbol{A}-\frac{1}{c^2}\frac{\partial^2\boldsymbol{A}}{\partial t^2}=\boldsymbol{\nabla}\left(\boldsymbol{\nabla}\cdot\boldsymbol{A}+\frac{1}{c^2}\frac{\partial\varphi}{\partial t}\right)-\mu_0\boldsymbol{j}_0\tag{B.3}$$

此处，ρ_0 和 $\boldsymbol{j}_0$ 分别为自由电荷和传导电流的密度。通过引入势函数，可以把麦克斯韦方程的数量由 **4** 个减少到 **2** 个。方程 (B.3) 的等号左边为矢势的波动方程，该方程由电流密度 $\boldsymbol{j}_0$ 和标势 φ 驱动。同样，标势的方程由电荷和矢势驱动。但是，方程中矢势和标势是耦合的，因此求解该方程组仍然是比较困难的。

由定义可知，($\boldsymbol{B},\boldsymbol{E}$) 和 ($\boldsymbol{A},\varphi$) 之间是微分关系，而不是一一对应的。比如，引入一个新的标势函数 $\Lambda(\boldsymbol{r},t)$，并做如下变换：

$$\begin{cases}\boldsymbol{A}\to\boldsymbol{A}'=\boldsymbol{A}+\nabla\Lambda\\ \varphi\to\varphi'=\varphi-\dfrac{\partial\Lambda}{\partial t}\end{cases}\tag{B.4}$$

很容易证明,($\boldsymbol{A}',\varphi'$)和($\boldsymbol{A},\varphi$)描述的是同一个电磁场,即用势函数描述电磁场时还具有一个额外的自由度。上述两种势函数之间的变换称为规范变换（gauge transformation），描述电磁场性质的方程 (B.2) 和方程 (B.3) 在该变换下保持不变，称为规范不变性。选择一种确切的势函数定义，也就是选择了一种规范。我们往往从尽可能简化和求解波动方程出发，选择一种规范。这需要引入适当的限制性条件，即规范条件。在量子电动力学或者量子光学的范畴，往往应用**库仑规范**（Coulomb gauge）和**洛伦茨规范** (Lorenz gauge)。

满足条件 $\boldsymbol{\nabla}\cdot\boldsymbol{A}=0$ 的规范称为库仑规范。此条件方程中只包含了关于空间的微分，因此库仑规范不具有洛伦兹变换（Lorentz transformation）不变性。在此条件下，标势波动方程 (B.2) 变为泊松方程：

$$\nabla^2\varphi=-\frac{\rho}{\varepsilon_0}\tag{B.5}$$

可以看到，方程 (B.5) 已经不包含矢势。由该方程很容易解出

$$\varphi(\boldsymbol{r},t)=\frac{1}{4\pi\varepsilon_0}\int\frac{\rho(\boldsymbol{r}',t)}{|\boldsymbol{r}-\boldsymbol{r}'|}d\boldsymbol{r}'\tag{B.6}$$

即，由电荷密度 $\rho(\boldsymbol{r},t)$ 决定了标势 φ 是瞬时的库仑势，“库仑规范”的名称由此而来。

在库仑规范下，由方程 (B.3) 可以得到矢势满足的非齐次波方程：

$$\nabla^2\boldsymbol{A}-\frac{1}{c^2}\frac{\partial^2\boldsymbol{A}}{\partial t^2}=-\mu_0\boldsymbol{j}_0+\frac{1}{c^2}\boldsymbol{\nabla}\frac{\partial\varphi}{\partial t}\tag{B.7}$$

方程 (B.7) 中的标势原则上可由式 (B.6) 计算得出。此矢势方程包含标势，两个势函数仍然是部分耦合的。可以证明，该等式右边的两项会抵消掉电流密度矢量的纵向（波传播方向）分量，即等号右边正比于电流密度的横向分量①。因此，方程 (B.7) 可以表示为

$$\nabla^2\boldsymbol{A}-\frac{1}{c^2}\frac{\partial^2\boldsymbol{A}}{\partial t^2}=-\mu_0\boldsymbol{j}_{0\mathrm{t}}\tag{B.8}$$

① JACKSON J D. Classical Electrodynamics[M]. 3rd Ed. London: John Wiley & Sons Ltd., 1998.

也就是，电流密度的横向分量决定了电磁场的矢势，且矢势只有横向分量。因此，库仑规范又称为“横规范”。

在无源场中，通常会应用库仑规范简化求解麦克斯韦方程组。显然，对于无源场，$\varphi=0$，矢势满足齐次波动方程：

$$\nabla^2 \boldsymbol{A}-\frac{1}{c^2}\frac{\partial^2 \boldsymbol{A}}{\partial t^2}=0 \tag{B.9}$$

由波动方程，可以看到矢势描述的电磁场以有限的速度 c 传播。方程 (B.9) 的解形式为

$$\boldsymbol{A}=\boldsymbol{A}_0\mathrm{e}^{\mathrm{i}(\boldsymbol{k}\cdot\boldsymbol{r}-\omega t)} \tag{B.10}$$

由库仑规范条件得到 $\boldsymbol{\nabla}\cdot\boldsymbol{A}=\mathrm{i}\boldsymbol{k}\cdot\boldsymbol{A}=0$，即库仑条件保证了矢势与波矢量垂直，$\boldsymbol{A}$ 只有横向分量，即 $\boldsymbol{A}=\boldsymbol{A}_\mathrm{t}$。

$$\begin{cases}\boldsymbol{B}=\boldsymbol{\nabla}\times\boldsymbol{A}=\mathrm{i}\boldsymbol{k}\times\boldsymbol{A}=\mathrm{i}\boldsymbol{k}\times\boldsymbol{A}_\mathrm{t}\\ \boldsymbol{E}=-\dfrac{\partial \boldsymbol{A}}{\partial t}=\mathrm{i}\omega\boldsymbol{A}=\mathrm{i}\omega\boldsymbol{A}_\mathrm{t}\end{cases} \tag{B.11}$$

显然，电场、磁场、波矢三者方向相互垂直。库仑规范下，电磁场直接量子化为横波光子。

满足条件

$$\boldsymbol{\nabla}\cdot\boldsymbol{A}+\frac{1}{c^2}\frac{\partial\varphi}{\partial t}=0 \tag{B.12}$$

的规范称为洛伦茨规范。条件方程 (B.12) 中包含了标势关于时间的一阶微分和标势的散度，因此满足此条件的洛伦茨规范具有洛伦兹变换不变性。此外，$\boldsymbol{A}$ 是一个有旋有源场，包含横场和纵场部分。此条件下，方程 (B.2) 和方程 (B.3) 分别变成

$$\nabla^2\varphi-\frac{1}{c^2}\frac{\partial^2\psi}{\partial t^2}=-\frac{\rho_0}{\varepsilon_0} \tag{B.13}$$

$$\nabla^2 \boldsymbol{A}-\frac{1}{c^2}\frac{\partial^2 \boldsymbol{A}}{\partial t^2}=-\mu_0\boldsymbol{j}_0 \tag{B.14}$$

称为**达朗贝尔方程**（d’ Alembert equation）。可以看出，在洛伦茨规范下，麦克斯韦方程组简化为标势和矢势的对称方程，且标势和矢势不再相互耦合。

附录 C　概率分布

随机变量（random variable）是对试验结果的数值描述, 即随机变量将对每一个可能出现的试验结果赋予一个数值，这个值取决于试验结果。根据取值类型，可以将随机变量分为离散型随机变量和连续型随机变量。

可以取有限多个值或无限多但可数个值（如 $0,1,2,\cdots$）的随机变量称为**离散型随机变量**（discrete random variable)。如，一段时间内光子探测器探测到光子数为随机变量 X，X 的取值 x 可能是 0,1,2,3,4，是有限多个值，这时，X 是一个离散型随机变量。

尽管很多试验的结果都可以自然而然地用数值来表示，但有些试验的结果却不能。例如，学生能否给出某一个判断题的答案，试验包括两种可能的结果：答案正确和答案错误。这时，可以定义离散型随机变量将试验结果数值化：如回答错误，则令 $x=0$；如回答正确，则令 $x=1$。随机变量的数值其实是任意的（也可以取为 0 或 2)，但按照随机变量的定义，这些取值都是可行的，即 X 给出的是对每个试验结果的数值描述，从而 X 是随机变量。

可以取某一区间或多个区间内任意值的随机变量为**连续型随机变量**（continuous random variable)。度量时间、重量、距离、温度时，其试验结果可以用连续型随机变量来描述。一种确定随机变量是离散型还是连续型的方法是：把随机变量的值看作一条线段上的点，任意选择随机变量的两个值，如果线段上这两点之间的所有点都可能是随机变量的取值，则该随机变量是连续型的。

随机变量的概率分布是表示随机变量取不同值的统计规律，根据随机变量所属类型的不同，概率分布有不同的表现形式。知道了随机变量的概率分布，则知道了该随机变量的全部概率特征。但在实际应用中，有时人们难以确定随机变量的概率分布，或者不需要了解随机变量的所有概率性质，而只需要确定某些数值特征，如随机变量的平均值（期望值)、方差和标准差。

C.1　离散型随机变量的概率分布

设离散型随机变量 X 的所有可能取值为 $x_1,x_2,\cdots,x_n,\cdots$，且 $p_k\,(k=1,2,\cdots,n,\cdots)$ 是 X 取 x_k 的概率，**概率分布函数** (probability distribution function) 给出了随机变量取每种值的概率，记作 $P(X=x_k)=p_k$ 。一个离散型随机变量的概率分布函数具有如下基本性质：

$$P(X=x_k)\geqslant 0 \tag{C.1}$$

$$\sum P(X = x_k) = 1 \tag{C.2}$$

离散型随机变量的平均值为

$$E(X) = \sum_{x:p_k>0} xp_k \tag{C.3}$$

方差和标准差是用来体现随机变量取值离散程度的量，分别定义为

$$\text{Var}(X) = \left[\sigma(X)\right]^2 = E(X^2) - \left[E(X)\right]^2, \quad \sigma(X) = \sqrt{E(X^2) - \left[E(X)\right]^2} \tag{C.4}$$

下面给出两种被广泛应用的离散型随机变量的概率分布：二项分布和泊松分布。

C.1.1　二项分布

一个只有两种对立结果的简单试验，称为**伯努利试验**（Bernoulli experiment），这两种结果只能是“是”或“非”、“成功”或“失败”、“发生”或“不发生”，即试验结果的随机变量只有两个可能取值。也可以简单表述为：一次伯努利试验中，事件 A 只有发生和不发生两种对立结果，可以分别用“1”和“0”表示，对应概率分别为 p 和 $1-p$, $(0<p<1)$。在概率论和统计学中，同样条件下，相互独立地进行 n 次重复伯努利试验（也称为二项试验），事件 A 发生次数 X 可能取值为 $0,1,\cdots,n$, 且对每一个 k $(0 \leqslant k \leqslant n)$, $X=k$ 表示“n 次试验中事件 A 恰好发生 k 次”，则随机变量 X 的离散概率分布为二项分布（binomial distribution），用 $X \sim B(n,p)$ 表示。

在符合二项分布的 n 重伯努利试验中，事件 A 以恒定概率 p 发生 k 次的概率由如下**概率质量函数**（probability mass function，PMF）[①]给出：

$$P(X=k) = \binom{n}{k} p^k (1-p)^{n-k} \tag{C.5}$$

其中，$k=0,1,2,\cdots,n$, $\binom{n}{k} = \dfrac{n!}{k!(n-k)!}$ 是二项式定理中的系数（这就是二项分布名称的由来），又记为 C_n^k 或者 $C(n,k)$。当 $n=1$ 时，二项分布变为伯努利分布（也称为 0-1 分布）。式 (C.5) 可以用以下方法理解：n 次试验中有 k 次 A 事件发生的概率 (p^k) 和 $n-k$ 次不发生的概率（$(1-p)^{n-k}$），k 次 A 事件可以在 n 次试验里有任何分布，而把 k 次 A 事件分布在 n 次试验中共有 $C(n,k)$ 种不同的方法。

如果随机变量 X 满足伯努利试验的性质，并且我们已知参数 n 和 p 的值，那么就可以使用式 (C.5) 计算 n 次试验中有 $X=k$ 次事件 A 发生的概率。显然，对于 $n=1$ 的单次伯努利试验，变量 X 的平均值（期望值）为 $E(X) = 1\cdot p + 0\cdot(1-p) = p$；方差为 $\text{Var}(X) = 1^2\cdot p + 0^2\cdot(1-p) - p^2 = p(1-p)$。二项分布是 n 次独立伯努利试验的和，它的期望值和方差分别等于每次单独试验的期望值的和和方差的和, 可得二项分布

① 离散型随机变量的概率分布由概率质量函数给出，连续型随机变量的概率分布函数由概率密度函数给出。

的平均值：$E(X)=np$，$\mathrm{Var}(X)=np(1-p)$。当然，也很容易通过式 (C.4) 和式 (C.5) 得出。

图 C.1 和图 C.2 给出了不同参数（n,p）二项分布的变化情况。由图可以看出: 二项分布的概率质量函数是单峰形状的，对于固定的 n 以及 p，当 k 增加时，概率 $P(X=k)$ 先是随之增大，在均值 $k=np$ 处取得峰值，再是单调减小。参数 n 和 p 决定了概率函数曲线的高度、水平位置和偏斜度。

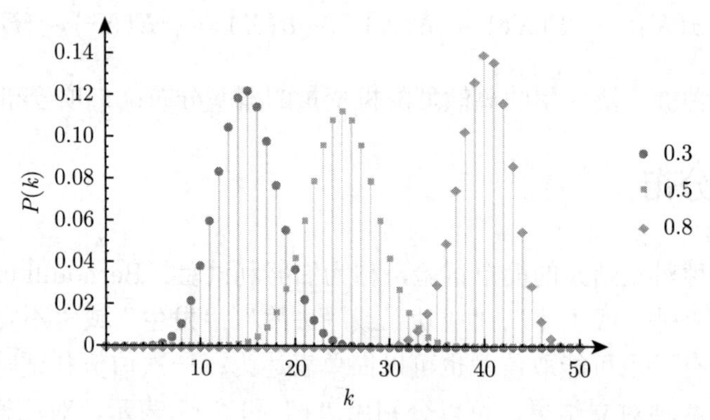

图 C.1　不同概率的二项分布 $P(k)$ 变化曲线（$n=50$, $p=0.3,0.5,0.8$）

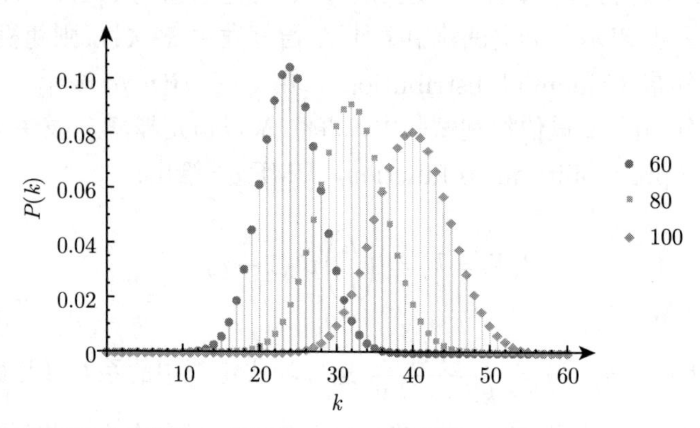

图 C.2　不同试验次数的二项分布 $P(k)$ 变化曲线（$p=0.4$，$n=60,80,100$）

二项分布是离散型随机变量的概率分布中最重要的分布之一，它概括了许多实际问题，很有实际价值。

例　两个大学之间进行网球比赛，A 大学网球队实力比 B 大学网球队强一些，每个 A 校队员获胜的概率为 0.55，现两个学校商讨对抗赛的比赛形式，提出如下三种方案供选择：

1. 双方各出 3 人；

2. 双方各出 5 人；

3. 双方各出 7 人。

三种方案均以比赛中获胜人数多的一方为胜，问对 B 校球队来说，哪种方案较为有利？

解：设 B 校球队获胜人数为 X, B 校球队队员获胜概率为 0.45，一般可以认为队员之间比赛的胜负结果是相互独立的，则 X 服从二项分布。因此，B 校球队获胜的概率分别为

1. $P(X \geqslant 2) = \sum_{k=2}^{3} C_3^k 0.45^k 0.55^{3-k} \approx 0.425\,25$;

2. $P(X \geqslant 3) = \sum_{k=3}^{5} C_5^k 0.45^k 0.55^{5-k} \approx 0.406\,87$;

3. $P(X \geqslant 4) = \sum_{k=4}^{7} C_7^k 0.45^k 0.55^{7-k} \approx 0.391\,71$。

由此可知，第一种方案对 B 校球队最有利，也对 A 校球队最不利。这是比较容易理解的，因为参赛的队员人数越少，B 校球队侥幸获胜的概率也越大。显然，当双方只有一个人比赛时，B 校球队获胜的概率（0.45）为最大。

C.1.2 泊松分布

泊松分布是一种统计与概率学里常见到的离散型随机变量的概率分布，由法国数学家泊松于 1838 年提出。实际上，泊松分布就是当二项分布的 n 很大、p 很小时的极限形式。因此，泊松分布可由二项分布推导出来，推导过程如下：

□ 在二项分布中，若事件发生的平均值恒定，设为 λ, 即 $E[X] = \lambda$，则事件发生的概率可以表示为 $p = \dfrac{\lambda}{n}$。当 $n \to \infty$ 时, $p \to 0$。由式 (C.5) 可得

$$
\begin{aligned}
&\lim_{n\to\infty} \binom{n}{k} \left(\frac{\lambda}{n}\right)^k \left(1 - \frac{\lambda}{n}\right)^{n-k} \\
&= \lim_{n\to\infty} \frac{n(n-1)(n-2)\cdots(n-k+1)}{k!} \frac{\lambda^k}{n^k} \left(1 - \frac{\lambda}{n}\right)^{n-k} \\
&= \lim_{n\to\infty} \frac{\lambda^k}{k!} \frac{n}{n} \cdot \frac{n-1}{n} \cdots \frac{(n-k+1)}{n} \left(1 - \frac{\lambda}{n}\right)^{-k} \left(1 - \frac{\lambda}{n}\right)^{n}
\end{aligned}
$$

其中

$$
\lim_{n\to\infty} \frac{n}{n} \cdot \frac{n-1}{n} \cdots \frac{(n-k+1)}{n} \left(1 - \frac{\lambda}{n}\right)^{-k} = 1
$$

$$
\lim_{n\to\infty} \left(1 - \frac{\lambda}{n}\right)^{n} = \mathrm{e}^{-\lambda}
$$

所以

$$\lim_{n\to\infty}\binom{n}{k}\left(\frac{\lambda}{n}\right)^k\left(1-\frac{\lambda}{n}\right)^{n-k}=\frac{\lambda^k}{k!}\mathrm{e}^{-\lambda}$$

■

即，在 $n\to\infty$ 和 p 很小的条件下，有

$$P(X=k)=\frac{\lambda^k}{k!}\mathrm{e}^{-\lambda} \tag{C.6}$$

这就是泊松分布的概率质量函数。泊松分布记作 $X\sim P(\lambda)$, 其中参数 $\lambda>0$ 为某时间（空间）区间内随机事件发生次数的平均值，常称为率参数（rate parameter）。

由以上证明过程可以看出，泊松分布要求的样本量必须非常大，且各相等区间段上，事件发生的概率是独立、均等的；在非常小的区域内，事件发生率非常小，两次及以上事件同时发生的概率趋近于 0。

可以证明，泊松分布的平均值和方差为

$$E(X)=\mathrm{Var}(X)=\lambda \tag{C.7}$$

即泊松分布的期望和方差相等。显然，λ 是泊松分布所依赖的唯一参数，决定了泊松分布函数曲线的形状。如图 C.3 所示，λ 越小，分布越偏倚；随着 λ 的增大，分布趋于对称。

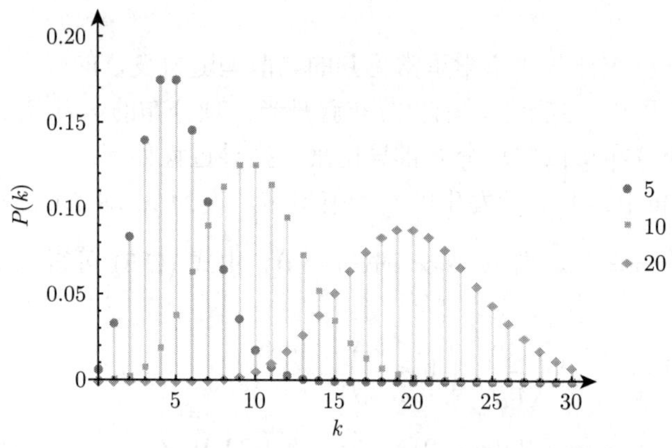

图 C.3　不同参数 $\lambda\,(\lambda=5,10,20)$ 的泊松分布 $P(k)$ 变化

泊松分布是概率论中最重要的概率分布之一，现代社会中的大量现象，如某一服务设施在一定时间内到达的人数、电话交换机接到呼叫的次数、机器出现的故障数等都服从泊松分布，所以其在运筹学和管理科学中泊松分布也有着广泛的应用。在工业生产中，每个电子元器件的瑕疵、纺织机上的断头数等也近似服从泊松分布。另外，像宇宙中单位体积内星球的个数、放射性分裂落到某区域的质点数、稳恒激光束中的光子数分布等也服从泊松分布。因此，泊松分布在金融、生物、物理和通讯中都有极其重要的地位，是这些领域非常重要建模算法。

例　航天部门组织生产某一型号的运载火箭，需要某同一型号元件 100 个，该元件的次品率为 0.01，问应该一次性购进该元件至少多少个，才能以 95% 以上的把握保证不用重新采购。

解：设 X 表示购进的 $100+a$ 个元件中所含次品的个数，其中 a 为需要另外增购的备用元件个数。各元件是否合格显然可以认为是相互独立的，因此 X 服从二项分布，即

$$X \sim B(100+a, 0.01)$$

根据题目要求，我们只需找出最小的 a，使之满足不等式 $P(X \leqslant a) \geqslant 0.95$。又因为

$$P(X \leqslant a) = \sum_{k=0}^{a} P(X=k) = \sum_{k=0}^{a} C_{100+a}^{a} 0.01^{k} 0.99^{100+a-k}$$

其中，$100+a$ 较大，0.01 较小，而 $(100+a)\cdot 0.01 = 1+0.01a$ 作为平均值大小适中，所以可以近似地用泊松分布来计算。由于在 100 个元件中只有一个左右的次品，可见 a 一定很小，因此有 $1+0.01a \approx 1$, 即 X 近似地服从泊松分布 $P(1)$。所以 $P(X \leqslant a) \approx \sum\limits_{k=0}^{a} \dfrac{1}{k!}\mathrm{e}^{-1}$。经数值计算，可以得到

$$\text{当}a=2\text{时}, \quad P(X \leqslant 2) \approx 0.92$$

$$\text{当}a=3\text{时}, \quad P(X \leqslant 3) \approx 0.98$$

由此可见，a 至少应为 3，即至少应一次性购进 103 个元件才能以 95% 以上的把握保证不用重新采购。

C.2　连续型随机变量的概率分布

离散型随机变量和连续型随机变量之间最根本的区别在于，二者在概率计算上是不同的。对于离散型随机变量，概率分布函数（概率质量函数）$P(X=k)$ 直接给出了随机变量 X 取某个特定值的概率。而对于连续型随机变量，不再讨论随机变量取某一特定值的概率, 而是讨论随机变量在某一给定区间上的取值概率。连续型随机变量 X 在某个给定区间 $[x_1, x_2]$ 内的取值概率，被定义为在区间 $[x_1, x_2]$ 内**概率密度函数**（Probability Density Function，PDF）$p(X=x)$ 曲线下方的面积。因此，概率密度函数并没有直接给出概率，一旦确定了概率密度函数 $p(x)$，则 x 在区间 $[x_1, x_2]$ 内取值的概率可通过计算在区间 $[x_1, x_2]$ 上曲线 $p(x)$ 下的面积得到, 称为累积概率。

连续型随机变量的概率分布也满足类似式 (C.2) 的条件，即对于 X 的所有取值 x, 都有

$$p(X = x) \geqslant 0 \tag{C.8}$$

$$\int_{-\infty}^{\infty} p(x)\mathrm{d}x = 1 \tag{C.9}$$

C.2.1 正态分布

正态分布（normal distribution），最早由棣莫弗（de Moivre）在求二项分布的渐近公式时得到。高斯在研究测量误差时从另一个角度导出了它，因此正态分布又称高斯分布（Gaussian distribution）。正态分布是描述连续型随机变量最重要的一种概率分布，人的身高和体重、考试成绩、科学测量、降雨量，以及一些其他类似的数据，都近似服从正态分布。正态分布是一种在数学、物理及工程等领域都非常重要的概率分布，在统计学的许多方面有着重大的影响力。

正态分布的概率密度函数为

$$p(x) = \frac{1}{\sqrt{2\pi}\sigma}\mathrm{e}^{-(x-\mu)^2/2\sigma^2} \tag{C.10}$$

其中，μ 为平均值，σ 为标准差。

由正态分布的概率密度函数形式可以看出，正态分布的函数曲线具有如下特征：

(1) 正态分布的函数曲线为两头低、中间高，左右对称的钟形曲线。正态分布依赖于参数（μ,σ）, 平均值 μ 和标准差 σ 确定了正态分布曲线的位置和形状。

(2) 正态分布的函数曲线是关于平均值 μ 对称的钟形曲线, 其最高点在平均值处达到，曲线的尾端向两个方向无限延伸，且理论上永远不会与横轴相交。正态分布的均值可为负值、零和正值，图 C.4 给出了标准差 $\sigma = 1.2$、不同平均值 $(\mu = -2.0, 0, 2.0)$ 的正态分布概率密度函数曲线。

(3) 标准差 σ 决定曲线的宽度和平坦程度。标准差越大，则曲线越宽、越平坦，表明数据有更大的变异性。图 C.5 给出了均值 $\mu = 0$、不同标准差 $(\sigma = 0.8, 1.2, 2.0)$ 的正态分布。

(4) 正态分布随机变量的概率由正态曲线下方的面积给出，分布曲线下方的总面积是 1。

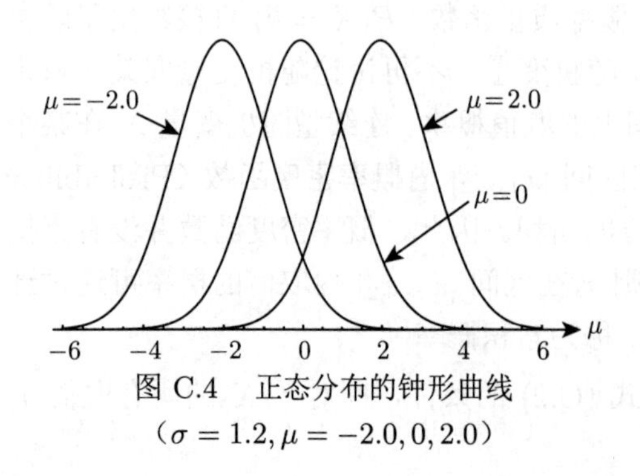

图 C.4 正态分布的钟形曲线
（$\sigma = 1.2, \mu = -2.0, 0, 2.0$）

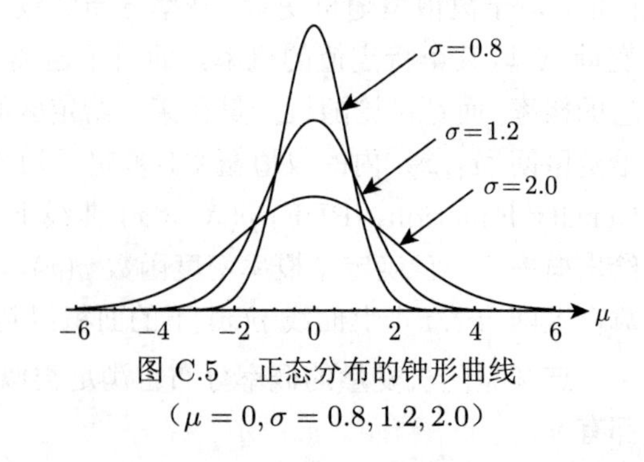

图 C.5 正态分布的钟形曲线
（$\mu = 0, \sigma = 0.8, 1.2, 2.0$）

如果一个随机变量服从均值为 0 且标准差为 1 的正态分布，则称该随机变量服从标准正态分布，通常用字母 z 表示这个特殊的随机变量。标准正态分布的概率密度函数形式更为简单：

$$p(z) = \frac{1}{\sqrt{2\pi}}\mathrm{e}^{-z^2/2} \tag{C.11}$$

显然，标准正态分布具有完全确定的函数曲线，即具有确定的概率分布，如图 C.6 所示。对于标准正态分布，可以编制出用于计算概率的数学用表。研究标准正态分布尤其重要，因为所有正态分布的概率都可以通过标准正态分布计算出来。对于具有任意平均值 μ 和标准差 σ 的正态分布，可以通过变换公式 $z = \frac{x-\mu}{\sigma}$ 将其转换成标准正态分布，通过查标准正态分布表就可以直接计算出原正态分布的概率值。

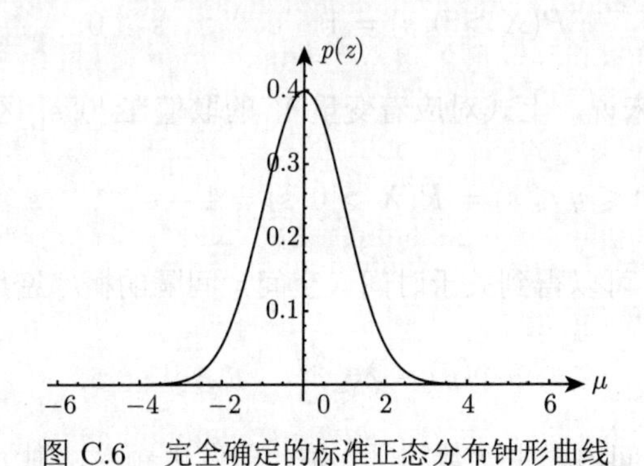

图 C.6　完全确定的标准正态分布钟形曲线

C.2.2　指数分布

若随机变量 Y 的概率密度函数为

$$p(y) = \lambda e^{-\lambda y}, \quad y \geqslant 0 \tag{C.12}$$

其中，$\lambda > 0$ 为单位时间（空间）内事件发生次数的平均值, 则称随机变量 Y 服从指数分布（exponential distribution），记作 $Y \sim \mathrm{Exp}(\lambda)$。指数分布的概率密度函数和累积概率函数的曲线变化如图 C.7 和图 C.8 所示。

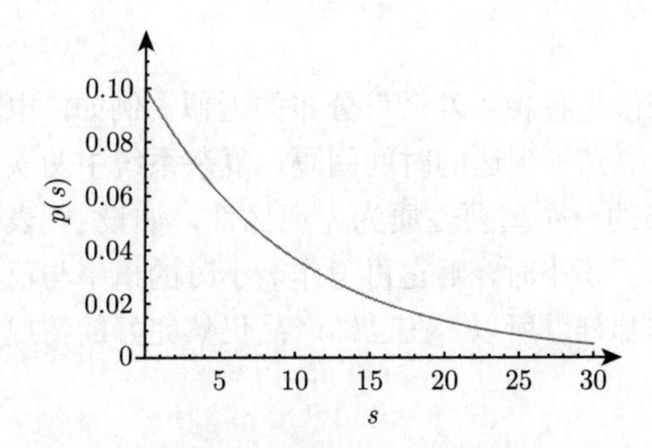

图 C.7　指数分布的概率密度函数（$\lambda = 0.1$）

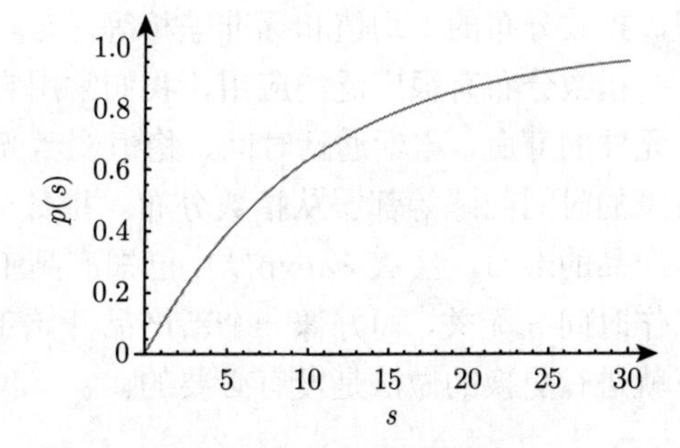

图 C.8　指数分布的累积概率函数（$\lambda = 0.1$）

连续型随机变量的指数分布与离散型随机变量的泊松分布是相互联系的，泊松分布描述了每一个区间中事件发生某次数的概率，指数分布则描述了两个相邻事件之间为某间隔长度的概率。设满足泊松分布的随机变量 X 描述事件发生的次数，随机变量 Y 的取值 y 描述两个事件之间的时间（空间）间隔。对于 $y = s$, 即在 s 间隔内发生事件的次数为 0，代入泊松分布的概率质量函数，则有

$$P(X=0,s) = \frac{(\lambda s)^0 \mathrm{e}^{-\lambda s}}{0!} = \mathrm{e}^{-\lambda s}, \quad s \geqslant 0$$

显然，在 s 间隔内事件发生 1 次及以上的概率为

$$P(X>0,s) = 1 - \mathrm{e}^{-\lambda s}, \quad s \geqslant 0$$

对连续的间隔变量 Y 来说，上式对应着变量 Y 的取值在 $[0,s]$ 区间内的累积概率，即

$$P(0 \leqslant y \leqslant s) = P(X>0,s) = 1 - \mathrm{e}^{-\lambda s}, \quad s \geqslant 0$$

对时间（空间）求导，可以得到关于时间（空间）间隔的概率密度函数:

$$p(y) = \lambda \mathrm{e}^{-\lambda y}, \quad y \geqslant 0$$

另外，λ 为单位区间内发生次数的平均值，即发生频率，则 $\mu = 1/\lambda$ 表示两次事件之间的平均间隔。因此，式 (C.12) 的概率密度函数又可以表示为如下形式：

$$p(y) = \frac{1}{\mu} \mathrm{e}^{-y/\mu}, \quad y \geqslant 0 \tag{C.13}$$

可以求出指数分布的平均值和标准差分别为

$$E(Y) = \int_0^{+\infty} y p(y) \mathrm{d}y = \frac{1}{\lambda} \tag{C.14}$$

$$\sigma(Y) = \sqrt{E(Y^2) - E^2(Y)} = \frac{1}{\lambda} \tag{C.15}$$

即，指数分布的平均值和标准差相等。

指数分布有很广泛的应用，我们常用它来作为各种“寿命”分布的近似。例如，电子元件的寿命、电话通话时间、稳恒弱激光束中光子到达的时间间隔、复杂系统中两次故障的时间间隔等都服从指数分布。指数分布的一个重要性质为无记忆性，如设 X 表示产品的寿命，且 $X \sim \exp(\lambda)$, 已知产品工作了 s 小时，则它再工作 t 小时的概率与已工作时间 s 无关，而好像一个新产品开始工作那样。所以，在已知产品仍然完好的情况下就进行更换的做法是没有必要的。

例　某一设备有 4 个同类型的三极管，它们的寿命 X 的概率密度函数为

$$p(x) = \lambda \mathrm{e}^{-x/5\,000}, \quad x > 0$$

求：(1) 参数 λ 的值；(2) 一个三极管寿命超过 1 250 小时的概率；(3) 该设备在使用了 1 250 小时后需要更换三极管的概率。

解：(1) 由概率密度函数 $p(x)$ 的基本性质可得

$$\int_{-\infty}^{+\infty} p(x)\mathrm{d}x = \int_{0}^{+\infty} \lambda \mathrm{e}^{-x/5\,000}\mathrm{d}x = 5\,000\lambda = 1$$

所以 $\lambda = \dfrac{1}{5\,000}$。

(2) 一个三极管寿命超过 1 250 小时的概率为

$$p = P(X > 1\,250) = \int_{1\,250}^{+\infty} \frac{1}{5\,000}\mathrm{e}^{-\frac{x}{5\,000}}\mathrm{d}x = \mathrm{e}^{-\frac{1}{4}} \approx 0.778\,8$$

(3) 设 Y 表示 4 个三极管中损坏的个数，显然 $Y \sim B(4, 1-p)$。又由于至少有一个三极管损坏就需要更换，则需要更换的概率为

$$p' = P(Y \geqslant 1) = \sum_{i=1}^{4} \mathrm{C}_4^i (1-p)^i p^{4-i} = 1 - p^4 \approx 0.632\,1$$

参考文献

[1] SCULLY M O, ZUBAIRY M S. Quantum Optics [M]. Cambridge: Cambridge University Press, 1997.

[2] SCHLEICH W P. Quantum Optics in Phase Space [M]. Berlin: WILEY-VCH, 2000.

[3] GERRY C, KNIGHT P. Introductory Quantum Optics [M]. Cambridge: Cambridge University Press, 2005.

[4] FOX M. Quantum Optics: An Introduction [M]. New York: Oxford University Press, 2006.

[5] MEYSTRE P, SARGENT M. Elements of Quantum Optics [M]. New York: Springer, 2007.

[6] WALLS D F, MILBURN G J. Quantum Optics [M]. New York: Springer, 2008.

[7] GARRISON J C, CHIAO R Y. Quantum Optics [M]. New York: Oxford University Press, 2008.

[8] GILBERT G, ASPECT A. FABRE C. Introduction to Quantum Optics: From the Semi-classical Approach to Quantized Light [M]. Cambridge: Cambridge University Press, 2010.

[9] SHIH Y H. An Introduction to Quantum Optics: Photon and Biphoton Physics [M]. New York: CRC Press, 2011.